“十三五”职业教育系列教材

工业控制技术应用

变频器 PLC 组态软件

主　编　何　萍
副主编　王　玫
编　写　李俊仕　张继东　李　瑜
主　审　董海英　张　彬

中国电力出版社
CHINA ELECTRIC POWER PRESS

内容提要

本书从工业控制技术应用出发，设计了七个学习任务，从理论到实践，从设计到应用，由浅入深地阐述了变频器、PLC、组态控制技术的实际应用。

本书系统地介绍了变频器的原理和选用、控制线路的设计及运行参数的设定方法、变频器的维修与安装等内容，书中以西门子 MM440 和三菱 D700 为例，较详细地阐述了变频器的使用。

本书在学生掌握 PLC 的基本指令、编程方法和组态控制技术基础知识的基础上，突出介绍了变频器、PLC、组态控制系统的设计、开发过程，通过具体实例的讲解和训练，以期达到举一反三的效果。

本书适合作为高等职业院校相关专业的教学参考用书，也适合从事相关领域的工程技术人员阅读参考。

图书在版编目（CIP）数据

工业控制技术应用：变频器 PLC 组态软件/何萍主编．—北京：中国电力出版社，2017.8（2023.1 重印）

“十三五”职业教育规划教材

ISBN 978-7-5198-0261-5

I. ①工…　II. ①何…　III. ①工业控制系统－职业教育－教材　IV. ①TP273

中国版本图书馆 CIP 数据核字（2016）第 312300 号

出版发行：中国电力出版社
地　　址：北京市东城区北京站西街 19 号（邮政编码 100005）
网　　址：http://www.cepp.sgcc.com.cn
责任编辑：乔　莉（010-63412535）
责任校对：闫秀英
装帧设计：赵姗姗
责任印制：吴　迪

印　　刷：北京天泽润科贸有限公司
版　　次：2017 年 8 月第一版
印　　次：2023 年 1 月北京第三次印刷
开　　本：787 毫米×1092 毫米　16 开本
印　　张：13.5
字　　数：323 千字
定　　价：32.00 元

前 言

随着现代工业控制技术的发展，变频器、PLC、组态控制技术已经成为实现工业自动化控制的核心设备和技术，在各种生产机械和生产线中得到了非常广泛的应用。变频器具有调速范围宽、调速精度高、动态响应快、运行效率高、功率因数高、操作方便且便于其他设备连接等一系列优点，在调速系统中得到广泛的应用。

变频器是运动控制系统中的功率变换器。目前的运动控制系统包含多种学科的技术领域，总的发展趋势是驱动的交流化，功率变换器的高频化，控制的数字化、智能化和网络化。因此，变频器作为系统的重要功率变换部件，因能够提供可控的高性能变压变频的交流电源而得到迅猛的发展。PLC 作为通用工业控制计算机，是面向工矿企业的工控设备，是自动控制系统中核心元件之一，因其编程语言易于接受而被广泛应用。组态软件是指一些数据采集与过程控制的专用软件，为用户提供快速构建工业自动控制系统监控功能。

通过本书七个任务的学习，学生能够较系统地掌握变频器的工作原理，学会变频器的调试、安装与维护，并通过五个工业控制系统典型案例的学习，提升对变频器、PLC 及组态软件的应用能力。

本书由包头职业技术学院何萍任主编，王政任副主编。学习任务一由张继东编写，学习任务二由王政编写，学习任务三、四、七由李俊仕编写，学习任务五、六由何萍编写，附录由李瑜编写。本书由何萍统稿，由包头职业技术学院董海英和包头钢铁集团公司张彬审阅。在编写过程中得到多位教师同仁以及企业专家的帮助，提出了许多宝贵意见和建议，在此深表谢意。

限于编者水平，书中不妥及疏漏之处在所难免，敬请广大读者给予批评指正。

编 者

2017 年 5 月

目 录

学习任务一 变频器基本知识的学习

子任务一 变频技术的总体认识

任务目标

1. 了解交流电动机的调速方式，以及变频调速的优点。
2. 了解变频器的类型及发展，对变频技术有个初步认识。
3. 了解变频器的应用领域及意义。

1.1 变频技术

变频技术是一种将直流电逆变成不同频率的交流电的转换技术，是应交流电机无极调速的需要而诞生的。它可将交流电变成直流电后再逆变成不同频率的交流电，或是将直流电变成交流电后再将交流电变成直流电。这一切都只有频率的变化，而没有电能的变化。

变频器（Variable-frequency Drive，VFD）是应用变频技术与微电子技术，将工频电源（50Hz 或 60Hz）变换成频率和电压可调的交流电源的电气控制设备，通过改变频率来驱动交流异步电动机进行变频调速。变换过程中没有中间环节的，称为交—交变频器，有中间环节的称为交—直—交变频器。

1.2 变频器应用及发展趋势

变频器的出现，使交流电动机的调速变得和直流电动机一样方便，并可由计算机联网控制，因此其得到了广泛的应用。

随着变频调速技术的发展，变频调速被认为是一种理想的交流调速方法。20 世纪 60 年代中期，随着普通的晶闸管、小功率管的实用化，出现了静止变频装置，它是将三相的工频电源经变换后，得到频率可调的交流电的装置。这个时期的变频装置，多为分立元件，且体积大、造价高，大多是为特定的控制对象而研制的，容量普遍偏小，控制方式也很不完善，调速后电动机的静、动态性能还有待提高，特别是低速的性能不理想，因此仅用于纺织、磨床等特定场合。

20 世纪 70 年代以后，电力电子技术和微电子技术以惊人的速度向前发展，变频调速传动技术也随之取得了日新月异的进步，开始出现通用变频器。它功能丰富，可以适用于不同的负载和场合。

20 世纪 90 年代，随着半导体开关器件 IGBT、矢量控制技术的成熟，微机控制的变频调速成为主流，调速后异步电动机的静、动态特性已经可以和直流调速相媲美。随着变频器的专用大规模集成电路、半导体开关器件、传感器的性能越来越高，变频器的性能和功能得到了进一步提高。现在的变频器功能很多，操作很方便，寿命和可靠性较以前也有了很大的进步。

1. 我国变频器的发展历程

随着变频器产品在发达国家的广泛应用，20 世纪 80 年代后期，以日本品牌为代表的外资品牌开始涌进中国大陆。经过多年的推广和使用，变频器这一产品已经得到广大企业用户的认可，外资品牌从三肯、富士两个品牌发展到目前的 40 余个，同时涌现了近百个内资品牌，品牌总数达到 140 多个。

21 世纪以来，我国的变频器行业高度裂变。众多外资品牌在我国建厂，实施本地化经营。原有内资品牌的人员和资金不断分离，成立了众多企业，主要集中在沿海如广东、浙江、山东、上海等地区。在国家宏观政策的支持和鼓励之下，近几年内资品牌中出现了少数优势企业，其生产规模和产品综合性能已有较大提高。

2. 我国变频器的应用现状

变频器自 20 世纪 80 年代被引进我国以来，作为节能应用与速度工艺控制中越来越重要的自动化设备，得到了快速发展和广泛应用。

变频器产生的最初用途是速度控制，但目前在国内应用较多的是节能。我国是能耗大国，能源利用率很低，而能源储备不足。我国在 2003 年的电力消耗中，60%～70%为动力电，而在总容量为 5.8 亿 kW 的电动机总容量中，只有不到 2000 万 kW 的电动机是带变频控制的。据分析，我国带变动负载、具有节能潜力的电机容量至少有 1.8 亿 kW，因此国家大力提倡节能措施，并着重推荐了变频调速技术。

应用变频调速，不仅可以大大提高电机转速的控制精度，而且可以使电机在节能的转速下运行。以风机水泵为例，根据流体力学原理，轴功率与转速的三次方成正比。当所需风量减少，风机转速降低时，其功率按转速的三次方下降。因此，精确调速的节电效果非常可观。与此类似，许多变动负载电机一般按最大需求来生产电动机的容量，故设计裕量偏大。而在实际运行中，轻载运行的时间所占比例却非常高。如采用变频调速，可大大提高轻载运行时的工作效率。因此，变动负载的节能潜力巨大。

以节能为目的，变频器被广泛应用于各行业。以电力行业为例，由于我国大面积缺电，电力投资将持续增长，同时国家电改方案对电厂的成本控制提出了要求，降低内部电耗成为电厂关注焦点，因此变频器在电力行业有着巨大的发展潜力，尤其是高压变频器和大功率变频器。

目前，我国的设备控制水平与发达国家相比还比较低，制造工艺和效率都不高，因此提高设备控制水平至关重要。由于变频调速具有调速范围广、调速精度高、动态响应好等优点，在许多需要精确速度控制的应用中，变频器正在发挥着提升工艺质量和生产效率的显著作用。

除了工业相关行业，在普通家庭中，节约电费、提高家电性能、保护环境等受到越来越多的关注，带有变频控制的冰箱、洗衣机、家用空调等，在节电、减小电压冲击、降低噪声、提高控制精度等方面有很大的优势。因此，变频家电成为变频器的另一个广阔市场和应用趋势。

3. 变频器的发展趋势

（1）低电磁噪声、静音化。新型通用变频器除了采用高频载波方式的正弦波 SPWM 调制实现静音化外，还在通用变频器输入侧加交流电抗器或有源功率因数校正电路，在逆变电路中采取 Soft-PWM 控制技术等，以改善输入电流波形、降低电网谐波，在抗干扰和抑制高次谐波方面符合 EMC 国际标准，实现所谓的清洁电能的变换。如三菱公司的柔性 PWM 控制技术，实现了更低噪声运行。

（2）系统化。通用变频器除了发展单机的数字化、智能化、多功能化外，还向集成化、系统化方向发展。如西门子公司提出的集通信、设计和数据管理三者于一体的“全集成自动化（TIA）”平台概念。该平台可以使变频器、伺服装置、控制器及通信装置等集成配置，甚至自动化和驱动系统、通信和数据管理系统都可以像驱动装置嵌入“全集成自动化”系统那样进行，目的是为用户提供最佳的系统功能。

（3）网络化。新型通用变频器可提供多种兼容的通信接口，支持多种不同的通信协议，内装 RS-485 接口，可由个人计算机向通用变频器输入运行命令和设定功能码数据等，通过选件可与现场总线 Profibus-DP、Interbus-S、Device Net、Modbus Plus、CC-Link、LonWorks、Ethernet、CAN Open、T-LINK 等通信。如西门子、VACON、富士、日立、三菱、台安等品牌的通用变频器，均可通过各自可提供的选件支持上述几种或全部类型的现场总线。

（4）专门化和一体化。变频器的制造专门化，可以使变频器在某一领域的性能更强，如风机、水泵用变频器、电梯专用变频器、起重机械专用变频器、张力控制专用变频器等。除此以外，变频器有与电动机一体化的趋势，变频器成为电动机的一部分，可以使体积更小，控制更方便。

（5）环保无公害。保护环境，制造“绿色”产品是人类的新理念。21 世纪的电力拖动装置应着重考虑节能和变频器能量转换过程的低公害，从而使变频器在使用过程中的噪声、电源谐波对电网的污染等问题减少到最小。

（6）适应新能源。新能源发电设备的最大特点是容量小而分散，将来的变频器就要适应这样的新能源，既要高效，又要低耗。

1.3　三相异步电动机变频调速基础知识

1.3.1　三相异步电动机的工作原理

在变频器调速拖动系统中，使用的电动机大多数是三相异步电动机。为了说明变频器的功能和应用，有必要先了解三相异步电动机的相关知识。

1. 三相异步电动机的结构

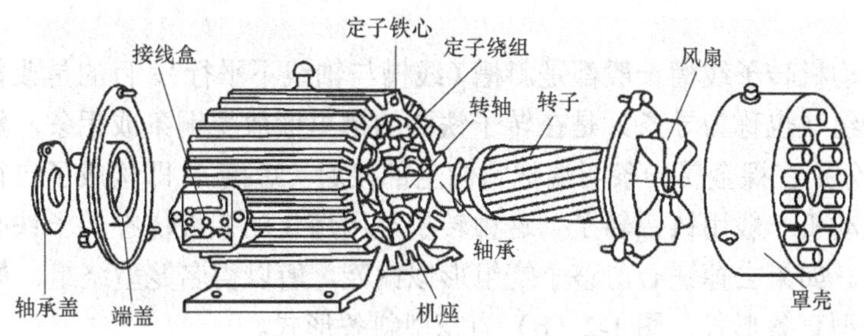

图 1-1　封闭式三相异步电动机的结构

三相异步电动机外形有开启式、防护式、封闭式等多种形式，以适应不同的工作需要。在某些特殊场合，还有特殊的外形防护型式，如防爆式、潜水泵式等。不管外形如何，电动机结构基本上是相同的。现以封闭式电动机为例，介绍三相异步电动机的结构。

封闭式三相异步电动机的结构如图 1-1 所示。三相异步电动机可分为定子、转子两大部分。定子是电机中固定不动的部分，转子是电机的旋转部分。由于异步电动机的定子产生励磁旋转磁场，同时从电源吸收电能，并通过旋转磁场将电能转换成转子轴上的机械能，所以与直流电机不同，交流电机定子是电枢。另外，定、转子之间还必须有一定间隙（称为空气隙），以保证转子的自由转动。

（1）定子部分。定子部分由机座、定子铁心、定子绕组及端盖、轴承等部件组成。

机座用来支承定子铁心和固定端盖。中、小型电动机机座一般用铸铁浇铸而成，大型电动机多采用钢板焊接而成。

定子铁心是电动机磁路的一部分。为了减小涡流和磁滞损耗，通常用 0.5mm 厚的硅钢片叠压成圆筒，硅钢片表面的氧化层（大型电动机要求涂绝缘漆）作为片间绝缘，在铁心的内圆上均匀分布有与轴平行的槽，用以嵌放定子绕组。

定子绕组是电动机的电路部分，也是最重要的部分，一般是由绝缘铜（或铝）导线绕制的绕组连接而成，按一定的排列方式嵌入定子槽内，构成对称的三相绕组。三相对称定子绕组可接成星形和三角形，它的作用是利用通入的三相交流电产生旋转磁场。槽内绕组匝间、绕组与铁心之间都要有良好的绝缘。

轴承是电动机定、转子衔接的部位。轴承有滚动轴承和滑动轴承两类。滚动轴承又有滚珠轴承（也称为球轴承），目前多数电动机都采用滚动轴承。这种轴承的外部有储存润滑油的油箱，轴承上还装有油环，轴转动时带动油环转动，将油箱中的润滑油带到轴与轴承的接触面上。为使润滑油能分布在整个接触面上，轴承上紧贴轴的一面一般开有油槽。滑动轴承是在滑动摩擦下工作的轴承。在液体润滑条件下，滑动的表面被润滑油分开而不发生直接接触，大大减小摩擦损失和表面磨损，油膜还具有一定的吸振能力。滑动轴承一般应用在低速重载工况条件下。

（2）转子部分。转子是电动机中的旋转部分，一般由转轴、转子铁心、转子绕组、风扇等组成。转轴用碳钢制成，两端轴颈与轴承相配合。出轴端铣有键槽，用以固定皮带轮或联轴器。转轴是输出转矩、带动负载的部件。转子铁心也是电动机磁路的一部分，由 0.5mm 厚的硅钢片叠压成圆柱体，并紧固在转子轴上。转子铁心的外表面有均匀分布的线槽，用以嵌放转子绕组。

三相异步电动机按照转子绕组形式的不同，一般可分为笼型异步电动机和绕线转子异步电动机。

笼型异步电动机转子线槽一般都是斜槽（线槽与轴线不平行），目的是改善起动与调速性能。笼型转子绕组（也称为导条）是在转子铁心的槽里嵌放裸铜条或铝条，然后用两个金属环（称为端环）分别在裸金属导条两端把它们全部接通（短接），即构成了自行闭合的转子绕组。小型笼型电动机一般用铸铝转子，这种转子是用熔化的铝液浇在转子铁心上，导条、端环一次浇铸出来。如果去掉铁心，整个绕组形似鼠笼，所以得名笼型绕组，如图 1-2 所示。图 1-2（a）为笼型直条形式，图 1-2（b）为笼型斜条形式。

一般电动机转子上还装有风扇或风翼，便于电动机运转时通风散热。铸铝转子一般是将风翼和绕组（导条）一起浇铸出来，如图 1-2（b）所示。

绕线转子异步电动机转子绕组与定子绕组类似，由镶嵌在转子铁心槽中的三相绕组组成。绕组一般采用星形连接，三相绕组的尾端接在一起，首端分别接到转轴上的 3 个铜滑环上，通过电刷将 3 根旋转的线变成了固定线，与外部的变阻器连接，构成转子的闭合回路，以便于控制，如图 1-3 所示。有的电动机还装有提刷短路装置，当电动机起动后又不需要调速时，可提起电刷，同时使用 3 个滑环短路，以减少电刷磨损。

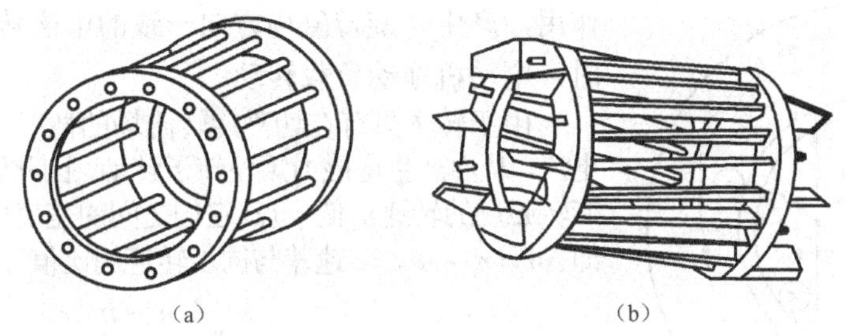

图 1-2　笼型异步电动机的转子绕组形式

(a) 直条形式；(b) 斜条形式

两种转子相比较，笼型转子结构简单，造价低廉，运行可靠，因而应用十分广泛。绕线转子结构较复杂，造价也高，但是它的起动性能较好，并能利用变阻器阻值的变化，使电动机在一定范围内调速；在起动频繁，需要较大起动转矩的生产机械（如起重机）中常常被采用。

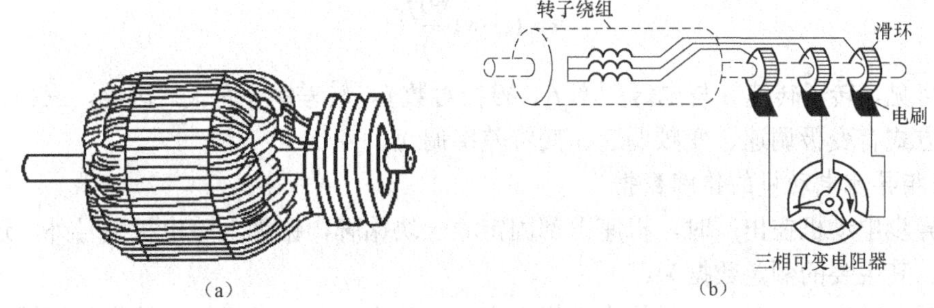

图 1-3　绕线转子异步电动机的转子

(a) 绕组外观；(b) 绕组接线图

（3）气隙。所谓气隙就是定子与转子之间的空隙。中小型异步电动机的气隙一般为 0.2～1.5mm。气隙的大小对电动机性能影响较大。气隙大，磁阻也大，产生同样大小的磁通，所需的励磁电流也越大，电动机的功率因数也就越低。但气隙过小，将给装配造成困难，运行时定、转子容易发生摩擦，使电动机运行不可靠。

2. 三相异步电动机的转动

（1）旋转磁场。在三相对称定子绕组中通入三相交流电，便产生一个旋转磁场，旋转磁场的转速与三相交流电的频率和电动机的磁极对数有关，表达式为

$$n_1 = 60\frac{f_1}{p} \tag{1-1}$$

式中：n_1 为旋转磁场转速，又称为同步转速，单位为 r/min；f_1 为电源的频率，单位为 Hz；p 为旋转磁场的磁极对数。

同步转速 n_1 的旋转方向由电源的相序决定。设电源为正序，同步转速 n_1 为顺时针方向旋转，若将三相定子绕组与三相电源接线中的任意两相对调，n_1 则为逆时针方向旋转。

（2）转子的转动。当定子绕组接通三相交流电源，在定子空间产生旋转磁场。图 1-4 所示为某瞬时旋转磁场的。假设旋转磁场按顺时针方向旋转，则相当于转子按逆时针方向切割

磁场，转子绕组中便产生感应电动势，转子回路产生感应电流，这个电流在磁场中受到力的作用，产生与旋转磁场方向一致的电磁转矩 T。当 $T>T_L$ 时，电动机拖动负载转动。

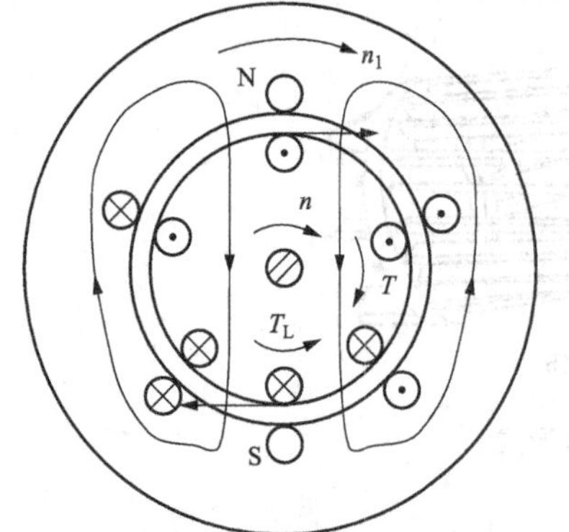

图 1-4 三相异步电动机的转动原理

由于转子只有在切割旋转磁场的情况下，才能产生感应电流，从而产生电磁力矩使转子转动，因此转子的转速 n 要比旋转磁场的转速 n_1 低一点，它们之间的差值用转速差 Δn 表示，即 $\Delta n = n_1 - n$。转速差与同步转速的比值称为转差率 s，即

$$s = \frac{n_1 - n}{n_1} \tag{1-2}$$

s 是分析异步电动机运行状态的重要参数。

在电动机起动的瞬间，转子转速 n=0，转差率 s=1；当电动机以额定转速运行时，转差率很小，约为 0.02～0.06；当电动机空载运行时，转子转速略小于同步转速，转差率约等于零。

由式（1-1）和式（1-2）整理可得到转子转速的表达式为

$$n = (1-s)\frac{60f_1}{p} \tag{1-3}$$

由此可见，转子转速 n 与电源频率 f_1、磁极对数 p、转差率 s 有关。因此，三相异步电动机的调速方式有变极调速、变频调速、变转差率调速。

3. 三相异步电动机的铭牌数据

三相异步电动机在出厂时，机座上都固定着一块铭牌，铭牌上除电机型号外，还标注着额定数据。其主要的额定数据为：

（1）额定功率 P_N（W），是指电动机额定工作状态时，电动机轴上输出的机械功率，表达式为

$$P_N = \sqrt{3} I_N U_N \cos\varphi_N \eta_N \tag{1-4}$$

（2）额定电压 U_N（V），是指电动机额定工作状态时，电源加于定子绕组出线端的线电压。

（3）额定电流 I_N（A），是指电动机额定工作状态时，电源供给定子绕组上的线电流。

（4）额定转速 n_N（r/min），是指电动机额定工作状态时，转轴上的每分钟的转速。

（5）额定频率 f_N（Hz），是指电动机所接交流电源的频率，我国工频电频率 50Hz。

（6）额定工作制，是指电动机在额定状态下工作，可以持续运转的时间和顺序，可分为额定连续工作的定额 S1、短时工作的定额 S2、断续工作的定额 S3 三种。

此外，铭牌上还标明绕组的相数与接法（接成星形或三角形）、绝缘等级及温升等。对于绕线转子异步电动机，还应标明转子的额定电动势及额定电流。

1.3.2 三相异步电动机及拖动负载的机械特性

1. 电力拖动系统

（1）电力拖动系统组成。由电动机带动生产机械运行的系统称作电力拖动系统，一般由电动机、传动机构、生产机械、控制系统等部分组成，如图 1-5 所示。电动机是拖动生产机械的原动力。控制系统主要包括控制电动机的起动、调速、制动等相关环节的设备和电路。在变频调速控制系统中，用于控制转速的就是变频器。传动机构在拖动系统中的作用主要是变速以及实现转矩与飞轮力矩的传递和变换。

（2）传动机构系统参数折算。

1）传动比。大多数的传动机构都具有变速的功能。变速的多少由传动比来衡量，常用 λ 表示，其表达式为

$$\lambda = \frac{n_{max}}{n_{Lmax}} \tag{1-5}$$

式中：n_{max} 是电动机的最高转速；n_{Lmax} 是负载的最高转速。

$\lambda>1$ 时，传动机构为减速机构；$\lambda<1$ 时，传动机构为增速机构。

2）拖动系统的参数折算。拖动系统的运行状态是对电动机和负载的机械特性进行比较而得到的。传动机构改变了同一状态下电动机和负载的转速，使它们无法在同一个坐标系里进行比较。为了解决这个问题，需要将电动机的电磁转矩、负载转矩、飞轮力矩折算到同一根轴上，一般是折算到电动机的轴上。折算的原则是保证各轴所传递的机械功率不变且储存的动能相同。在图 1-5 中，如忽略传动机构的功率损耗，则传动机构输入侧和输出侧的机械功率应相等。由此可知

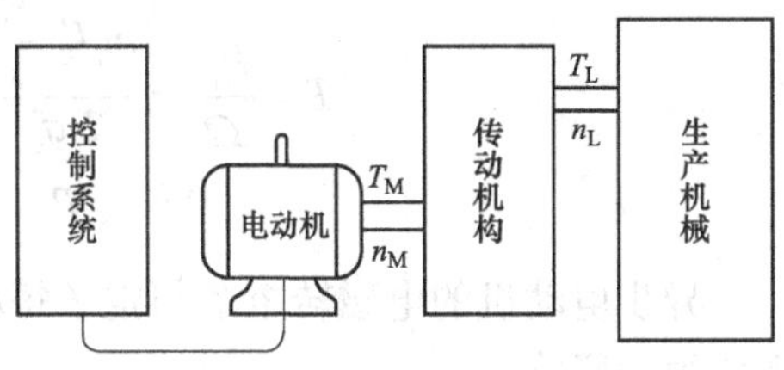

图 1-5　电力拖动系统的组成

$$\frac{T_M n_M}{9550} = \frac{T_L n_L}{9550} \tag{1-6}$$

$$\frac{T_M}{T_L} = \frac{n_L}{n_M} = \frac{1}{\lambda} \tag{1-7}$$

用 n'_L、T'_L 来表示负载转速、转矩折算到电动机轴上的值，在数值上它们应该与 n_M、T_M 相等，因此可以得到

$$n'_L = n_L \lambda \tag{1-8}$$

$$T'_L = \frac{T_L}{\lambda} \tag{1-9}$$

2. 机械特性

机械特性包括三相异步电动机的机械特性以及生产机械负载的机械特性。

电动机的机械特性是指电动机的转速 n 与电动机轴上产生的电磁转矩 T 的关系。生产机械负载的机械特性反映的是负载转矩 T_L 与生产机械的转速 n 的关系。

（1）三相异步电动机的机械特性。三相异步电动机的机械特性是指在电动机定子电压、频率以及绕组参数一定的条件下，电动机电磁转矩与转速或转差率的关系，即 $n=f(T)$ 或 $s=f(T)$。

机械特性可用函数表示，也可用曲线表示。用函数表示时，有物理表达式、参数表达式和实用表达式三种表达式。

1）函数表达方式。

a）物理表达式

$$T = \frac{P_{em}}{\Omega_1} = \frac{m_1 E'_2 I'_2 \cos\varphi_2}{\dfrac{2\pi n_1}{60}} = \frac{m_1(4.44 f_1 N_1 k_{w1} \Phi_m) I'_2 \cos\varphi_2}{\dfrac{2\pi f_1}{p}} \tag{1-10}$$

$$= \frac{p m_1 N_1 k_{w1}}{\sqrt{2}} \Phi_m I'_2 \cos\varphi_2 = C_T \Phi_m I'_2 \cos\varphi_2$$

式中：P_{em}为异步电动机电磁功率；Ω_1为异步电动机同步角速度；C_T为电动机电磁转矩常数，与电机结构有关；m_1为异步电动机定子绕组相；$\cos\varphi_2$为转子电路的功率因数；E_2'为转子感应电动势折算值；I_2'为转子电流的折算值；Φ_m为主磁通；f_1为交流电频率；p为磁极对数；N_1为电机每相绕组匝数；K_{w1}为电机电子绕组绕组系数。

物理表达式反映了不同转速时电磁转矩T与主磁通Φ_m以及转子电流有功分量$I_2'\cos\varphi_2$之间的关系。该表达式一般用来定性分析在不同运行状态下的转矩大小和性质。

b）参数表达式

$$T=\frac{P_{em}}{\Omega_1}=\frac{m_1 I_2'^2\dfrac{r_2'}{s}}{\dfrac{2\pi f_1}{p}}=\frac{3pU_1^2\dfrac{r_2'}{s}}{2\pi f_1\left[\left(r_1+\dfrac{r_2'}{s}\right)^2+\left(x_1+x_2'\right)^2\right]} \tag{1-11}$$

异步电动机的电磁转矩T与定子每相电压U_1平方成正比，若电源电压波动大，会对转矩造成很大影响。

2）曲线表达方式。在电压、频率及绕组参数一定的条件下，电磁转矩T与转差率s之间的关系可用曲线表示。

a）固有机械特性曲线。三相异步电动机的固有机械特性是指$U_1=U_{1N}$，$f_1=f_{1N}$，定子三相绕组按规定方式连接，定子和转子电路中不外接任何元件时测得的机械特性$n=f$（T）或$T=f$（s）曲线，如图1-6所示。

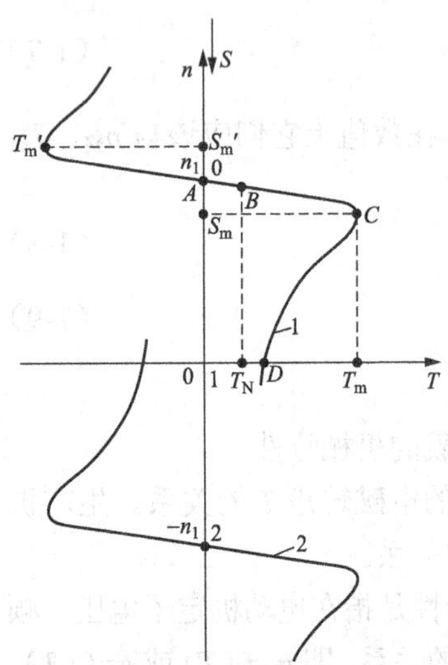

图1-6　异步电动机固有机械特性

1—正转特性；2—反转特性

对于同一台三相异步电动机有正转（曲线1）和反转（曲线2）两条固有机械特性。

三相异步电动机固有机械特性的几个特殊运行点：

①同步转速点A。同步转速点又称理想空载点，在该点处，s=0，$n=n_1$，T=0，转子感应电动势E_{2s}=0，I_2=0，$I_1=I_0$，电动机处于理想空载状态。

②额定运行点B。在该点处，$n=n_N$，$T=T_N$，$I_1=I_{1N}$，$I_2=I_{2N}$，$P_2=P_N$，电动机处于额定运行状态。

③临界点C。在该点处，$s=s_m$，$T=T_m$，对应的电磁转矩是电动机所能提供的最大转矩。T_m'是异步电动机回馈制动状态所对应的最大转矩，若忽略r_1的影响时，有$T_m'=T_m$。

④起动点D。在该点处，s=1，n=0，$T=T_{st}$，$I=I_{st}$。

b）人为机械特性。异步电动机的人为机械特性是指人为改变电动机的电气参数而得到的机械特性。

由参数表达式可知，改变定子电压U_1、定子频率f_1、极对数p、定子回路电阻r_1和电抗x_1、转子回路电阻r_2'和电抗x_2'，都可得到不同的人为机械特性。

（2）拖动负载的机械特性。生产机械的负载转矩T_L，大部分情况下与电动机的电磁转矩T方向相反。不同负载的机械特性是不一样的，可以将其归纳以下几种类型：

1）恒转矩负载。恒转矩负载是指那些负载转矩的大小，仅仅取决于负载的大小，而和转速大小无关的负载。带式输送机是恒转矩负载的典型例子之一，其基本结构和工作情况如图1-7所示。

恒转矩负载阻转矩 T_L 表达式为

$$T_L = Fr \quad (1\text{-}12)$$

式中：F 为皮带与滚筒间的摩擦阻力。

a）恒转矩负载转矩特点。由于 F 和 r 都和转速的快慢无关，所以在调节转速 n_L 的过程中，负载的阻转矩 T_L 保持不变，即具有恒转矩的特点，即

$$T_L=\text{常数} \quad (1\text{-}13)$$

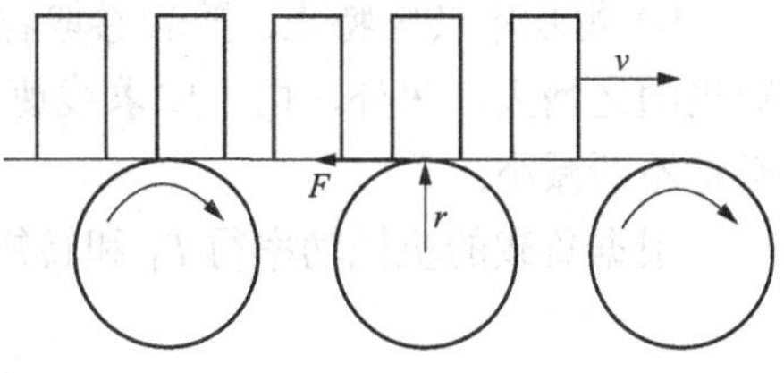

图 1-7　恒转矩负载基本机构和工作情况

注意

这里所说的转矩大小的是否变化，是相对于转速变化而言的，不能和负载大小变化时转矩大小的变化相混淆。或者说，“恒转矩”负载的特点是，负载转矩的大小仅仅取决于负载的大小，而和转速大小无关。以带式输送机为例，当传输带上的物品较多时，不论转速有多大，负载转矩都较大；而当传输带上的物品较少时，也不论转速有多大，负载转矩都较小。

b）恒转矩负载功率特点。根据负载的机械功率 P_L 和转矩 T_L、转速 n_L 之间的关系，有

$$P_L = \frac{T_L n_L}{9550} \propto n_L \quad (1\text{-}14)$$

即负载功率与转速成正比。

2）恒功率负载。恒功率负载是指负载转矩 T_L 的大小与转速 n 成反比，而其功率基本维持不变的负载。

a）恒功率负载特点。薄膜在卷取过程中，要求被卷物的张力 F 必须保持恒定，其基本手段是使线速度 V 保持恒定。所以，在不同的转速下，负载的功率基本恒定，即

$$P_L=\text{常数} \quad (1\text{-}15)$$

负载功率的大小与转速的高低无关，其功率特性曲线如图 1-8 所示。

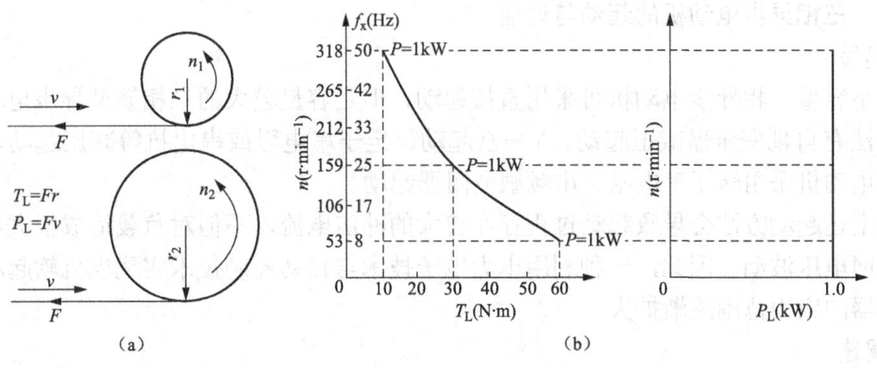

图 1-8　恒功率负载功率特性曲线

（a）恒功率负载张力与速度关系；（b）恒功率负载功率特性曲线

注意

这里所说的恒功率，是指在转速变化过程中，功率基本不变，不能和负载大小的变化相混淆。就卷取机械而言，当被卷物体的材质不同时，所要求的张力和线速度是不一样的，其卷取功率的大小也就不相等。

b）恒功率转矩特点。随着卷取物不断地卷绕到卷取辊上，卷取半径将越来越大，负载转矩也随之增大。另外，由于要求线速度 v 保持恒定，故随着卷取半径 r 的不断增大，转速 n_L 必将不断减小。

根据负载的机械功率得 P_L 和转矩 T_L、转速 n_L 之间的关系为

$$T_L = \frac{9550P_L}{n_L} \tag{1-16}$$

即，负载阻转矩的大小与转速成反比。

3）二次方律负载。二次方律负载是指转矩与速度的二次方成正比例变化的负载，如风扇、风机、泵、螺旋桨等机械的负载转矩，如图 1-9 所示。在低速时由于流体的流速低，所以负载转矩很小，随着电动机转速的增加，流速增快，负载转矩和功率也越来越大。

二次方律负载的机械特性和功率特性如图 1-9 所示。

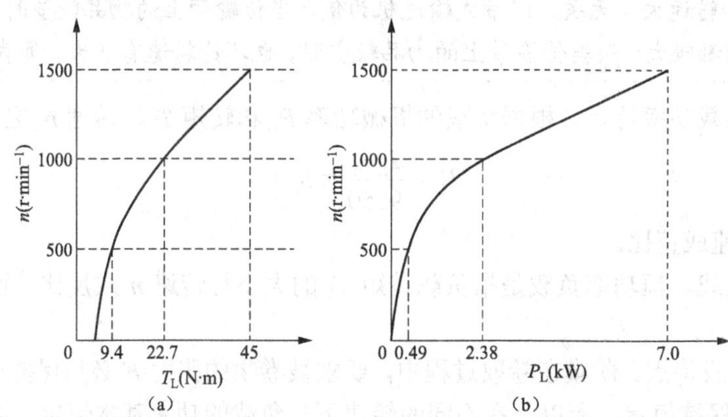

图 1-9　二次方律负载机械特性和功率特性

（a）机械特性；（b）功率特性

1.3.3　三相异步电动机的起动与调速

1. 起动

对于小容量三相异步电动机可采用直接起动，但是容量较大的三相笼型异步电动机常见的起动方法有自耦变压器减压起动、Y—△起动、定子串电阻或串电抗等减压起动。三相绕线型异步电动机采用转子串电阻、串频敏变阻器起动。

由于上述起动方法会导致起动过程存在较大的冲击电流，不但对负载造成很大冲击，还易导致电网电压波动。因此，一种利用电力电子技术与自动控制技术实现电机软起动、软停车的控制器的应用范围逐渐扩大。

2. 调速

根据式（1-3）分析 $n = (1-s)60f_1/p$ 得到，三相异步电动机调速方法有变极调速、变频调速、变转差率调速。

（1）变级调速。这种调速方法是用改变定子绕组的接线方式来改变笼型电动机定子极对数达到调速目的。其特点为：具有较硬的机械特性，稳定性良好；无转差损耗，效率高；接线简单，控制方便，价格低；有级调速，级差较大，不能获得平滑调速；与调压调速、电磁转差离合器配合使用，可获得较高效率的平滑调速特性。

本方法适用于不需要无级调速的生产机械，如金属切削机床、升降机、起重设备、风机、

水泵等。

（2）变频调速。变频调速是改变电动机定子电源的频率，从而改变其同步转速的调速方法。变频调速系统主要设备是提供变频电源的变频器。变频器可分成交—直—交变频器和交—交变频器两大类。目前国内大都使用交—直—交变频器。其特点为：效率高，调速过程中没有附加损耗；应用范围广，可用于笼型异步电动机；调速范围大，特性硬，精度高；技术复杂，造价高，维护检修困难。

本方法适用于要求精度高、调速性能较好的场合。

（3）变转差率调速。

1）串级调速。串级调速是指绕线式电动机转子回路中串入可调节的附加电动势来改变电动机的转差，达到调速的目的。大部分转差功率被串入的附加电动势所吸收，再利用产生附加的装置，将吸收的转差功率返回电网或转换能量加以利用。根据转差功率吸收利用方式，串级调速可分为电机串级调速、机械串级调速及晶闸管串级调速形式。目前，多采用晶闸管串级调速。其特点为：可将调速过程中的转差损耗回馈到电网或生产机械上，效率较高；装置容量与调速范围成正比，投资省，适用于调速范围在额定转速70%～90%的生产机械上；调速装置故障时可以切换至全速运行，避免停产；晶闸管串级调速功率因数偏低，谐波影响较大。

本方法适合于风机、水泵及轧钢机、矿井提升机、挤压机上使用。

2）串电阻调速。绕线转子异步电动机转子串入附加电阻，使电动机的转差率加大，电动机在较低的转速下运行。串入的电阻越大，电动机的转速越低。

本方法所用设备简单，控制方便，但转差功率以发热的形式消耗在电阻上，属有级调速，机械特性较软。

3）改变定子电压调速。当改变电动机的定子电压时，可以得到一组不同的机械特性曲线，从而获得不同转速。由于电动机的转矩与电压平方成正比，因此最大转矩下降很多，其调速范围较小，使一般笼型电动机难以应用。调压调速的主要装置是一个能提供电压变化的电源，目前常用的调压方式有串联饱和电抗器、自耦变压器以及晶闸管调压等几种。晶闸管调压方式为最佳。其特点为：调压调速线路简单，易实现自动控制；调压过程中转差功率以发热形式消耗在转子电阻中，效率较低。

本方法一般适用于100kW以下的生产机械。

4）电磁调速电动机调速。电磁调速电动机由笼型电动机、电磁转差离合器和直流励磁电源（控制器）三部分组成。这是一种转差调速方式，变动转差离合器的直流励磁电流便可改变离合器的输出转矩和转速。其特点为：装置结构及控制线路简单、运行可靠、维修方便，调速平滑、无级调速，对电网无谐波影响，但负载端速度损失大，低速时转差大、发热严重、效率低。

本方法适用于中、小功率，要求平滑起动、长期高速运行和短时低速运行的生产机械。

1.3.4　三相异步电动机调速的性能指标

1. 调速与速度变化

（1）调速。调速是在负载没有改变的情况下，根据生产过程需要人为地强制性改变拖动系统的转速。例如，将电源频率从50Hz调至40Hz，电动机稳态工作点也要发生改变，其转速也从1460r/min调至1168r/min。可见调速时转速的改变是从不同的机械特性上得到的。调速时得到的机械特性簇被称为调速特性。

（2）速度变化。速度变化是由于负载的变化而引起拖动系统的转速变化。速度变化时转速的变化是从同一根机械特性上得到的。

2. 调速指标。电动机的调速性能常用下列指标衡量。

（1）调速范围。调速范围是指电动机在额定负载时所能达到的最高转速 n_{Lmax} 与最低转速 n_{Lmin} 之比，即

$$a_{\mathrm{L}}=\frac{n_{\mathrm{Lmax}}}{n_{\mathrm{Lmin}}} \tag{1-17}$$

不同的生产机械对调速范围的要求不同，如车床的调速范围为 20～120，钻床的为 2～12，铣床的为 20～30 等。一般变频器的最低工作频率可达到 0.5Hz，即在额定频率（50Hz）以下调速范围为 100。

（2）调速的平滑性。调速的平滑性是指相邻两级转速的接近程度。两挡转速差越小，调速的平滑性越好。在变频调速时，若给定为模拟信号，多数变频器输出频率的分辨率（相邻两级频率）为 0.05Hz。以 4 极电动机为例，则相邻两挡的转速差为

$$\varepsilon_{\mathrm{n}}=\frac{60\times 0.05}{2}=1.5(\mathrm{r/min}) \tag{1-18}$$

其平滑性是很高的。

（3）调速的经济性。调速的经济性主要从两方面来衡量。

1）调速设备的投资和运行维修费用；

2）电动机调速时引起的能量损耗。

总的来说，以上两方面需考虑求得最佳的性能价格比。变频调速装置的价格一般较高，但其故障率较低，在很多的场合节能效果显著，因此和直流调速系统相比，变频调速系统的优势是很明显的。

（4）调速后工作特性。

调速后工作特性常通过两方面来衡量。

1）静态特性。静态特性主要是指调速后机械特性的硬度。工程上常用静差度 δ 来表示

$$\delta=\frac{n_0-n_{\mathrm{N}}}{n_0}\times 100\% \tag{1-19}$$

2）动态特性。动态特性是指过渡过程中的性能。例如，加减速过程是否快捷、平稳；遇到冲击性负载时，系统的转速能否迅速恢复等。

对于大多数的生产机械而言，希望调速后的机械特性能硬一些，即负载变动时，速度变化较小，工作比较稳定。但也有的负载希望调速后的机械特性较软，如电梯，负载较重时，为安全起见，要求速度明显地慢下来。

一、选择题

1. 异步电动机按转子的结构不同分为笼型和（ ）两类。

A. 绕线转子式　B. 单相　C. 三相　D. 以上都不是

2. 异步电动机按使用的电源相数不同分为单相、两相和（ ）。

A. 绕线转子式　B. 单相　C. 三相　D. 以上都不是

3．三相异步电动机的旋转磁场的转速 n_0 为（　　）。

A．$\dfrac{60f_1}{p}$　　B．$\dfrac{60p}{f_1}$　　C．$\dfrac{f_1}{60p}$　　D．以上都不是

4．三相异步电动机的转速 n 为（　　）。

A．$\dfrac{60f_1}{p}$　　B．$\dfrac{60p}{f_1}(1-s)$　　C．$\dfrac{f_1}{60p}$　　D．以上都不是

5．三相异步电动机的额定功率 P_N 与其他额定数据之间的关系（　　）。

A．$\sqrt{3}U_N I_N \cos\varphi_N \eta_N$　　B．$\sqrt{3}U_N I_N \cos\varphi_N$

C．$U_N I_N \cos\varphi_N \eta_N$　　D．以上都不是

6．带式输送机负载转矩属于（　　）。

A．恒转矩负载　　B．恒功率负载

C．二次方律负载　　D．以上都不是

7．卷扬机负载转矩属于（　　）。

A．恒转矩负载　　B．恒功率负载

C．二次方律负载　　D．以上都不是

8．风机、泵类负载转矩属于（　　）。

A．恒转矩负载　　B．恒功率负载

C．二次方律负载　　D．以上都不是

9．下列选项中，（　）不是常见的传动机构。

A．带与带轮　　B．齿轮变速箱

C．涡轮蜗杆　　D．电动机

二、简答题

1．什么是转差率？

2．画出异步电动机的机械特性曲线。

3．什么是恒转矩负载？

4．什么是恒功率负载？

5．什么是二次方律负载？

6．什么是拖动系统？其由哪些部分组成？

7．为什么说风机、泵类负载进行变频调速节能的效果最好？

8．异步电动机变频调速的理论依据是什么？

9．电动机的额度功率是它吸收电能的功率吗？

10．起重机属于恒转矩类负载，速度升高对转矩和功率有何影响？

11．变频器主要应用在哪些方面？

12．什么叫变频器？

13．解释调速范围。

三、判断题

1．电动机铭牌上的额定值 U_N 是指电动机在额定情况下运行时，外加于定子绕组上的相电压。（　）

2．电动机铭牌上的额定值 I_N 是指电动机在额定情况下运行时，定子绕组中能够长期、

安全、连续通过的最大线电流。 （ ）

3．电动机铭牌上的额定值 P_N 是指电动机在额定电压、额定频率下运行时，电动机轴上能够长期、安全、输出的机械功率。 （ ）

子任务二 变频器基本结构的认识

任务目标

1．掌握变频器主电路的结构及各部分的作用。

2．掌握脉冲宽度调制技术的概念与原理。

3．掌握变频器三相桥式 SPWM 逆变电路的变压、变频原理。

4．了解电力电子器件的类型及特点。

5．了解变频器控制电路各部分的作用。

1.4 变频器分类

变频器的种类很多，分类方法各异，可以通过对变频器分类方法的了解，而对其有个整体的认识。

1．按变频的原理分类

（1）交—交变频器。它是将频率固定的交流电源直接变换成频率连续可调的交流电源。其主要优点是没有中间环节，变换效率高。但其连续可调的频率范围较窄，一般在额定频率的 1/2 以下（$0<f<f_N/2$），故主要用于容量较大的低速拖动系统中。

（2）交—直—交变频器。它是先将频率固定的交流电整流后变成直流，再经过逆变电路，将直流电逆变成频率连续可调的三相交流电。由于把直流电逆变成交流电较易控制，因此在频率的调节范围、变频后电动机特性的改善等方面，都具有明显的优势。目前使用最多的变频器均属于交—直—交变频器。

根据直流环节的储能方式不同，交—直—交变频器又可分成电压型和电流型两种。

1）电压型。整流后靠电容来滤波的交—直—交变频器称作电压型变频器。现在使用的变频器大部分为电压型。

2）电流型。整流后靠电感来滤波的交—直—交变频器称作电流型变频器。这种型式的变频器较为少见。

根据调压方式的不同，交—直—交变频器又可分成脉幅调制和脉宽调制两种。

1）脉幅调制。变频器输出电压的大小是通过改变直流电压来实现的，常用 PAM 表示。这种方法现在已很少使用了。

2）脉宽调制。变频器输出电压的大小是通过改变输出脉冲的占空比来实现的，常用 PWM 表示。目前使用最多的是占空比按正弦规律变化的正弦波脉宽调制，即 SPWM 方式，后续将重点讲解。

2．按变频器的用途分类

（1）专用变频器。专用变频器是针对某一种（类）特定的控制对象而设计的。这种变频器均是在某一方面的性能比较优良，如前述的风机、水泵用变频器、电梯及起重机械用变频器、中频变频器等。

（2）通用变频器。通用变频器是变频器家族中数量最多、应用最广泛的一种，也是本书讲解的主要类型。而大容量变频器主要用于冶金工业的一些低速场合。

1.5　通用变频器结构

异步电动机变频调速运转时，通常由变频器主电路给电动机提供调压调频电源。该电源输出的电压或电流及频率由控制回路的控制指令进行控制，而控制指令则是根据外部的运转指令进行运算获得。对于需要更精确转速或快速响应的场合，运算还应包含由变频器主电路和传动系统检测出来的信号进行的闭环控制。变频器保护电路的构成，除应防止因变频器主电路的过电压、过电流引起的损坏，还应保护异步电动机及传动系统等。

各厂家生产的通用变频器，其主电路结构和控制电路并不完全相同，但基本的构造原理和主电路的连接方式以及控制电路的基本功能都大同小异。下面以通用变频器为例进行介绍。下文提到的变频器均为通用变频器。

变频器的外观结构也有许多共同性。其外观结构图如图 1-10 所示。变频器外观都是尺寸不同的矩形体，正面面板上安装了数字操作器。

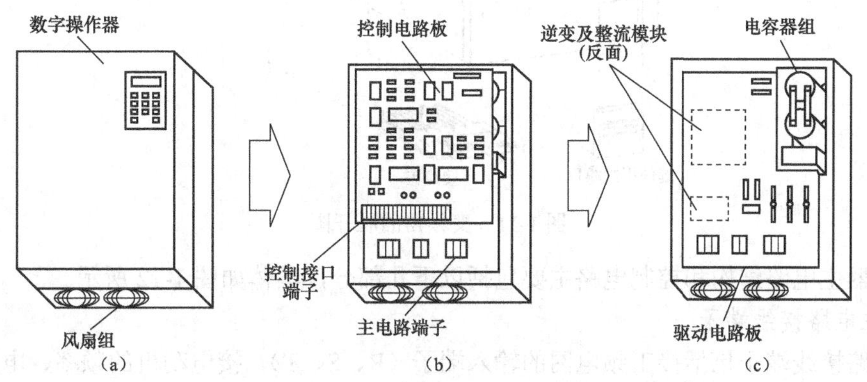

图 1-10　变频器外观结构图

（a）变频器数字控制器；（b）变频器主回路与控制回路端子；（c）变频器驱动电路

多数变频器的数字操作器是插接卡件，固定在变频器面板槽口内，拆卸变频器面板时需要先拔下数字操作器。拆卸掉面板后会看到变频器控制电路板，变频器控制电路的主要部分都在这块印制电路板上。有的变频器也将控制接口驱动板等局部控制电路另外安装在小一些的印制电路板上，然后加装在控制电路板上面。控制电路板的下方是控制接口端子，而主电路的输入输出端子，也通常布置在其下方，但不在控制电路板上。控制电路板与主回路间有驱动触发信号和检测信号等多个信号连接，这些信号线通常是以插接口连接的，拆卸控制电路板之前需要确认所有的插接都安全地拔掉了。拆开电路板之后，就能看见变频器的主电路的连接。变频器结构展开图如图 1-11 所示。

小容量的变频器常常将主电路元器件固定在驱动电路板上，驱动电路板上面有主电路接线的印制电路。在驱动板面上能够看见充电限制电阻、电容器均压电阻、熔断器以及其他主电路的附属元器件，逆变器模块和整流器模块通常是安装在驱动板背面的，因为它们的端面要和底座上的散热片贴合。电容器组、接触器、直流电抗器等体积较大的元器件通常固定在驱动电路板旁边的空间里，用导线或者铜排连接。大容量变频器的主电路元器件通常是分别单独固定的，彼此以导线或者铜排连接。逆变器模块及整流器模块与散热片是通过导热胶贴合的，如果拆卸了驱动电路板，就会使模块与散热片分离，此时必须重新涂敷导热胶。底座通常占有变频器较大比例的体积，但只是一个安装支持构架，上面有散热片、风扇组和风道等结构部分。

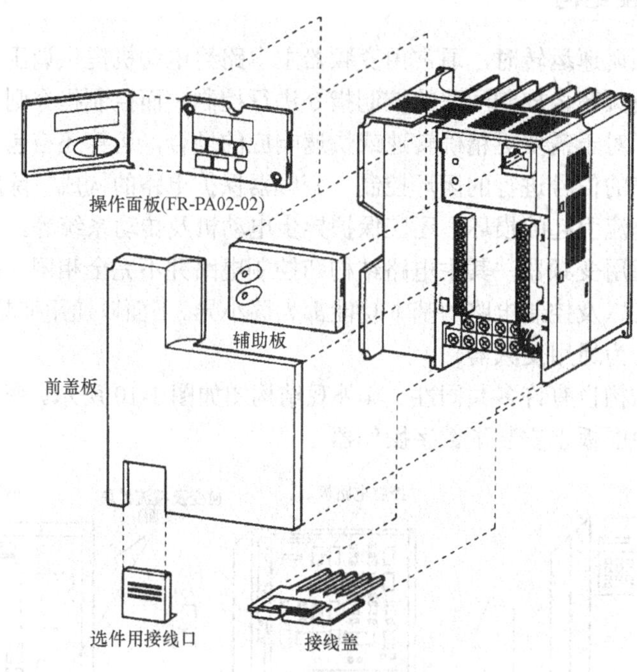

图 1-11　变频器的展开图

变频器主电路结构和控制电路主要包括以下几部分，具体如图 1-12 所示。

1. 主电路接线端子

主电路接线端子包括接工频电网的输入端子（R、S、T），接电动机的频率、电压连续可调的交流信号的输出端子（U、V、W）。

2. 控制端子

图 1-12 中变频器的转速反馈、正转、反转、外部报警、自由运转、复位、高速、中速、低速、点动端子即为变频器外部控制端子。

3. 操作面板

操作面板包括液晶显示屏、键盘和触摸控制屏。

4. 输入端隔离电路

变频器有一系列的输入端子，这些输入端子和 CPU 是通过隔离电路联系的。输入端隔离电路出了问题，影响端子的正常输入，因为每个输入端子独立连接一只光电耦合器，哪一只光电耦合器出了问题，其输入端子便不能正常工作。

5. DC/DC 电源

变频器中除了主电路电源之外的所有电路的供电电源。它若出故障，整个变频器将停止工作。该电源的输出端是分组输出，哪一组出了问题，将影响其所对应的电路。

6. 过电压/欠电压保护电路

该电路是直流母线电压的检测电路，检测直流母线欠电压或过电压。该电路出了问题，一是不能正确地提供检测保护信号，产生误报；二是失去保护功能，使制动电阻不能工作，引起主电路过电压而损坏。

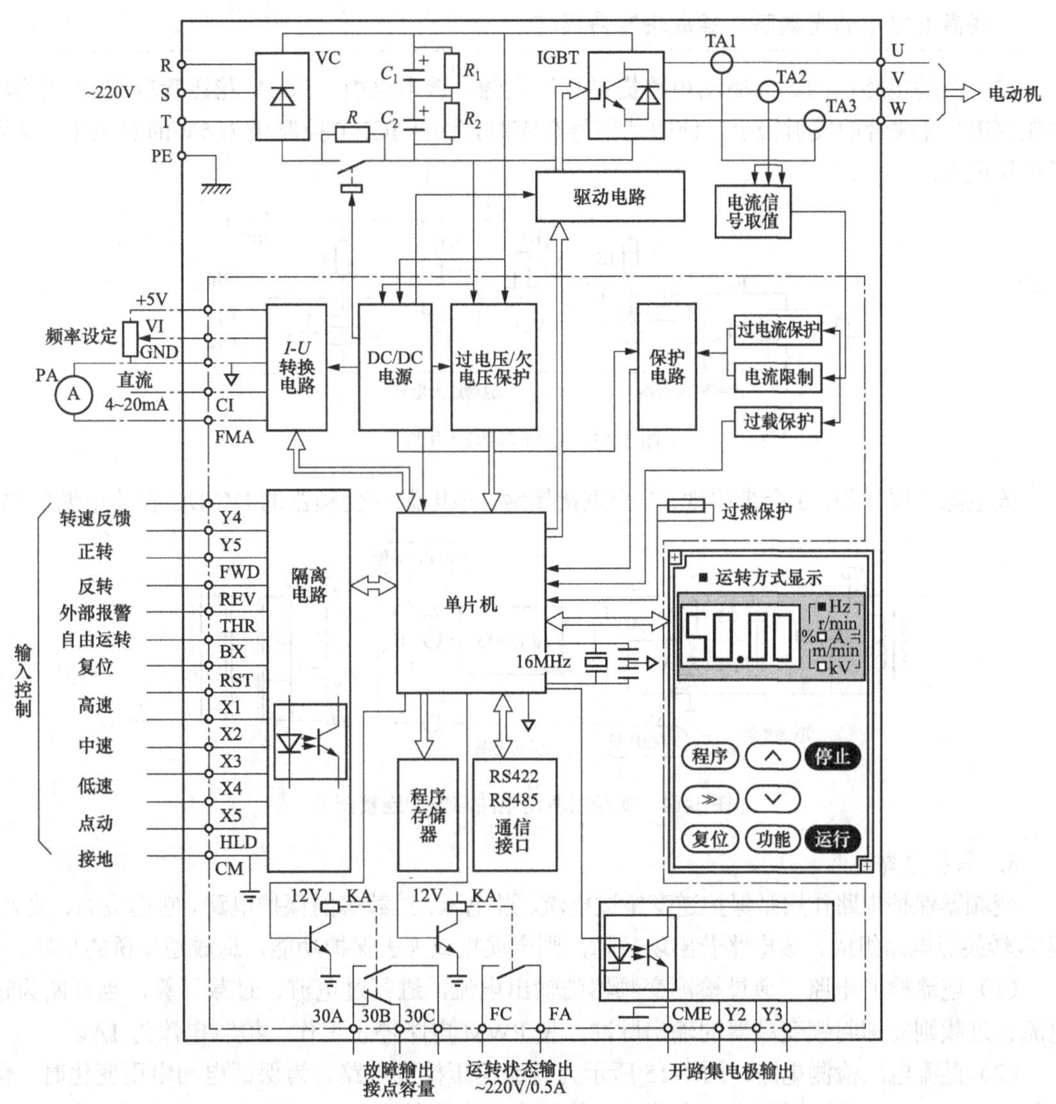

图 1-12　变频器结构图

7. 驱动电路

该电路是将 CPU 输出的 PWM 信号进行放大，驱动 IGBT 开关工作。该电路和主电路紧密相连，是很重要又容易出故障的一部分电路。

驱动电路由光耦隔离电路、驱动放大电路、驱动电路电源组成，具体如图 1-13 所示。

（1）光耦隔离电路。图中 IC 为 PWM 输出和驱动电路的隔离电路。当驱动电路损坏时不至于将故障扩大到 PWM 发生电路。

（2）驱动放大电路。VT1 为第一级放大；VT2、VT3 为输出跟随器，提高输出能力。图中稳压管 VS 使电源电压稳定在 20V。

隔离电路中的光耦隔离集成块容易损坏。

（3）驱动电路电源。为驱动电路提供直流电源，该电路由一只5V稳压管取得5V电源，加在IGBT开关管的发射极上，使驱动信号在零时，保证IGBT控制极为5V的负电压，使管子可靠截止。

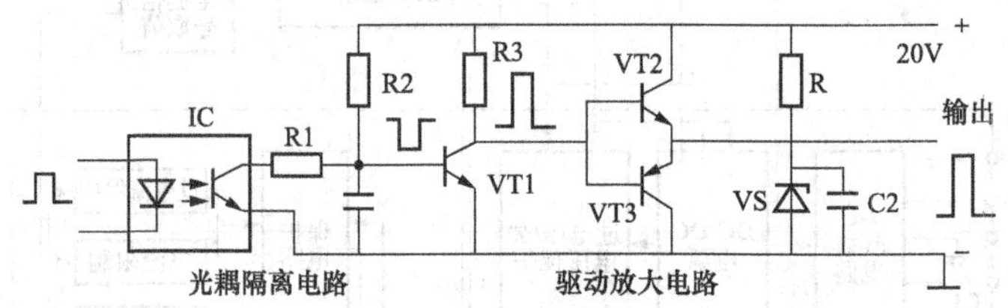

图1-13　变频器驱动电路

该电源需要4组，3个带浮地，1个直接接地。该电源由变频器的DC/DC直流电源提供。

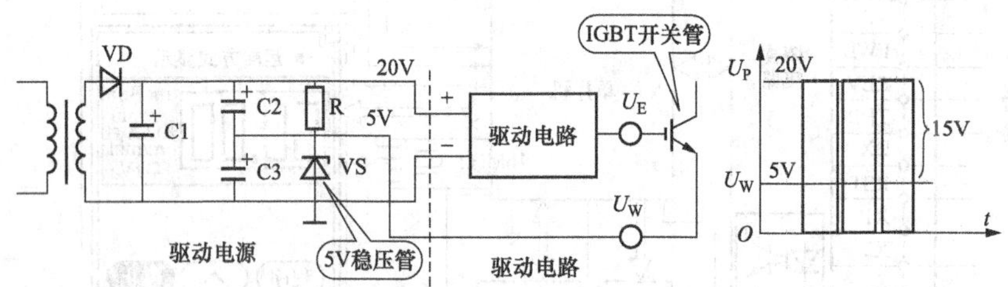

图1-14　变频器驱动电路与电源连接图

8. 保护电路

变频器保护电路作用是保护逆变桥过电流、过电压、过载等的保护电路。它由检测、放大、模/数转换等电路组成。该电路若出现故障，则会误报或失去保护功能，造成逆变桥的损坏。

（1）电流检测电路。通过检测变频器的输出电流，进行过电流、过载计算，当判断为过电流、过载则立即封锁变频器的输出脉冲，使PWM电路停止工作。检测电流为1A。

（2）直流电压检测电路。图1-15所示为直流电压检测电路。为保证电网电压变化时，仍能保证$U/f=C$的控制方式，由该电路实时检测直流电路的电压U_d，根据U_d的变化调整PWM波的占空比。

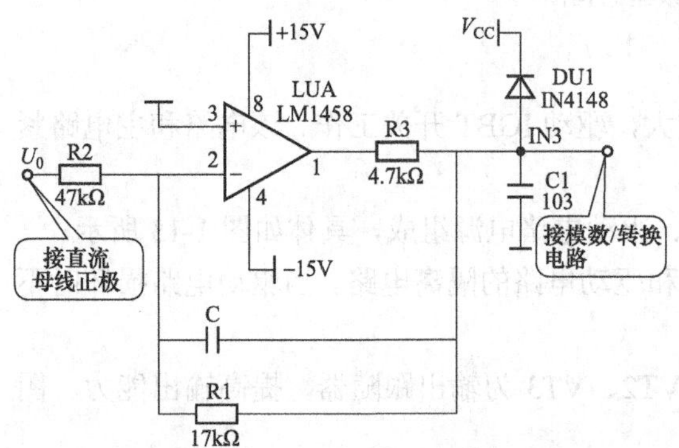

图1-15　直流电压检测电路

9. 操作面板

操作面板是采用接插件连接的。接触不良，会引起个别功能消失；供电不良，会引起黑屏；个别功能部件失灵，可能是按键接触虚。

10. 单片机

单片机又称CPU，是整个变频器的核心器件，如同人的大脑，输出各种控制信号和处理输入、检测等信号。

CPU是集成电路，又经过层层保护，故

障率很低。正常工作时的损坏率很低，但雷击、变频器电源引起的过电压、工作环境潮湿、静电感应等可能引起损坏。

1.6 变频器主回路组成及原理

目前，变频器的主回路的变换环节大多采用交—直—交变频变压方式。交—直—交变频器是先将工频交流电通过整流器变成直流电，然后再将直流电逆变成频率、电压可调的交流电。通用变频器主要由主回路和控制电路组成。主电路包括整流电路与滤波、直流中间电路和逆变电路组成。其基本构成框图如图 1-16 所示。主回路基本构成原理图如图 1-17 所示，其主回路实物图如图 1-18 所示。

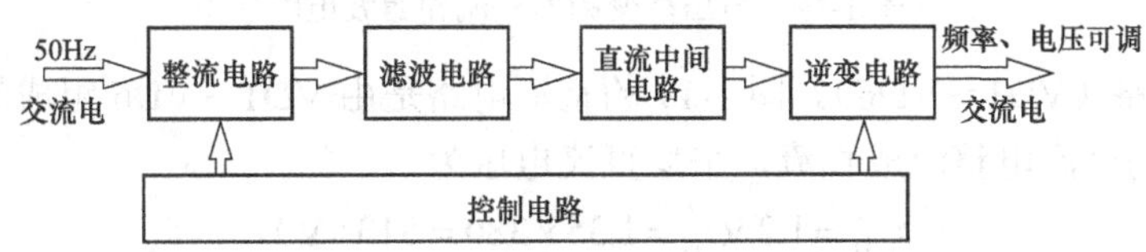

图 1-16 变频器主回路构成框图

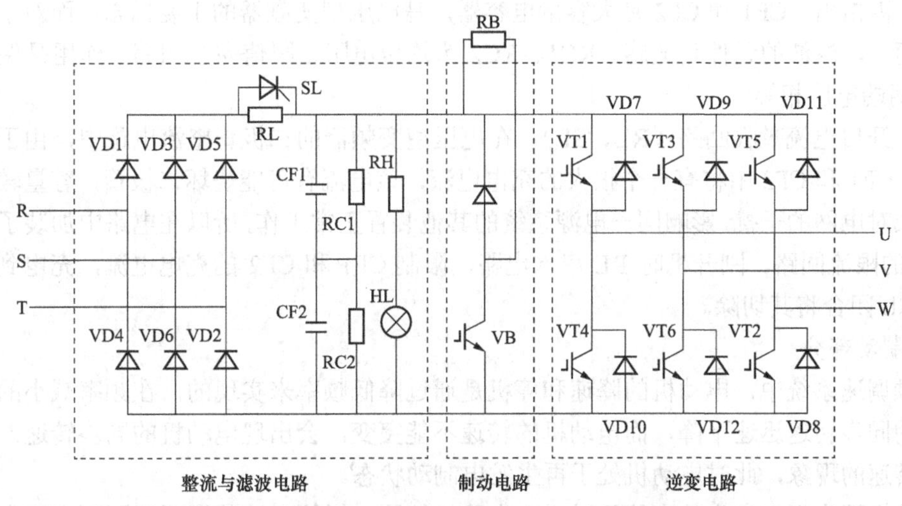

图 1-17 变频器主回路基本构成原理图

对于使用广泛的交—直—交变频器而言，主回路由整流与滤波电路、制动电路和逆变电路三部分组成。下面具体介绍主回路每个组成部分的作用。

1. 整流与滤波电路

变频器的整流和滤波电路的作用是将工频电源变换成直流电源。整流与滤波电路由整流电路、滤波电路，开启电路、吸收回路组成。整流与滤波电路按其控制方式可以是直流电压源，也可以是直流电流源。电压型变频器的整流电路（见图 1-19）属于不可控整流桥直流电压源，当电源线电压为 380V 时，整流器件的最大反向电压一般为 1000V，最大整流电流为通用变频器额定电流的 2 倍。

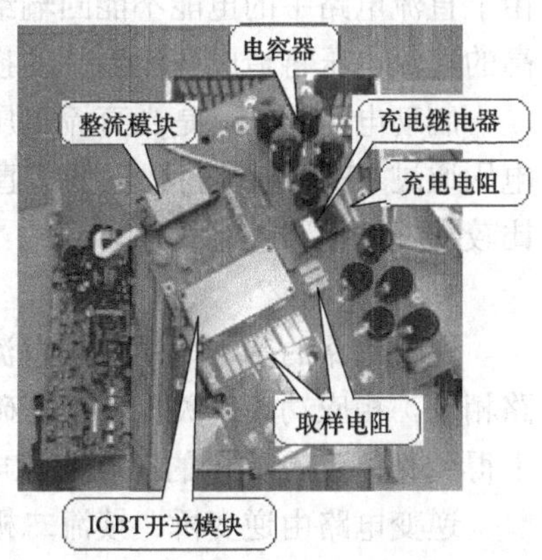

图 1-18 变频器主回路实物图

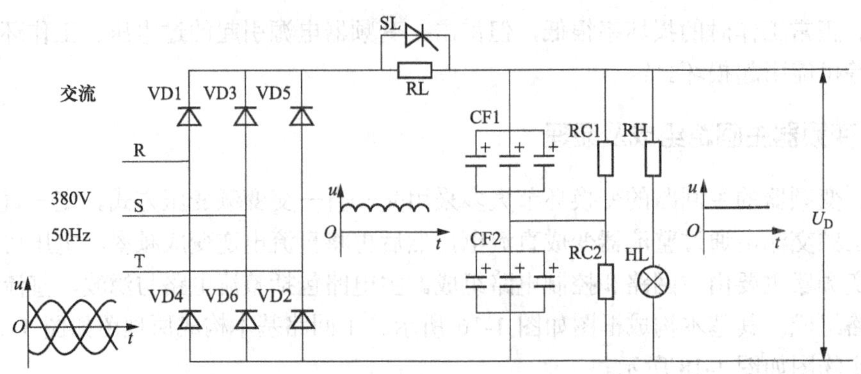

图 1-19 电压型变频器整流和滤波电路

（1）整流电路（VD1～VD6）。图 1-19 的整流电路是由 VD1～VD6 组成的三相整流桥，其将工频 380V 的交流电整流成直流，平均直流电压为

$$U_D = 1.35U_L = 1.35 \times 380 = 513\text{（V）} \quad (1\text{-}20)$$

（2）滤波电容（CF1、CF2），图 1-19 中的滤波电容 CF1 和 CF2 其作用是对整流电压进行滤波。需指出，CF1 和 CF2 是大容量电容器，是电压型变频器的主要标志；而对于电流型变频器而言，滤波的元件是电感。RC1、RC2 为均压电阻，阻值完全相等，作用是保证 CF1 和 CF2 两端电压相等。

（3）开启电流吸收回路（RL、SL）。在电压型变频器的二极管整流电路中，由于在电源接通时，CF1 和 CF2 中将有一个很大的充电电流，该电流有可能烧坏二极管，容量较大时还可能形成对电网的干扰，影响同一电源系统的其他装置正常工作，所以在电路中加装了由 RL、SL 组成的限流回路。刚开机时 RL 串入电路，限制 CF1 和 CF2 的充电电流，充电到一定的程度后 SL 闭合将其切除。

2. 制动部分

变频调速系统中，电动机的降速和停机是通过降低频率来实现的，在频率减小的瞬间，电动机的同步转速迅速下降，而电动机的转速不能突变，会出现电动机的同步转速低于电动机转子转速的现象，此时电动机处于再生发电制动状态。

电动机再生发电产生的电能经过逆变电路的续流二极管全波整流后返回到直流电路中，由于直流电路中的电能不能回输给电网，只能由 CF1、CF2 吸收，导致直流电压 U_D 升高，过高的直流电压将造成变流器件的损坏，为了限制直流电压 U_D，增加了制动电路。

制动电路的功能是当直流电压 U_D 超过规定值时，大功率晶体管 VB（IGBT）导通，直流电压通过 RB 释放能量，降低了直流电压。而当 U_D 在正常范围内时 VB 截止。VB 由采样、比较和驱动电路控制。

3. 逆变电路

逆变电路的基本作用是将直流电变成交流电，是变频器的核心部分。逆变电路同整流电路相反，相应功率开关器件根据确定的时间导通和关断，从而可以在输出端 U、V、W 三相上得到相位互差 120°的三相交流电压。

逆变电路由逆变桥、续流二极管和缓冲电路组成。变频器逆变电路如图 1-20 所示。

（1）逆变桥。三相逆变桥由 VT1～VT6 组成。VT 导通时相当于开关接通，VT 截止时相当于开关断开。现在常用的逆变管有绝缘栅双极晶体管（IGBT）、大功率晶体管（GTR）、可关断晶闸管（GTO）、功率场效应晶体管（MOSFET）等。

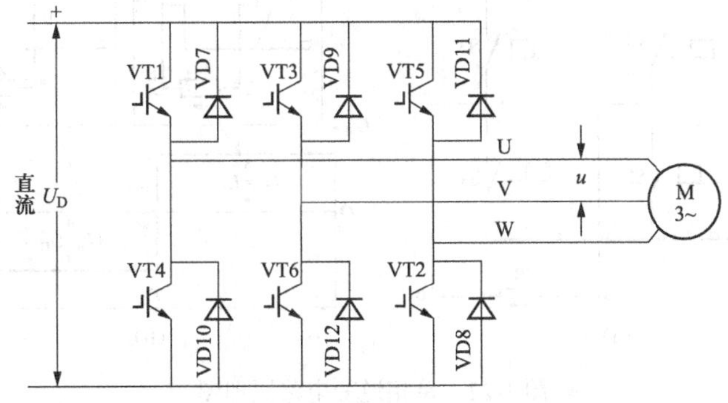

图 1-20　变频器逆变电路

（2）续流二极管（VD7～VD12）。续流二极管 VD7～VD12 的功能有下面几点：

1）由于电动机是一种感性负载，工作时其无功电流返回直流电源需要 VD7～VD12 提供通路。

2）降速时电动机处于再生制动状态，VD7～VD12 为再生电流提供返回直流的通路。

3）逆变时 VT1～VT6 快速高频率地交替切换，同一桥臂的两管交替地工作在导通和截止状态，在切换的过程中，也需要给线路的分布电感提供释放能量的通路。

（3）缓冲电路。缓冲电路的主要作用是减小 IGBT 从饱和转为截止时，C-E 之间的电压变化率。当 VT1 从饱和状态转为截止状态时 C-E 间的电压将由接近于 0 迅速上升为直流电压（约为 513V），过高的电压变化将使 IGBT 损坏。变频器缓冲电路如图 1-21 所示。

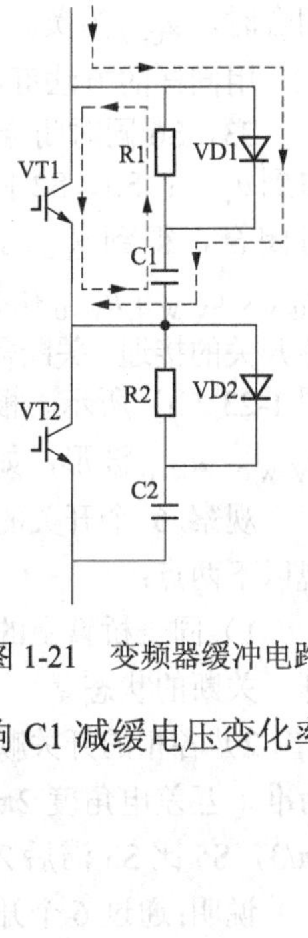

图 1-21　变频器缓冲电路

电容 C1 的作用是，当 VT1 从饱和转为截止时，减缓 C-E 间电压 U_{CE} 的上升速率。电阻 R1 的作用是，当 VT1 从截止转为饱和导通时，R1 可以减小 C1 放电电流。二极管 VD1 的作用是，克服 R1 影响 C1 减缓电压变化率的作用。

1.7　变频器逆变电路

1. 逆变电路原理

（1）单相逆变电路原理。单相逆变电路原理如图 1-22 所示。当 S1、S4 同时闭合时，U_{ab} 电压为正；S2、S3 同时闭合时，U_{ab} 电压为负。

开关 S1～S4 的轮番通断，将直流电压 U_D 逆变为交流电压 U_{ab}。可以看到在交流电变化的一个周期中，一个臂中的两个开关如 S1、S2 交替导通，每个开关导通电角度为 180°。因此交流电的周期（频率）可以通过改变开关通断的速度来调节，交流电压的幅值为直流电压幅值 U_D。

（2）三相逆变电路原理。三相逆变电路原理如图 1-23 所示。

S1～S6 组成了桥式逆变电路，这 6 个开关交替接通、关断使输出端得到一个相位互相差 2π/3 的三相交流电压。

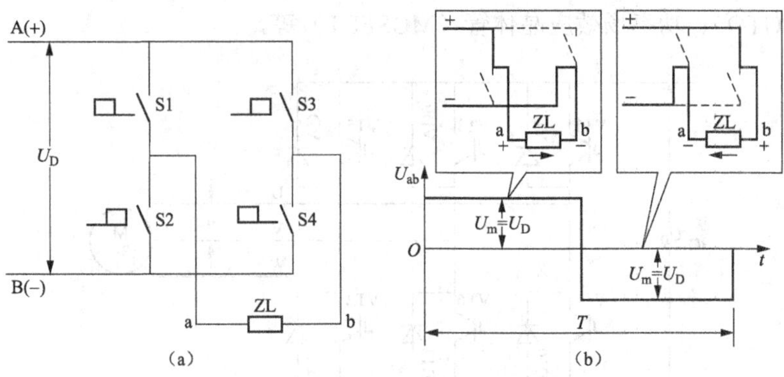

（a） （b）

图 1-22 单相逆变电路原理图

（a）单相逆变电路接线图；（b）输出电压波形图

当 S1、S4 闭合时，u_{U-V} 为正；S3、S2 闭合时，u_{U-V} 为负。

用同样的方法可得：

S3、S6 同时闭合和 S5、S4 同时闭合，得到 u_{V-W}；S5、S2 同时闭合和 S1、S6 同时闭合，得到 u_{W-U}。为了使三相交流电 u_{U-V}、u_{V-W}、u_{W-U} 在相位上依次相差 2π/3，各开关的接通、关断需符合一定的规律，如图 1-23（b）所示。根据该规律可得 u_{U-V}、u_{V-W}、u_{W-U} 波形，如图 1-23（c）所示。

观察 6 个开关的位置及波形图可以发现以下两点：

1）同一桥臂上的开关始终处于交替打开、关断的状态。

2）各相的开关顺序以各相的“首端”为准，互差电角度 2π/3。如 S3 比 S1 滞后 2π/3，S5 比 S3 滞后 2π/3。

说明：通过 6 个开关的交替工作可以得到一个三相交流电，只要调节开关的通断速度就可调节交流电频率，当然交流电的幅值可通过 U_D 的大小来调节。

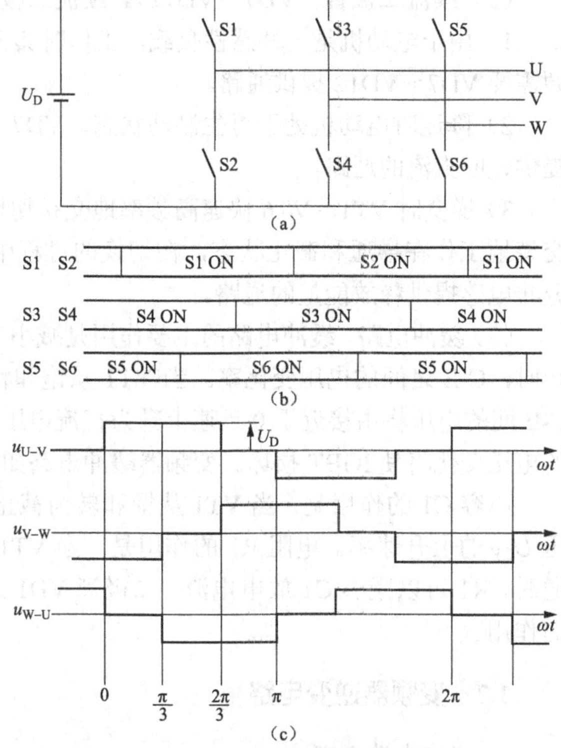

（a）

（b）

（c）

图 1-23 三相逆变原理图

（a）三相逆变接线图；（b）开关导通顺序示意图；（c）输出电压波形图

2. 变频器中的半导体开关器件

长期以来，异步电动机在调速方面一直处于性能不佳的状态。异步电动机诞生于 19 世纪 80 年代，虽然改变定子侧的电流频率就可以调节转速，而变频调速技术发展到迅速普及的实用阶段，却是在 20 世纪 80 年代，整整经历了一个世纪。是什么原因使变频调速技术从愿望到实现经历了长达百年之久？

首先，从目前迅速普及的“交—直—交”变频器的基本结构来看，图 1-24 所示“交→直”（由交流变直流）的整流技术很早便已解决。而“直→交”（由直流变交流）的逆变过程实际是不同组合的开关交替地接通和关断的过程，它必须依赖于满足一定条件的开关器件。这些条件是：①能承受足够大的电压和电流；②允许长时间频繁地接通和关断；③接通和关断的控制必须十分方便。

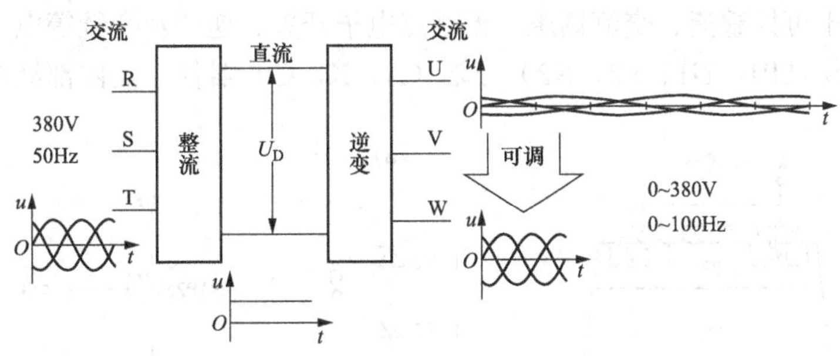

图 1-24　变频器的组成框图

20 世纪 70 年代，电力晶体管（GTR）的开发成功，才相对满足了上述条件，从而为变频调速技术的开发、发展和普及奠定了基础。

20 世纪 80 年代，又进一步开发成功了绝缘栅双极型晶体管（IGBT）。其工作频率比 GTR 提高了一个数量级，从而使变频调速技术又向前迈进了一步。目前，中小容量的新系列变频器中的逆变部分，已基本上被 IGBT 垄断了。另外，由于电动机绕组中反电动势的大小是和频率成正比的，因此在改变频率的同时还必须改变电压，故变频器常简写成 VVVF（Variable Voltage Variable Frequency）。VVVF 的实现，虽然不如逆变电路那样对于开关器件具有强烈的依赖性，但到变频器推广普及的阶段，却是在 20 世纪 70 年代提出了正弦波脉宽调制技术（SPWM）并不断完善之后。电力电子器件是电力电子技术发展的标志，同样也是变频技术发展的基础。在定性分析变频电路时，可将电力电子器件作为理想开关来对待。

（1）功率二极管（VD）。

1）功率二极管的定义。功率二极管的内部是 P-N 或 P-I-N 结构，结构与工作原理简单，工作可靠，其工作电流不小于 2A。在 20 世纪 50 年代得到广泛使用。图 1-25 为功率二极管的电气图形符号和外形。

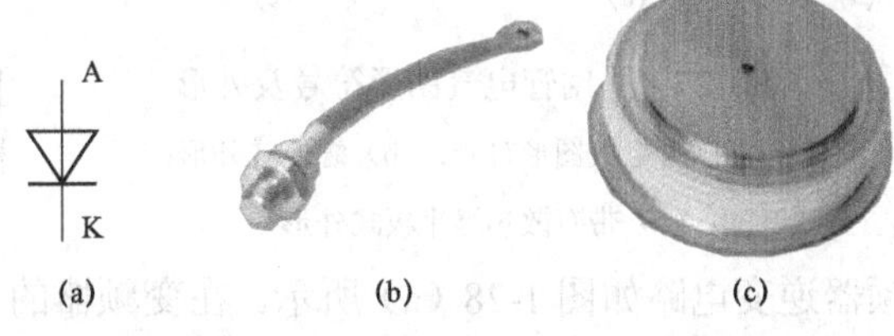

图 1-25　功率二极管电气图形符号和外形
（a）功率二极管电气图形符号；
（b）螺旋式二极管的外形；（c）平板式二极管的外形

2）功率二极管的主要参数。

a）额定正向平均电流 I_F。在规定的环境温度和标准散热条件下，元器件允许长时间连续流过 50Hz 正弦半波的电流平均值。

b）反向重复峰值电压 U_{RRM}。在额定结温条件下，取元器件反向伏安特性不重复峰值电压值 U_{RSM} 的 80%称为反向重复峰值电压 U_{RRM}。

c）正向平均电压 U_F。在规定环境温度和标准散热条件下，元器件通过 50Hz 正弦半波额定正向平均电流时，元器件阳极和阴极之间的电压的平均值。

（2）晶闸管（SCR）。

1）晶闸管定义。晶闸管（Thyristor）是晶体闸流管的简称；1957 年美国通用电器公司开发出世界上第一台晶闸管产品。晶闸管是 PNPN 四层半导体结构，有阳极（a），阴极（k）和门极（g）三个极；晶闸管工作条件为加正向电压且门极有触发电流；晶闸管文字符号用 V、VT 表示（旧标准中用字母“SCR”表示）。

晶闸管具有硅整流器件的特性，能在高电压、大电流条件下工作，且其工作过程可以控制、被广泛应用于可控整流、交流调压、无触点电子开关、逆变及变频等电子电路中。

晶闸管是四层（P1、N1、P2、N2）三端（A、K、G）器件，其内部结构和等效电路如图 1-26 所示。

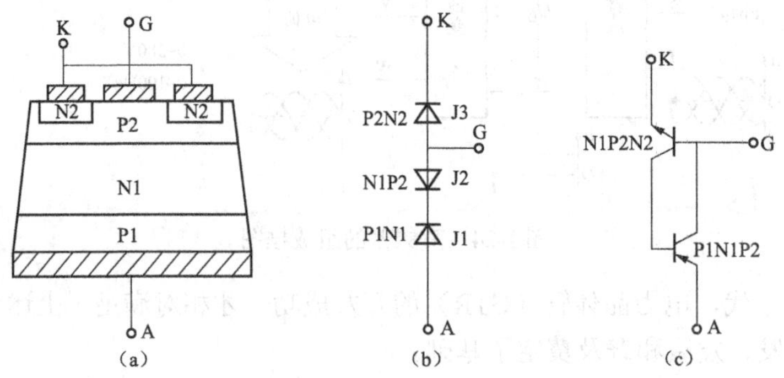

图 1-26 晶闸管的内部结构及等效电路

（a）芯片内部结构；（b）以三个 PN 结等效；（c）以互补三极管等效

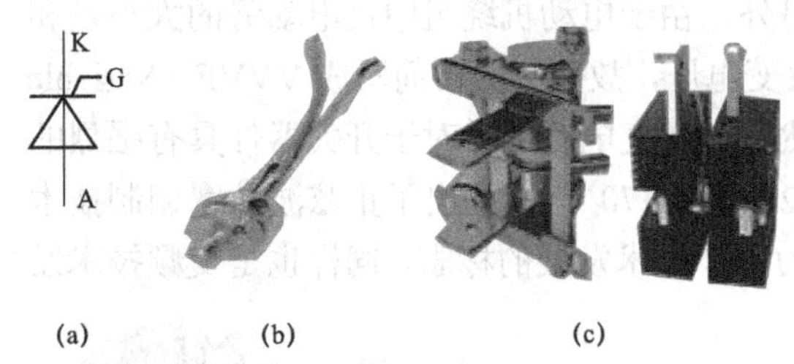

图 1-27 晶闸管电气图形符号及外形

（a）晶闸管电气图形符号；（b）螺栓式外形；（c）带有散热器平板式外形

晶闸管的外形及符号如图 1-27 所示。

2）晶闸管的导通和关断控制。

a）晶闸管的导通控制。在晶闸管的阳极和阴极间加正向电压，同时在它的门极和阴极间也加正向电压形成触发电流，即可使晶闸管导通。

b）晶闸管的关断控制。令门极电流为零，且将阳极电流降低到一个称为维持电流的临界极限值以下或阳极加反向电压。

3）晶闸管用于变频器逆变电路。晶闸管变频器逆变电路如图 1-28（a）所示。在变频器的逆变电路中，用于相互关断的电容器要求电压较高、容量也较大，故价格昂贵。并且在不同的负载电流下，晶闸管的关断条件也并不一致，影响了工作的可靠性，输出电压波形不理想，如图 1-29（b）所示。此外，输出电流具有很大的谐波成分，如图 1-28（c）所示。所以，尽管晶闸管使变频调速变成了可能，实现了近百年来人们对于变频调速的企盼，但并未达到普及推广的阶段。

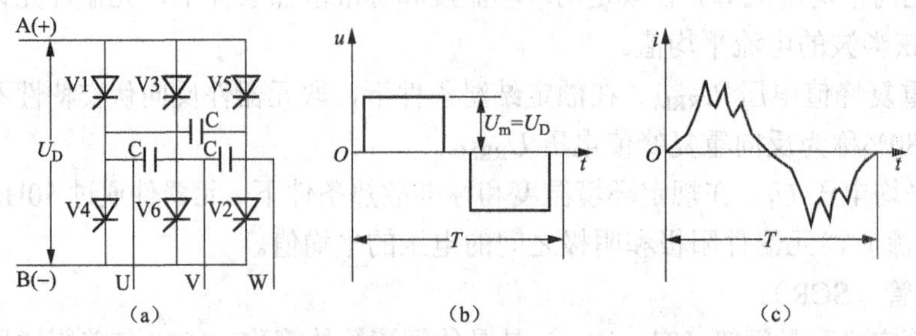

图 1-28 晶闸管变频器逆变电路及波形图

（a）逆变电路；（b）电压波形；（c）电流波形

（3）门极可关断晶闸管（GTO）。

1）门极可关断晶闸管定义。门极可关断晶闸管是在普通晶闸管 SCR 的基础上发展而来的，是一种具有自断能力的晶闸管。从结构上来说它有三个极：阳极（A）、阴极（K）、门极（G）。GTO 是一种无触点开关，是逆变电路中的主要开关元件，但是它的关断需极大的反向脉冲，控制容易失败，工作频率也不够高，所以 GTO 晶闸管在中小容量变频器中已经被新型的大功率晶体管 GTR 所取代。但是在大容量变频器中，GTO 以其工作电流大，耐压高的特性，仍得到普遍应用。其结构与电气图形符号如图 1-29 所示。GTO 为多元集成结构，数百个以上的 GTO 元制作在同一硅片上。

2）门极可关断晶闸管（GTO）工作特点。门极可关断晶闸管的工作特点是通过门极信号进行关断。

a）导通条件。GTO 的导通条件与普通晶闸管一样，即 U_{AK} 正偏，U_{GK} 加正向触发脉冲，只是导通时饱和程度较浅。

b）关断条件。在门极和阴极之间加一反向电压，门极 G 加正向电压，阴极 K 加反向电压，GTO 关断。

3）门极可关断晶闸管（GTO）的主要参数。

a）最大可关断阳极电流 I_{ATO}。通常将最大可关断阳极电流 I_{ATO} 作为 GTO 的额定电流。

b）关断增益 β_{OFF}。关断增益 β_{OFF} 为最大可关断阳极电流 I_{ATO} 与门极负电流最大值 I_{GM} 之比，其表达式为

$$\beta_{OFF}=I_{ATO}/|I_{GM}|$$

β_{OFF} 比晶体管的电流放大系数 β 小得多，一般约为 5。

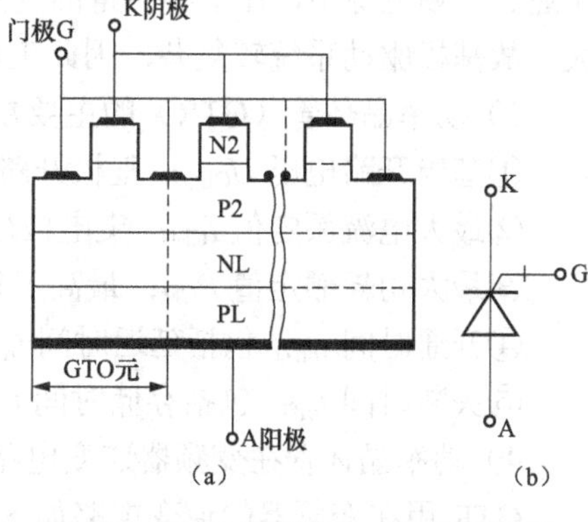

图 1-29　GTO 的结构与电气图形符号

(a) GTO 的结构剖面；(b) 电气图形符号

（4）功率晶体管（GTR）

1）功率晶体管定义。功率晶体管（GTR）属于电流控制型器件，是一种耐高压、大电流有自关断能力的晶体管。GTR，又叫双极型晶体管（BJT），也像普通的晶体管那样，有三个极，分别是基极（B）、发射极（E）、集电极（C）。其结构示意图及电气图形符号如图 1-30 所示。GTR 在结构上常采用达林顿结构的形式，是由多个晶体管复合组成大功率的晶体管。另外，反相续流二极管、加速二极管等与 GTR 组成电力晶体管模块，如图 1-31 所示。图中 VD1 为加速二极管，VD2 为反向续流二极管。

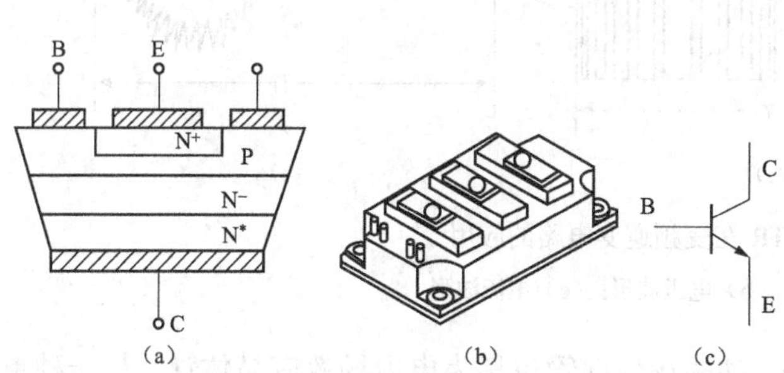

图 1-30　功率晶体管

(a) 结构示意图；(b) GTR 模块的外形；(c) 电气图形符号

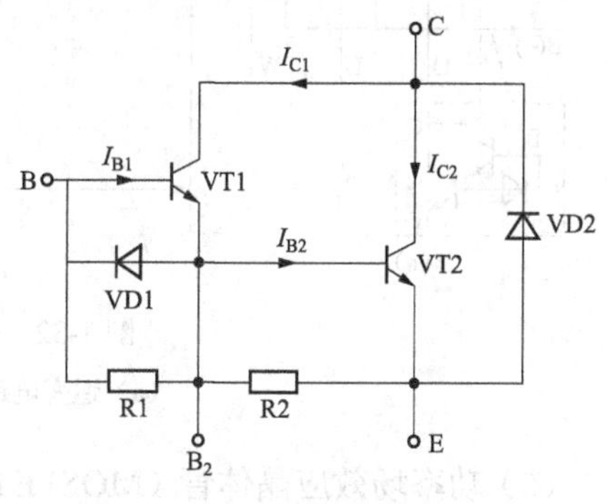

图 1-31　带反向续流二极管和加速二极管的 GTR 模块

2）功率晶体管（GTR）的工作特征。像普通的晶体管那样，GTR 也有三种工作状态，即放大、饱和、截止。在电力电子的应用领域中，GTR 主要工作在开关状态，即饱和和截止状态。

由于 GTR 用于大功率电路中，因此管子的功耗是一个不容忽视的问题。GTR 在截止和饱和状态时其功耗很小，但是在放大状态时功耗将增大百倍。因此，逆变电路中的 GTR 在交替切换的过程中是不允许在放大区稍做停留的。

GTR 具有自关断能力及开关时间短、饱和压降低、安全工作区宽等特点，广泛用于交流调速、变频电源中，在中小容量的变频器中曾一度占据了主导地位。GTR 所需的驱动功率较大，故基极驱动系统较复杂，因此工作频率难以提高，这是 GTR 存在的不足之处。

3）功率晶体管（GTR）的主要参数。

①基极开路电压 U_{CEO}：基极开路 CE 间能承受的电压。

②最大电流额定值 I_{CM}：集电极最大电流。

③最大功耗额定值 P_{CM}：最高工作温度下允许的耗散功率。

④开通时间 t_{on}：包括延迟时间 t_d 和上升时间 t_r。

⑤关断时间 t_{off}：包括存储时间 t_s 和下降时间 t_f。

4）功率晶体管在变频器逆变电路中的应用。

GTR 用在变频器的逆变电路如图 1-32（a）所示，其主要特点有：

①输出电压可以采用脉宽调制方式，故输出电压为幅值等于直流电压的强脉冲序列，如图 1-32（b）所示。

②由于 GTR 的开通和关断时间较长，故允许的载波频率较低。

③因为载波频率较低，所以电流的高次谐波成分较大，如图 1-32（c）所示。这些高次谐波电流将在硅钢片中形成涡流，使硅钢片相互间因产生电磁力而震动，并产生噪声。又因为载波频率处于人耳对声音较为敏感的区域，故电动机的电磁噪声较强。

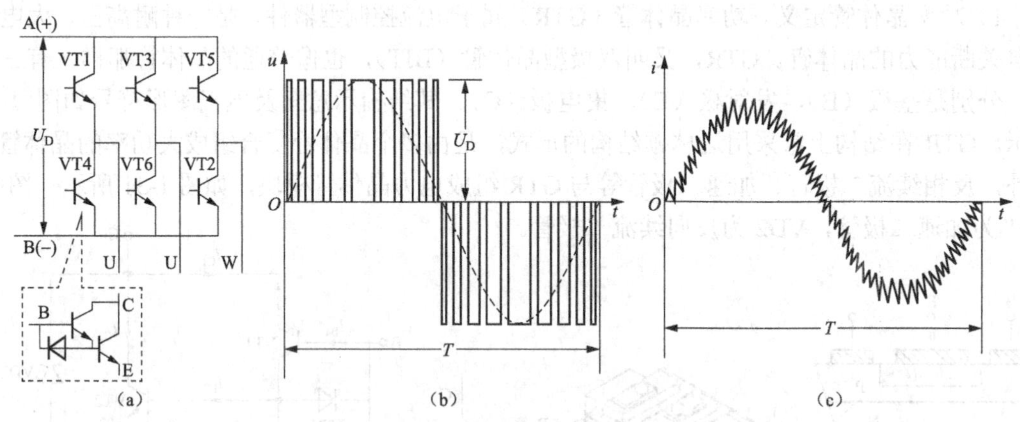

图 1-32 GTR 在变频逆变电路的应用

（a）逆变电路；（b）电压波形；（c）电流波形

（5）功率场效应晶体管（MOSFET）。功率场效应管也称为电力场效应晶体管，是一种单极型的电压控制器件，不但有自关断能力，而且有驱动功率小、开关速度高、无二次击穿、安全工作区宽等特点。由于其易于驱动和开关频率可高达 500kHz，特别适于高频电力电子装置中。

功率场效应晶体管有三个极，分别是漏极（D）、源极（S）和栅极（G）。功率场效应晶体管采用多单元集成结构，一个器件由成千上万个小的 MOSFET 组成。应用较多的 N 沟道增强型双扩散功率场效应晶体管一个单元的剖面图，如图 1-33（a）所示。电气图形符号如图 1-33（b）所示。

1）导通条件。如果在栅极和源极之间加一正向电压 U_{GS}，并且使 U_{GS} 大于或等于管子的开启电压 U_T，则管子开通，在漏、源极间流过电流 I_D。U_{GS} 超过 U_T 越大，导电能力越强，漏极电流越大。

2）关断条件。当漏极接电源正，源极接电源负时，栅极和源极之间电压为 0，沟道不导电，管子处于截止。

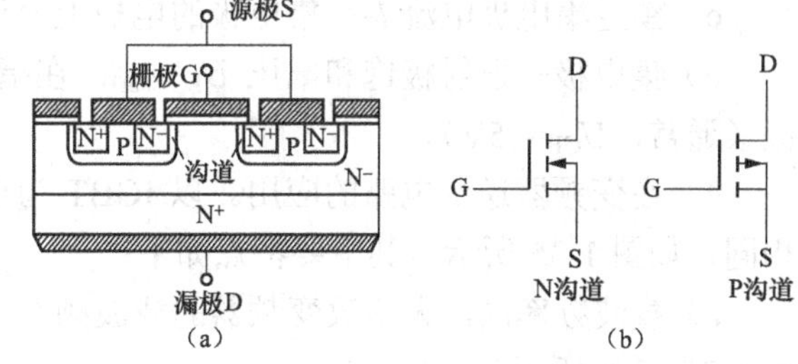

图 1-33　MOSFET 的剖面图和电气图形符号

（a）剖面图；（b）电气图形符号

MOSFET 使用方便，开关频率比较高。其缺点是击穿电压及工作电流都不是特别大，导通压降大，一般只适用于小功率电力电子装置，所以应用不是特别广泛。

（6）绝缘栅双极型晶体管（IGBT）。IGBT 是一种结合了大功率晶体管 GTR 和功率场效应晶体管 MOSFET 两者特点的复合型器件，是通过在功率 MOSFET 的漏极上追加 P^+层而构成的，性能上也是结合了 MOSFET 和双极型功率晶体管的优点，是一个非通即断的开关。其导通时可以看做导线，断开时看做开路。它有集电极（C）、发射极（E）、栅极（G）三个极。IGBT 结构图、简化等效电路及电气图形符号如图 1-34 所示。R_N 为晶体管基区内的调制电阻。

它是一种由栅极电压 U_{GE} 控制集电极电流 I_C 的全控型电压驱动器件，输入阻抗很高，$I_G≈0$。它既有 MOSFET 器件的工作速度快，驱动功率小的特点，又具备了大功率晶体管的电流大，导通压降低的优点。但因其反向耐压低，使用时必须反接二极管。

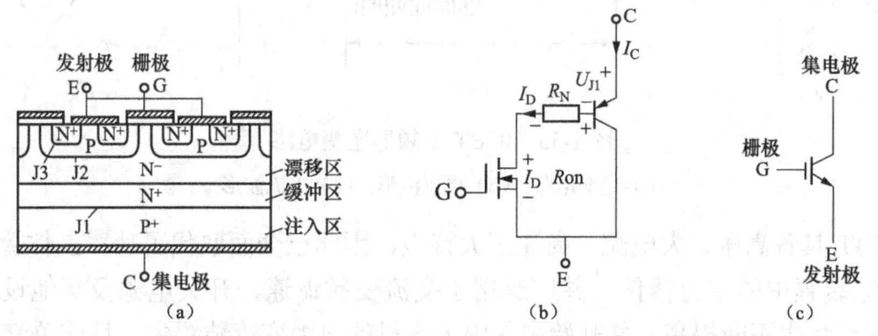

图 1-34　IGBT 结构图、简化等效电路及电气图形符号

（a）内部结构断面示意图；（b）简化等效电路；（c）电气图形符号

1）导通条件。栅极和射极电压 U_{GE} 大于开启电压 $U_{GE(th)}$ 时，MOSFET 内形成沟道，为 PNP 晶体管提供基极电流，IGBT 导通，导通的 U_{GE} 范围为 12～20V。

导通压降：电导调制效应使电阻 R_N 减小，通态压降小。

2）关断条件。栅极和发射极间施加反向电压或不加信号时，MOSFET 内沟道消失，晶体管的基极电流被切断，IGBT 关闭。保障可靠关闭的 U_{GE} 为−5～−15V。

3）绝缘栅双极型晶体管（IGBT）的主要参数。

a）集电极—发射极额定电压 U_{CES}：在门极—发射极之间处于短路状态时，集电极—发射极间能够外加的最大电压。

b）栅极—发射极额定电压 U_{GES}：在集电极—发射极间处于短路状态时，门极—发射极间能够外加的最大电压（通常±20V）。

c）额定集电极电流 I_C：集电极的电极上容许的最大直流电流。

d）集电极—发射极饱和电压 $U_{EC(sat)}$：在指定的 U_{GE} 下，额定集电极电流流过时的 U_{GE} 值（通常，U_{GE}=15V）。

4）在变频器逆变电路的应用。以 IGBT 为逆变器件的逆变电路与 GTR 的逆变电路基本相同，如图 1-35 所示。其主要特点如下：

a）载波频率高，大多数变频器的载波频率在 3～15kHz 的范围内任意可调。其电压波形如 1-35（b）所示。

b）电流波形大为改善，电流波形十分接近正弦波，如图 1-35（c）所示。

c）控制功耗减小。IGBT 的驱动电路采用的电流极小，几乎不消耗功率。

d）瞬间停电可以不停机。这是因为 IGBT 的栅极电流极小。停电后，栅极控制电压衰减较慢，IGBT 不会立即进入放大状态，故在瞬间停电或变频器因为误动作而跳闸后，允许自动重合闸，可以不必跳闸，从而增强了常见故障的自处理能力。

综上所述，IGBT 为变频调速的迅速普及和进一步发展奠定了基础。

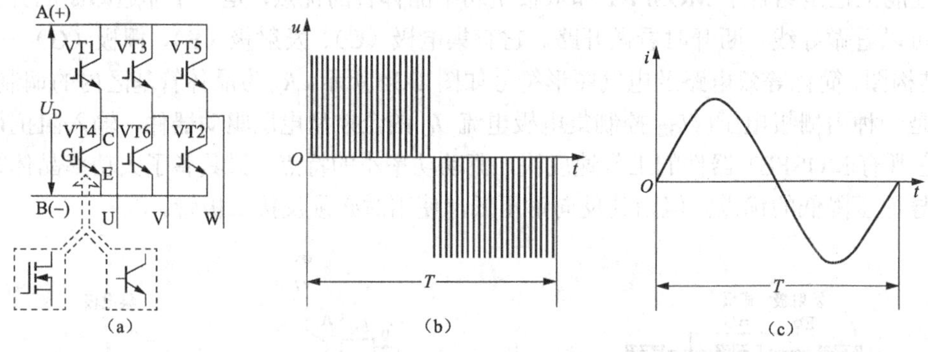

图 1-35 IGBT 变频器逆变电路

（a）逆变电路；（b）电压波形；（c）电流波形

由于 IGBT 具备高压、大电流、高速三大特点，因此已全面取代了功率晶体管而成为中小容量电力变流装置中的主力器件，并广泛用于交流变频调速、开关电源及其他设备中。同时 IGBT 的单管容量也不断提高，并开始进入中大容量的电力变流装置中，目前单管 IGBT 的各项指标参数提高很快，用 IGBT 作为逆变器的变频器容量也从原来的 250kVA 有了大幅提高。

3. 电力半导体开关器件的分类

（1）按照电力电子器件能够被控制电路信号所控制的程度分类。

1）不控型器件。这种器件通常为两端器件，一般只有整流的作用而无可控的功能，如功率二极管（VD）。

2）半控型器件。这种器件通常为三端器件，只能控制其开通而不能控制其关断，如普通晶闸管（SCR）。

3）全控型器件。这种器件也为三端器件，通过控制信号既可以控制其开通，又可以控制其关断，如 GTO、GTR，MOSFET、IGBT 等。

（2）按照驱动电路加在电力电子器件控制端和公共端之间信号的性质分类。

1）电流控制型。这种器件一般通过控制极的电流变化来控制器件的开通或关断，有时也称为电流驱动型。应用比较广泛的电流控制器件有两大类：①晶体管类，如 GTR、达林顿晶体管等，适用于 500kW 以下，380V 交流供电的领域；②晶闸管类，如 SCR、GTO 等，适用于电压更高、电流更大的应用领域。

电流控制型器件的共同特点是：

a）该类器件内有两种载流子导电，当管子由导通转向截止时，两种载流子在复合过程中产生热量，使器件结温升高，过高的结温限制了工作频率的提高。因此，电流控制器件比电压控制型器件的工作频率要低。

b）该类器件具有电导调制效应，使其导通压降很低，导通损耗较小，这是电流控制型器件的一大优势。

c）该类器件的控制极输入阻抗较低，因此驱动电流和控制功率较大，其电路也比较复杂。

2）电压控制型。这种器件的开通和关断是由电压信号进行控制的，如功率 MOSFET、IGBT 等。从广义上讲，用场控原理进行控制的电力电子器件均属电压控制型，因此电压控制型器件也称为场效应电力电子器件或场控电力电子器件。

（3）根据驱动电路加在电力电子器件控制端和公共端之间的有效信号波形分类。

1）脉冲触发型，如晶闸管、GTO。

2）电子控制型，如 GTR、MOSFET、IGBT。

（4）按照电力电子器件内部电子和空穴两种载流子参与导电的情况分类。

1）单极型。凡只有一种载流子参与导电的称为单极型器件，大部分场控器件属单极型，如 MOSFET。

2）双极型。凡由电子和空穴两种载流子参与导电的称为双极型器件，如电力二极管（VD）、晶闸管（SCR、GTO、GTR）。

3）混合型。由单极型和双极型两种器件组成的复合型器件称为混合型器件，如 IGBT。

4. 主要电力电子器件特点

（1）二极管（VD）：结构和原理简单，工作可靠。

（2）晶闸管（SCR）：承受电压和电流容量在所有器件中最高。

（3）门极可关断晶闸管（GTO）：电压、电流容量大，适用于大功率场合，具有电导调制效应；但是，其电流关断增益很小，关断时门极负脉冲电流大，开关速度低，驱动功率大，驱动电路复杂，开关频率低。

（4）功率晶体管（GTR）：耐压高，电流大，开关特性好，通流能力强，饱和压降低；但是，其开关速度低，为电流驱动，所需驱动功率大，驱动电路复杂，存在二次击穿问题。

（5）功率场效应晶体管（MOSFET）：开关速度快，输入阻抗高，热稳定性好，所需驱动功率小且驱动电路简单，工作频率高，不存在二次击穿问题；但是，其电流容量小，耐压低，一般只适用于功率不超过 10kW 的电力电子装置。

（6）双极型晶体管（IGBT）：开关速度高，开关损耗小，具有耐脉冲电流冲击的能力，通态压降较低，输入阻抗高，为电压驱动，驱动功率小；但是，其开关速度低于 MOSFET，电压、电流容量不及 GTO。

习　题

一、选择题

1．变频器按照直流电源的性质分类有（　　）。

A．平方转矩变频器　　B．电流型变频器

C．高性能专用变频器　　D．交直交变频器

2．为了产生可变的电压和频率，首先要将电源的交流电（AC）变换为直流电（DC），这个过程叫（　　）。

A．整流　　B．变频　　C．逆变　　D．变压

3．在 SPWM（正弦脉宽调制）中，三角波决定了脉冲的频率，称为（　　）。

A．调制波　　B．谐波　　C．载波　　D．正弦波

4．下列选项中，（　　）属于按用途分类。

A．通用变频器　　B．专用变频器　　C．电流型变频器　　D.电压型变频器

5．交—直—交变频器根据直流环节储能方式的不同，又分为电压型和（　　）。

A．电流型　　B．单相型　　C．三相型　　D．有环流型

6．下列选项中，（　　）不是 P-MOSFET 的一般特性。

A．转移特性　　B．输出特性　　C．开关特性　　D．欧姆定律

7．逆变电路中续流二极管 VD 的作用是（　　）。

A．续流　　B．逆变　　C．整流　　D．以上都不是

8．逆变电路的种类有电压型和（　　）。

A．电流型　　B．电阻型　　C．电抗型　　D．以上都不是

9．（　　）变频器多用于不要求正反转或快速加减速的通用变频器。

A．电压型　　B．电流型　　C．电感型　　D．以上都不是

二、判断题

1．电压滤波环节多用于不要求正反转或快速加减速的通用变频器。（　　）

2．电流滤波环节适用于频繁可逆运转的变频器和大容量的变频器。（　　）

3．晶闸管的门极触发电流很小，一般只有几十毫安到几百毫安。（　　）

4．晶闸管导通后，从阳极到阴极可以通过几百、几千安的电流。（　　）

5．要使导通的晶闸管阻断，必须将阳极电流降低到一个称为维持电流的临界值以下。（　　）

6．GTR 是具有自关断能力的全控器件。（　　）

7．电力 MOS 场效应晶体管简称 P-MOSFET，具有驱动功率小、控制电路简单、工作频率高等特点。（　　）

8．GTO 具有自关断能力，属于全控器件。（　　）

9．电力二极管的内部结构是一个 PN 结，加正向电压导通，加反向电压截止，是不可控的单向导通器件。（　　）

10．交—交变频器由于没有中间环节，能量转换效率较高，广泛应用于大功率的三相异步电动机和同步电动机的高速变频调速。（　　）

三、填空题

1．只有一个环节就可以恒压恒频的交流电源转换为变压变频的电源，称为直接变频器，或称为______。

2．变频器的主电路不论是交—直—交变频还是交—交变频形式，都是采用______器件。

3．交—直—交变频器是先将工频交流电通过整流器变成直流电，再经过逆变器将直流电变成频率和电压可调的交流电，因此该变频器也称为______变频器。

4．变频器的问世，使电气传动领域发生了一场技术革命，即______取代直流调速。

5．PD 是指______________________________。

6．SCR 是指______________________________。

7．GTO 是指______________________________。

8．IGBT 是指______________________________。

9．整流电路的功能是将交流电转换为______________________________。

10．整流电路按使用的器件不同可分为两种类型，即不可控整流电路和______。

11．不可控整流电路使用的器件为______________________________。

12．变频器的滤波电路有电容滤波和______________________________。

四、问答题

1．简述电力电子器件的发展。

2．通用变频器的发展方向是什么？

3．什么是交—交变频？

4．画出交—直—交变频器的组成？

子任务三　变频器控制方式的学习

任务目标

1．深刻理解各种控制功能的概念和作用。

2．掌握各种控制功能的设置方法和设置条件。

1.8　变频器控制方式分类

根据输入电压的高低可以将变频器分为低压变频器和高压变频器，高压变频器一般输入电压为 3～10kV，低压变频器的输入电压一般为 220～690V。低压变频器在低压领域获得广泛的应用。本书主要介绍低压变频器。变频器的主电路主要采用交－直－交电路。根据不同的变频控制理论，其控制方式主要有四种。

1．V/F 控制方式

V/F 控制是为了得到理想的转矩—速度特性，是基于在改变电源频率进行调速的同时，又要保证电动机的磁通不变的思想而提出的，就是通过变频器的输出电压与输出频率成比例的改变，即 u/f=常数，通用变频器基本上都采用这种控制方式。

V/F 控制的特点是结构非常简单，但是这种变频率采用开环控制方式，不能达到较高的控制性能，而且，在低频时会造成转矩不足，必须进行转矩补偿，以改变低频转矩特性。该控制模式适用于以节能为目的和对精度要求较低的场合。

2. 矢量控制（VC）方式

矢量控制是通过矢量坐标电路控制电动机定子电流的大小和相位，以达到对电动机在dq0 坐标轴系中的励磁电流和转矩电流分别进行控制，进而达到控制电动机转矩的目的。通过控制各矢量的作用顺序、时间及零矢量的作用时间，又可以形成各种 PWM 波，达到各种不同的控制目的。例如形成开关次数最少的 PWM 波以减少开关损耗。目前在变频器中实际应用的矢量控制方式主要有基于转差频率控制的矢量控制方式和无速度传感器的矢量控制方式两种。

该控制方式特点是对电动机的转速（转矩）进行控制，不能对电动机的间接控制量进行控制。可从零转速进行控制，调速范围宽；可对转矩进行精确控制，系统响应速度快，速度控制精度高。但是一台变频器只能控制一台电动机。

3. 转差频率控制方式

转差频率控制是一种直接控制转矩的控制方式。它是在 V/F 控制的基础上，按照已知异步电动机的实际转速对应的电源频率，并根据希望得到的转矩来调节变频器的输出频率。该控制方式与 V/F 控制方式的区别在于 V/F 控制时变频器内部不用设置 PID 控制功能，不用设置反馈端子。而转差频率控制需在变频器的内部设置比较电路和 PID 控制电路。如果用 V/F 控制变频器实现闭环控制，要在变频器之外配置 PID 控制板。

4. 直接转矩控制方式

直接转矩控制技术是将转矩检测值与转矩给定值作比较，使转矩波动限制在一定的转差范围内，转差的大小由频率调节器来控制，并产生 PWM 脉宽调制信号，直接对逆变器的开关状态进行控制。

该控制方式与矢量控制方式类似，与矢量控制的区别在于矢量控制适用于有较高的转矩特性的场合，如造纸、轧钢、机床、起重等。转矩控制可对转矩进行精确控制，适用于造纸、印染机械等转矩控制场合。

1.9 变频器 V/F 控制方式

1.9.1 V/F 控制原理

1. 变频也需变压

改变逆变管的通断速度就可改变变频器输出交流电的频率，其中输出交流电的幅值等于整流后的直流电压。经过研究还发现，电动机调速时仅仅改变变频器的输出频率，并不能正常调速，还必须同步改变变频器的交流输出电压。

2. 磁通要保持不变

在进行电机调速时，常常需要考虑一个重要因素是：希望保证电机每极磁通 Φ_M 不变，如果磁通变弱，则没有充分利用电机的铁心，是一种浪费。由图 1-36（a）可知，当铁心为达到饱和时，随着励磁电流增大，磁通增加，但如果磁通过分增大，会造成铁心饱和。由图 1-36（b）可知，当铁心饱和时，励磁电流会激增，而磁通是基本保持不变的，原因是当铁心饱和后线圈的感抗会迅速减小，而电感的感抗是导体的内部通过交流电流时，在导体的内部及其周围产生交变磁通，感抗的大小取决于磁通量与励磁电流的比值，会导致励磁电流猛增，严重时会因为电机绕组过热而烧坏电机。

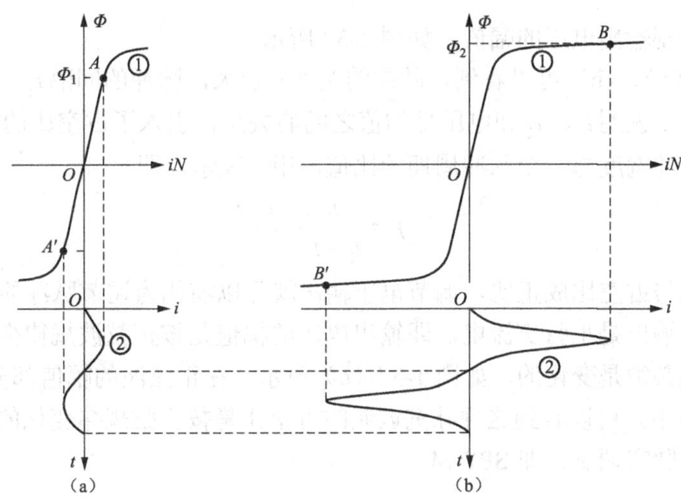

图 1-36　励磁电流与磁通曲线图

（a）铁心磁路未饱和时，励磁电流与磁通关系；（b）当铁心磁路饱和时，励磁电流与磁通关系

3. 保持磁通不变的方法

定子绕组的反电动势 E_1 的表达式为

$$E_1 = 4.44 f_1 k_{N1} N_1 \Phi_M \tag{1-21}$$

由于 $4.44k_{N1}N_1$ 均为常数，所以定子绕组的反电动势 E_1 表示式

$$E_1 \propto f_1 \Phi_M \tag{1-22}$$

在额定频率时即 $f_1 = f_N$ 时，可得到

$$U_1 \approx E_1 \propto f_1 \Phi_M \tag{1-23}$$

当在额定频率以下调频时，为了保证 Φ_M 不变，根据 $E_1 \propto f_1 \Phi_M$ 得

$$\frac{E_1}{f_1} = 常数 \tag{1-24}$$

也就是说在频率 f_1 下调时也同步下调反电动势 E_1，但是由于 E_1 是定子反电动势，无法直接进行检测和控制，根据 $U_1 \approx E_1$ 的等式，式（1-24）可写成

$$\frac{U_1}{f_1} = 常数 \tag{1-25}$$

通过以上分析可知，在额定频率以下调频时，调频的同时也要调压，这便是 VVVF。

1.9.2　变频器 V/F 控制方式的实现方法

要使变频器在频率变化的同时，电压也同步变化，并且维持 U/f=常数，技术上有两种实现方法，即脉幅调制（PAM）和脉宽调制（PWM）。

1. 脉幅调制（PAM）

脉幅调制的指导思想是在调节频率的同时也调节整流后直流电压的幅值，以此来调节变频器输出交流电压的幅值。由于 PAM 既要控制逆变回路，又要控制整流回路，且要维持 $U/f =$ 常数，所以这种方法控制电路很复杂，现在已很少使用。

2. 脉宽调制（PWM）

脉宽调制的指导思想是将输出电压分解成很多的脉冲，调频时控制脉冲的宽度和脉冲间的间隔时间就可控制输出电压的幅值，如图 1-37 所示。

从图中 1-37（a）、（b）可以看到，脉冲的宽度 t_1 越大，脉冲的间隔 t_2 越小，输出电压的平均值就越大。为了说明 t_1、t_2 和电压平均值之间的关系，引入了占空比的概念。

占空比是指脉冲宽度与一个脉冲周期的比值，用 γ 表示，即

$$\gamma=\frac{t_1}{t_1+t_2} \tag{1-26}$$

输出电压的平均值与占空比成正比，调节电压输出就可以演化为调节脉冲的宽度。

由于变频器的输出是正弦交流电，即输出电压的幅值是按正弦波规律变化，因此在一个周期内的占空比也必须是变化的。如图 1-37（c）所示，在正弦波的幅值部分，γ 较大，在正弦波接近零处 γ 较小。可以看到这种脉宽调制的占空比是按正弦规律变化的，因此这种调制方法被称作正弦波脉宽调制，即 SPWM。

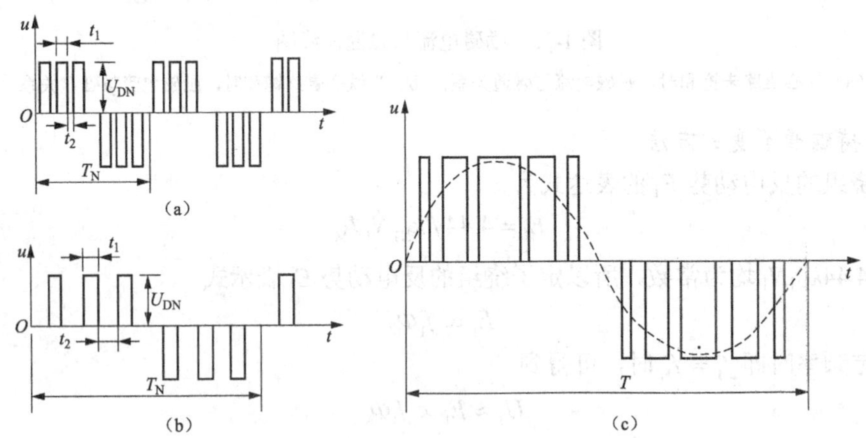

图 1-37 脉宽调制输出电压

（a）脉宽调制频率较高时的电压输出；（b）脉宽调制频率较低时的电压输出；（c）脉宽调制正弦波电压输出

SPWM 的脉冲系列中，各脉冲的宽度 t_1 和脉冲间隔 t_2 都是变化的。为了说明它们的调制原理，先来看看图 1-38 所示脉宽调制逆变原理图。图中，逆变器输出的交流信号是由 VT1～VT6 的交替切换产生的。其中 VT1 导通时，在 A 相负载上得到的电压与 VT2 导通时在 A 相负载上得到的电压方向相反，因此，VT1、VT2 的轮流导通就可得到 A 相交流电压的正、负半周。同样，其他晶体管的导通亦可得到三相交流电的 B 相和 C 相。在变频器中，VTl、VT2 的导通、截止是由调制波和载波的交点来决定的，根据调制波和载波的不同有单极性脉宽调制和双极性脉宽调制。

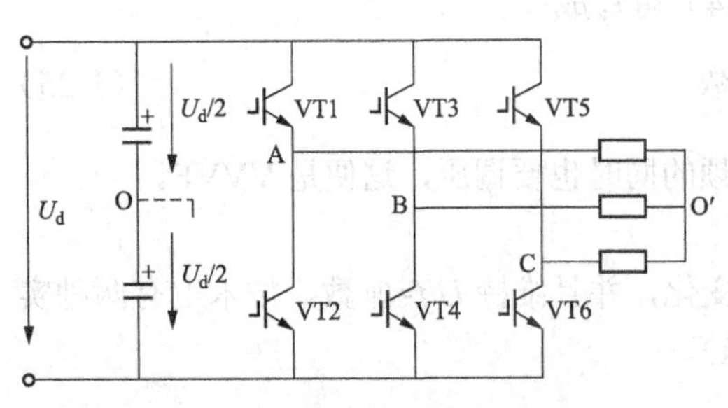

图 1-38 脉宽调制逆变原理

（1）单极性脉宽调制。以 A 相为例来说明：在单极性的调制方式中，调制波为正弦波 u_{ra}，载波为单极性的等腰三角波 u_t，如图 1-39 所示。VT1、VT2 的导通、关断条件如下：

1）$u_{ra}>u_t$ 时，逆变管 VT1、VT2 导通，决定了 SPWM 系列脉冲的宽度 t_1。

2）$u_{ra} < u_t$ 时，逆变管 VT1、VT2 截止，决定了 SPWM 系列脉冲的间隔宽度 t_2。

如图 1-39 所示，若降低调制波的幅值为 u'_{ra}，各段脉冲的宽度将变窄，从而使输出电压的值也相应减少。

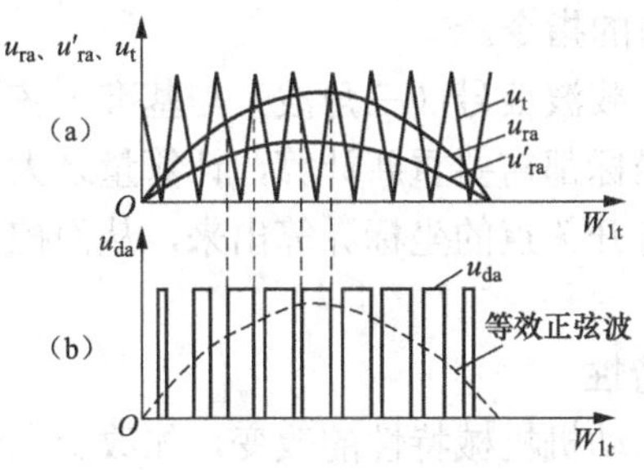

图 1-39　单极性脉宽调制原理

（a）载波和调制波；（b）单极性调制输出

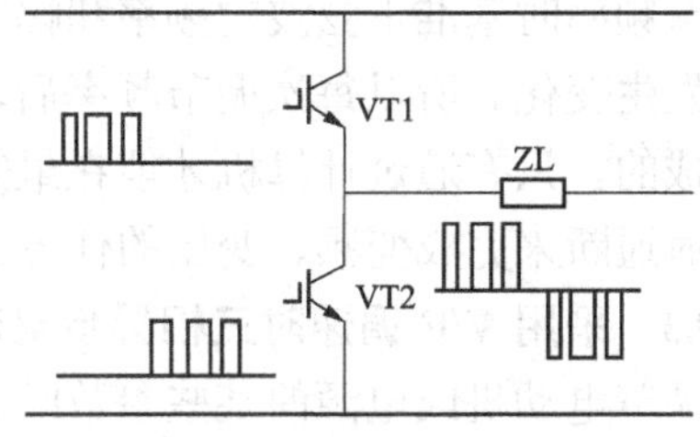

图 1-40　逆变原理图

在图 1-40 的逆变原理图中，每半个周期内逆变桥同一桥臂的两个逆变管，只有一个按规律时通时断地工作，另一个则完全截止。而在另半个周期内，两个管子的工作情况正好相反，流经负载的便是正负交替的交变电流。

可以看到单极性 SPWM 逆变器输出的交流电压和频率均可由调制波电压 u_r 来控制。只要改变 u_r 的幅值，就改变了输出电压的大小，而只要改变 u_r 的频率，输出交流电压的频率也随之改变。可见只要控制调制波 u_r 的频率和幅值，就可以既调频又调幅。由于控制对象只有一个 u_r，所以控制电路相对要简单一些。

（2）双极性脉宽调制。双极性脉宽调制是目前使用最多的方法，图 1-41（a）所示的调制波（基准波）信号 u_r 与载波信号 u_t 均为双极性信号。在双极性 SPWM 方法中，所使用的基准信号为可变频变幅的三相对称普通正弦波 u_{ra}、u_{rb}、u_{rc}，载波信号为双极性三角波 u_t。

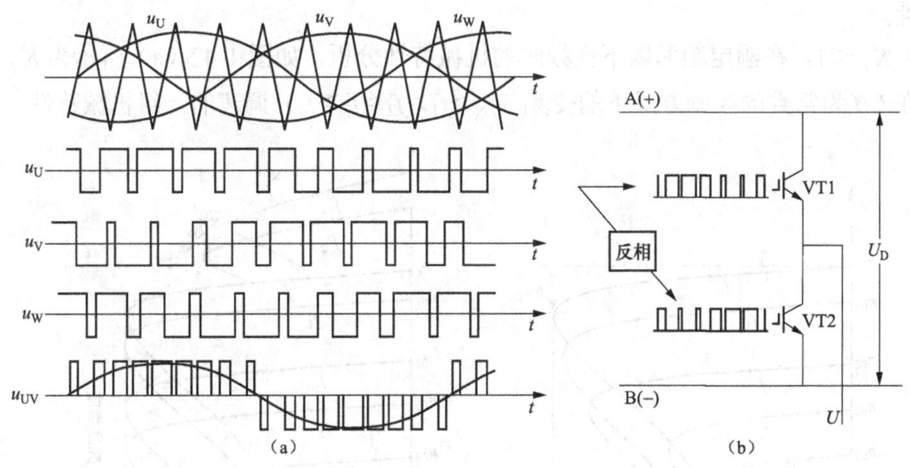

图 1-41　双极性调制原理

（a）双极性调制原理；（b）逆变原理图

通过以上分析可知，变频器输出的电压、电流是频率很高的高频输出量，由于输出的 SPWM 调制波的脉冲宽度基本上是正弦分布，因此其谐波成分大为减少。

SPWM 的脉冲序列的产生是由基准正弦波和三角载波信号的交点所决定的，且每一个交点都是逆变器同一桥臂上两只逆变管的开、关交替点，因此将这个交点称作 SPWM 的开关点，如图 1-41（b）所示，同一桥臂上下两只逆变管的脉冲信号互为反相。必须将所有的交点的时间坐标计算出来，才能有序地向逆变器发出通断的指令。

调节频率时基准正弦波的频率和幅值都要改变，载波信号（三角波）与基准正弦波的交点也将发生变化。所以每次调节频率后，开关点的坐标都需要重新计算，计算量之大是人工难以完成的。只有通过计算机才能在最短的时间内将开关点的坐标计算出来，从而控制各逆变管实时通断来完成变频、变压的任务。

1.9.3 采用 V/F 调速时三相异步电动机的机械特性

在调节电动机或电源的某些参数时会引起异步电动机机械特性的改变，如改变电源电压 U，改变转子回路的电阻等。下面介绍改变电源频率 f 时电动机机械特性作的变化。

1. 调频比、调压比

变频时，通常都是相对于其额定频率 f_N 来进行调节的，那么频率 f_x 表示为

$$f_x = K_f f_N \tag{1-27}$$

式中：K_f 为频率调节比，也称为调频比。

$K_f<1$ 时，调频是在 f_N 以下进行的，$K_f>1$ 时，调频是在 f_N 以上进行的。

根据变频也要变压的原则，在变压时也存在着调压比，则电压 U_x 表示为

$$U_x = K_u U_N$$

式中：K_u 为电压调节比，也称为调压比。

2. 变频后电动机的机械特性

频率改变可以在额定频率以下也可以在额定频率以上，改变电源频率时，会引起电动机机械特性的改变。采用改变电源频率的调速方法，可以得到很好的调速平滑性和足够硬度的机械特性。

（1）$K_f<1$，在额定频率以下变频时的机械特性分析。如图 1-42（a）所示为 $K_f<1$ 时，电动机在 U/f 为常数的控制方式下的变频（$f_N>f_1>f_2>f_3>f_4$）调速的一组机械特性。

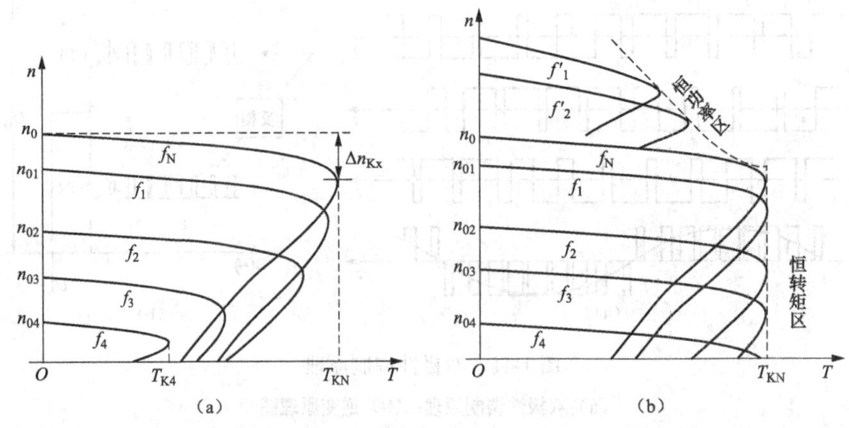

图 1-42 电动机变频后的机械特性

（a）基频以下 U/f 为常数的电动机变频机械特性；（b）电压补偿后电动机全频率范围内机械特性

1）理想空载点（0，n_{0x}）发生变化。（0，n_0）为固有机械特性时的理想空载点。随着频率的降低，机械特性曲线下移，频率降低后的理想空载点下移，同步转速 n_{0x}（变频后的同步转速）减小。变频后的电动机的同步转速为

$$n_{0x}=\frac{60K_f f_N}{p}=K_f n_0 \tag{1-28}$$

由式（1-28）中可知，频率降低越多，同步转速越低。

2）机械特性基本平行。图 1-42（a）显示，各条曲线斜率基本不变，即不同频率对应不同的机械特性时，临界转速差Δn_{Kx}变化不是很大，所以稳定工作区的机械特性基本是平行的，且机械特性较硬。

3）临界转矩 T_{Kx} 发生变化。临界转矩（也叫最大转矩）是确定电动机机械特性的关键，决定电动机的过载能力甚至启动能力。如图 1-42（a）所示，随着频率下降，各特性的临界转矩 T_{KN} 下降。当 f_x 在 f_N 附近下调时（$K_f=K_u\to1$），可近似认为 $T_{Kx}\approx T_{KN}$；但当 f_x 调得很低时（$K_f=K_u\to0$），T_{Kx} 减小很快，所以在频率较低时电动机的临界转矩大幅度下降，如 T_{K4}，因降低太多，有可能带不动负载。

（2）对额定频率 f_N 以下变频调速特性的修正。在低频时，T_{Kx} 的大幅减小，严重影响到电动机在低速时的带负载能力。下面分析低频时 T_{Kx} 减小的原因及解决的方法。

1）T_{Kx} 减小的原因。调频时为维持电动机的主磁通 Φ_M 不变，需保证 E/f=常数，由于 E 不易检测和控制，可用 U/f=常数来代替。这种近似代替是以忽略电动机定子绕组阻抗压降为代价的。但低频时，f_x 降得很低，U_x 也很小，此时再忽略ΔU 就会引起很大的误差，从而引起 T_{Kx} 大幅下降。

2）解决的办法。$K_f=K_u$ 下降时 E_x 在 U_x 中占的比重减小，从而造成 Φ_M 及 T_{Kx} 下降的情况，可适当提高调压比 K_u，使 $K_u>K_f$，即提高 U_x 的值，使得 E_x 的值增加，从而保证 E_x/f_x=常数，主磁通 Φ_M 就基本不变，使电动机的临界转矩得到补偿。由于这种方法是通过提高 U/f 比使得 T_{Kx} 得到补偿的，因此这种方法被称作 V/F 控制或电压补偿，也叫转矩提升。经过电压补偿后，电动机机械特性在低频时的 T_{Kx} 得到了大幅提高。电压全补偿时，无论 f_x 调多小，都可以通过提高 U_x 使临界转矩 T_{Kx} 与固有特性时的临界转矩 T_{KN} 相等，保证电动机的过载能力不变。

在 $f_x<f_N$ 的范围内变频调速时，经过全补偿后，各条机械特性的最大转矩基本为一定值，因此该区域基本为恒转矩调速区域。在转速变化的过程中，电动机具有输出恒定转矩的能力，适合带恒转矩的负载，全补偿后的机械特性如图 1-42（b）所示的恒转矩区。

（3）$K_f>1$，在额定频率以上调速时的机械特性分析。通常 K_f 的取值在 1～1.5 之间，当频率升高时，电源电压不能相应升高，主磁通 Φ_M 将随着频率 f_x 的升高而下降，且斜率变大，机械特性变软。在这个范围内变频调速时，各条机械特性曲线的最大电磁功率 P_{Kx} 的表达式为

$$P_{Kx}=\frac{T_{Kx}n_{Kx}}{9550}=\text{常数} \tag{1-29}$$

因此 $f_x>f_N$ 时，电动机近似具有恒功率的调速特性，适合带恒功率的负载。调速特性见图 1-42（b）的恒功率区。

1.10 变频器矢量控制方式

矢量控制是一种高性能的异步电动机控制方式，是从直流电动机的调速方法得到启发，利用现代计算机技术解决了大量的计算问题，从而使得矢量控制方式得到了成功的实施。

1. 直流电动机与异步电动机调速上的差异

（1）直流他励电动机的调速特征。直流他励电动机具有两套绕组，即励磁绕组和电枢绕组。它们的磁场在空间上互差 π/2 电角度，两套绕组在电路上是互相独立的。励磁磁通 Φ 与电枢电流 I_a 为相互独立的变量，分别由励磁绕组和电枢绕组控制。

根据直流电动机的转矩表达式

$$T = C_T \Phi I_a \tag{1-30}$$

式中：T 为电磁转矩；C_T 为与电动机结构有关的常数；I_a 为电枢电流；Φ 为每极磁通。

当励磁电流 I_f 恒定时，磁通 Φ 的大小基本不变，直流电动机所产生的电磁转矩和电枢电流 I_a 成正比，因此调节 I_a 就可以调速。而当 I_a 一定时，改变直流电动机的励磁电流 I_f 的大小，也可以调速。也就是说，只需要调节两个磁场中的一个就可以对直流电动机进行调速。这种调速方法使直流电动机具有良好的控制性能。

（2）异步电动机的调速特征。异步电动机虽然也有两套绕组，即定子绕组和转子绕组，但只有定子绕组和外部电源相接。定子电流是从电源吸取电流，转子电流是通过电磁感应产生的感应电流。因此异步电动机的定子电流应包括两个分量，即励磁分量和负载分量。励磁分量用于建立磁场，负载分量用于平衡转子电流磁场。

综上所述，直流电动机与交流电动机的不同主要有下面几点：

1）直流电动机的励磁回路、电枢回路相互独立，而异步电动机将两者功能都集中于定子回路。

2）直流电动机的主磁场和电枢磁场互差 π/2 电角度。

3）直流电动机是通过独立地调节两个磁场中的一个来进行调速的，而异步电动机则做不到，转子感应电流受定子磁通的影响。

2. 变频器矢量控制的基本思想

仿照直流电动机的特点，当变频器得到给定信号后，首先由控制电路将给定信号分解为两个互相垂直的磁场信号，即励磁分量 $\dot{\Phi}_M$ 和转矩分量 $\dot{\Phi}_T$，与之对应的控制电流信号分别为 $\dot{I}_M$，$\dot{I}_T$。调整时，令磁场信号 $\dot{I}_M$ 不变，而只调整转矩信号 i_T，从而使异步电动机得到和直流电动机十分相似的机械特性。

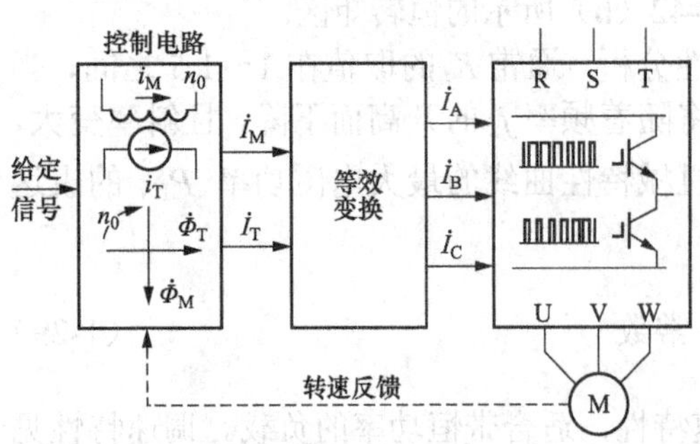

图 1-43 矢量控制框图

旋转着的直流磁场和由三相电流产生的旋转磁场，在转速和磁感应强度都相同的前提下，是可以进行等效变换的。所以，直流旋转磁场的控制信号可以等效变换成三相交变磁场的控制信号 $\dot{I}_A$、$\dot{I}_B$、$\dot{I}_C$，用来控制逆变桥中各开关器件的工作，如图 1-43 所示。在运行过程中，当负载发生变化导致转速变化时，可通过转速反馈环节反馈到控制电路，以调整控制信号。

1.11　变频器主要参数

1. 额定值

（1）输入侧额定值

输入侧额定值主要是电压和相数。在我国的中小容量变频器中，输入电压的额定值有以下几种情况（均为线电压）：

1）380V/50Hz，三相，用于绝大多数电器中。

2）220～230V/50Hz 或 60Hz，三相，主要用于某些进口设备。

3）200～230V/50Hz，单相，主要用于精细加工和家用电器。

（2）输出侧额定值。

1）输出电压额定值 U_N。由于变频器在变频的同时也要变压，所以输出电压的额定值是指输出电压中的最大值。在大多数情况下，它就是输出频率等于电动机额定频率时的输出电压值。通常，输出电压的额定值总是和输入电压相等。

2）输出电流额定值 I_N。输出电流额定值是指允许长时间输出的最大电流，是用户在选择变频器时的主要依据。

3）输出容量 S_N（kVA）。S_N 与 U_N、I_N 的关系为

$$S_N = \sqrt{3}U_N I_N \tag{1-31}$$

4）配用电动机容量 P_N（kW）。变频器说明书中规定的配用电动机容量估算式为

$$P_N = S_N \eta_M \cos\varphi_M \tag{1-32}$$

式中：η_M 为电动机的效率；$\cos\varphi_M$ 为电动机的功率因数。

由于电动机容量的标称值是比较统一的，而 η_M 和 $\cos\varphi_M$ 的值却很不一致，所以容量相同的电动机配用的变频器容量往往是不相同的。

变频器铭牌上的“适用电动机容量”是针对四极的电动机而言，若拖动的电动机是六极或其他，那么相应的变频器容量加大。

5）过载能力。变频器的过载能力是指输出电流超过额定电流的允许范围和时间。大多数变频器都规定为 150%I_N，60s 或 180%I_N，0.5s。

2. 频率

（1）常用频率的名词术语。这里简单介绍常用频率的概念，关于功能和意义将在下一个学习任务中详细介绍。

1）基本频率，也叫基底频率 f_b。当变频器的输出电压等于额定电压时的最小输出频率，称为基底频率，用 f_b 表示。

2）最大频率，也叫最高频率 f_{max}。当变频器的频率给定信号为最大值时，变频器输进的最大频率，用 f_{max} 表示。

3）上限频率。与生产机械所要求的最高转速相对应的频率，用“f_H”表示。

4）下限频率。与生产机械所要求的最低转速相对应的频率，用“f_L”表示。

5）回避频率。也叫跳变频率，是变频器加减速过程中要跳过的频率，回避可能引起共振的转速，与回避转速对应的工作频率就是回避频率，用“f_J”表示。

6）点动频率。生产机械在调试过程中，以及每次新的加工过程开始前，常常需要“点一

点、动一动”，以便观察各部位的运转情况。如果每次在点动前后，都要进行频率调整，则既麻烦，又浪费时间。因此，变频器可以根据生产机械的特点和要求，预先一次性地设定一个“点动频率”，每次点动时都在该频率下运行，而不必变动已经设定好的给定频率。点动频率一般是一个比较小的频率，用“f_{JOG}”表示。

（2）频率指标。

1）频率范围。频率范围即变频器能够输出的最高频率 f_{max} 和最低频率 f_{min}。各种变频器规定的频率范围不尽一致。通常，最低工作频率为 0.1～1Hz，最高工作频率为 120～650Hz。

2）频率精度。频率精度是指变频器输出频率的准确程度，用变频器的实际输出频率与设定频率之间的最大误差与最高工作频率之比的百分数表示。

例如，用户给定的最高工作频率为 f_{max}=120Hz，频率精度为 0.01%，则最大误差为

$$\Delta f_{max}=0.0001\times120=0.012\text{（Hz）}$$

3）频率分辨率。频率分辨率是指输出频率的最小改变量，即每相邻两挡频率之间的最小差值。一般分模拟设定分辨率和数字设定分辨率两种。

例如，当工作频率为 f_x=25Hz 时，如变频器的频率分辨率为 0.01Hz，则上一挡的最小频率（f_x'）和下一挡的最大频率（f_x''）分别为 f_x'=25+0.01=25.01（Hz），f_x''=25−0.01=24.99（Hz）。

1.12 变频器的选择

在变频器调速系统设计中，变频器的选择是十分关键的一环，是实现调速系统稳态指标和动态指标的重要保证。通用变频器的选择，包括变频器的类型选择和容量选择。选择变频器规格时应注意根据要求采用合适的选择方式和计算公式，根据工程实际情况确定具体调速方案，包括逆变器与电机的对应关系、整流器与逆变器的对应关系、制动部分的结构方式及配置规模、采用哪种控制方式等。

1.12.1 变频器品牌

近年来，随着计算机技术、电力电子技术和控制技术的飞速发展，变频器在种类、性能和应用等方面都取得了很大的发展，这些变频器已经基本上能满足现代工业控制的需要，且用户的选择范围也很大。目前，国内市场上流行的通用变频器多达几十种，如欧美国家的品牌有西门子、ABB、Vacon、Lenze（伦茨）、罗克韦尔、科比（KEB）、施耐德等，日本生产的品牌有富士、三菱、日立、松下、东芝等，韩国生产的有 LG、三星等，我国港澳台的品牌有台达、东元等，国产的品牌有康沃、惠丰、森兰等。大体上，欧美国家的产品有性能先进、适应环境性强的特点，日本产品外形小巧、功能多，港澳台地区的产品符合国情、功能简单实用，国产变频器则功能简单、专用、大众化、价格低。

1. 德国西门子新型变频器

德国西门子公司的通用变频器包括标准通用变频器和大型通用变频器。标准通用变频器主要包括 MM4 系列标准变频器、MM3 系列标准变频器和电动机变频器一体化装置三大类。

（1）MM4 系列标准变频器包括 MM440 矢量型通用变频器、MM430 节能型通用变频器、MM420 基本型通用变频器和 MM410 紧凑型变频器四个系列。

（2）MM3 系列标准变频器包括 MMV 矢量型通用变频器、ECO 节能通用变频器和 MM 基本通用变频器三个系列。而 MMV 矢量型通用变频器又分为 MMVECTOR（MMV）和

MDVector（MDV）两种机型；ECO 节能型通用变频器包括 MMECO 和 MDECO 两个系列，是适用于风机和水泵变频调速的经济型通用变频器。

（3）电动机变频器一体化装置包括 MM411、CM4311 和 CM3 三个系列的产品。MM411 是在 MM420 系列通用变频器的基础上开发的新产品，适合用于防护等级要求较高的分布式传动领域。CM411 是由集成的通用变频器 MM411 和电动机组合而成的一体化变频调速装置，CM3 也是有通用变频器和电动机组合而成的一体化变频调速装置。

选择西门子变频器时，应根据负载特性来选择，如负载为恒转矩负载，则应选择 MMV/ MDV 和 MM420/MM440 系列变频器；如负载为风机、泵类负载，则应选择 MM430 系类变频器。西门子标准大型通用变频器主要包括 SIMOVERTMV、SIMOVERTS、MASTERdrivers6SE70、MasterDrives 等系列。

2. 德国伦茨 9300 矢量变频器

德国伦茨 9300 高性能矢量变频器采用现代变频驱动技术，拥有众多的控制功能以及丰富的用户接口。其响应时间短，速度偏差小；系统配置完善，用户接口友好，通信功能强大。

3. 美国罗克韦尔交流变频器

该变频器在提高可靠性的同时降低了功率元器件的导通和开关的损耗，并由此推出最先进的变频方案。该产品提供一种对电源控制和操作界面的灵活封装，用于满足空间、灵活性和可靠性的要求，并提供丰富的功能，允许用户在大多数应用中容易地对变频器进行组态。其特点是：人机界面及调试灵活，零间隙安装，多种通信连接，控制方式多样。

1.12.2　变频器技术规范

1. 变频器容量

通用变频器的容量用所适用电动机的功率、输出容量、额定输出电流表示。其中最重要的是额定电流，是指变频器连续运行时输出的最大交流电流的有效值。输出容量取决于额定输出电流与额定输出电压下的三相视在输出功率。日本产的通用变频器的额定输入电压往往是 200、220V 和 400、440V。变频器的输入电源电压常允许在一定范围内波动，因此，输出容量一般用作衡量变频器容量的一种辅助手段。但德国西门子公司的变频器对电源电压则规定得很严格。

变频器的容量要与所带电机的容量适配，电动机的额定电流与变频器额定电流对应关系见表 1-1。一般情况下，变频器的额定电流应大于或者等于电动机的额定电流，但是 8 极电动机的额定电流却大于变频器的额定电流，使用时引起注意。

表 1-1　电动机容量与变频器额定电流对应关系

电动机容量（kW）		22.0	30.0	37.0	45.0	55.0	75.0
电动机额定电流（A）	$2p$=2	42.2	56.9	70.4	83.9	102.7	140.1
	$2p$=4	42.5	56.9	69.8	84.2	102.5	139.7
	$2p$=6	44.6	59.5	72.0	85.4	104.9	142.4
	$2p$=8	47.6	63.0	78.2	93.2	112.1	152.8
变频器额定电流（A）	艾默生	45.0	60.0	75.0	90.0	110.0	152.0
	安川 G7	52.0	65.0	80.0	97.0	128.0	165.0

续表

电动机容量（kW）		22.0	30.0	37.0	45.0	55.0	75.0
变频器额定电流（A）	ABB－800	55.0	72.0	86.0	103.0	141.0	166.0
	瓦萨 CX	48.0	60.0	75.0	90.0	110.0	150.0

2. 变频器输入、输出参数

额定输入参数包括电压输入相数、电压、频率、允许电压频率波动范围、瞬时低电压允许值、额定输出电流和需要的电源容量。

额定输出参数包括通用变频器的额定输出电压、额定输出电流、额定过载电流倍数、额定输出频率等。变频器的最高输出频率因型号的不同差别很大，通常由 50、60、120、240、400Hz 或者更高，通用变频器中大容量都属于 50/60Hz 这一类，而最高输出频率超过工频的变频器多为小容量。

输出频率的精度通常给出两种指标：模拟设定和数字设定。输出频率的设定分辨率通常给出三种指标：模拟设定、数字设定和串行通信接口链设定。

3. 变频器控制参数

（1）控制方法。控制方法包括各种形式的 V/F 控制方式、矢量控制方式、无速度传感器矢量控制方式等。

（2）转矩提升。转矩提升功能可根据不同的负载特性选择不同的方式。

（3）运行方法。运行方法通常有三种：面板操作，外部触点输入信号操作，串行通信接口链运行。

（4）频率设定。一般要设定四种频率，即上限频率、下限频率、偏置频率以及跳变频率。

除以上控制参数外，还有运行状态信号，加、减速时间，自动再起动功能。

4. 其他参数

（1）显示功能及类型。在变频器产品说明书中，通常提供操作显示面板的类型及是否可供选择的操作显示面板。

（2）环境参数。这些参数说明变频器的使用场所。

1.12.3 变频器的类型选择

根据变频器的控制功能，对于 V/F 控制方式有普通功能型和恒定电磁转矩控制功能型，对于矢量控制方式有带速度传感器和不带速度传感器之分。

变频器类型选择的基本原则是根据负载的要求进行选择，方法如下：

（1）风机和泵类负载。这类负载在过载能力方面要求比较低，由于负载转矩与速度的平方成正比，所以低速运行时负载较轻，又因为这类负载对转速的精度没有什么要求，故选型时考虑廉价为主要原则，通常选择普通功能型通用变频器。

（2）恒转矩负载。多数负载具有恒转矩特性，但在转速精度及动态性能等方面要求一般不高。选型时可选 V/F 控制方式的变频器，但是最好采用具有恒转矩控制功能的变频器。如果用变频器实现恒转矩调速，必须加大电动机和变频器的容量，以提高低速转矩。

（3）被控对象具有一定的动态、静态的要求。这类负载一般要求低速时有较硬的机械特性才能满足工艺对控制系统的动态、静态要求。如果控制系统采用开环控制，可选用具有无转速反馈矢量控制功能的变频器。

（4）被控对象具有较高的动态、静态的要求。对于调速精度和动态性能指标都有较高的要求，可采用具有转速反馈矢量控制功能的变频器。

一、选择题

1.（　　）控制比较简单，多用于通用变频器，在风机、泵类机械的节能运转及生产流水线的工作台传动等。

A. V/F　　B. 转差频率　　C. 矢量控制　　D. 直接转矩

2. 直流电动机具有两套绕组，励磁绕组和（　　）。

A. 电枢绕组　　B. 他励绕组　　C. 串励绕组　　D. 以上都不是

3. 异步电动机的两套绕组是定子绕组和（　　）。

A. 电枢绕组　　B. 他励绕组　　C. 串励绕组　　D. 转子绕组

4. 下述选项中，（　　）不是变频器的加速曲线（模式）。

A. 线性方式　　B. S 形方式　　C. 半 S 形方式　　D. Y 形方式

5. 频率给定中，模拟量给定方式包括（　　）和直接电压（或电流）给定。

A. 模拟量　　B. 通信接口给定　　C. 电位器给定　　D. 面板给定

6. 正弦波脉冲宽度调制英文缩写是（　　）。

A. PWM　　B. PAM　　C. SPWM　　D. SPAM

7. 对电动机从基本频率向上的变频调速属于（　　）调速。

A. 恒功率　　B. 恒转矩　　C. 恒磁通　　D. 恒转差率

8. 对于风机类的负载宜采用（　　）的转速上升方式。

A. 直线形　　B. S 形　　C. 正半 S 形　　D. 反半 S 形

9. 下列选项中，（　　）是电动机的反电动势。

A. $4.44 f_1 k_{N1} N_1 \Phi_m$　　B. $T = \dfrac{9550 P_M}{n}$

C. $\eta = \dfrac{P_2}{P_1}$　　D. 以上都不是

10. 在 V/F 控制方式下，当输出频率比较低时，会出现输出转矩不足的情况，要求变频器具有（　　）功能。

A. 频率偏置　　B. 转差补偿　　C. 转矩补偿　　D. 段速控制

二、判断题

1. 变频器矢量控制方式下，一只变频器只能带一台电动机。（　　）

2. 变频器矢量控制方式下，电动机的极数一般以 4 极电动机为最佳。（　　）

3. 变频器矢量控制方式下，变频器与电动机的连接线不能过长，一般在 30m 以内。（　　）

4. 变频器基准频率也叫基本频率，用 f_b 表示。（　　）

5. 变频器基准电压是指输出频率到达基准频率时变频器的输出电压，通常取电动机的额定电压。（　　）

6. 若没有什么特殊要求，一般的负载都选用线性方式。（　　）

7．由于变频器的保护功能较齐全，且断路器也有过电流保护功能，因此进线侧可不接熔断器。（　）

三、填空题与简答题

1．上限频率和下限频率是指变频器输出的最高、最低频率，一般可通过______来设置。

2．跳跃频率也叫______，是指不允许变频器连续输出的频率，常用 f_J 表示。

3．设定跳跃频率 f_{J1}=30Hz，f_{J2}=35Hz。若给定频率为 32Hz 时，则变频器的输出频率______Hz。

4．点动频率是指变频器在______时的给定频率。

5．起动频率是指电动机开始起动的频率，常用______表示。

6．变频器的主电路，通常用 R、S、T 表示交流电源的输入端，用______表示输出端。

7．变频器的主电路中，断路器的功能主要有隔离作用和______作用。

8．变频器的主电路中，接触器的功能是在变频器出现故障时__________，并防止掉电及故障后的再起动。

9．频率给定信号的方式有数字量给定和______给定。

10．变频调速时，基频以下的调速属于______调速，基频以上的属于______调速。

11．变频调速过程中，为了保持磁通恒定，必须保持________________。

12．变频器的各种功能设置与________________有关。

13．什么是加速时间？

14．什么是减速时间？

15．变频器的保护功能有哪些？

16．预置变频器 f_H=60Hz，f_L=10Hz，若给定频率为 5、50Hz 和 70Hz，则变频器输出频率分别为多少？

学习任务二　变频器使用的基本技能训练

子任务一　变频器操作概述

任务要求

1. 了解变频器基本控制功能。
2. 掌握变频器外端子的分类、分布，各类端子功能及连接控制方式。
3. 掌握变频器的程序输入方法（下拉菜单式操作）、运行控制方法、监视方法。
4. 掌握变频器功能参数码的分类原则，学会利用产品手册对变频器进行设置。

目前，变频器已经广泛应用于各种生产机械的拖动系统。虽然国内外厂商生产的变频器种类繁多，但变频器的功能、原理、操作、维护及注意事项则基本相同。变频器是应用电器，其功能是为应用而设置的。从为什么有这些功能入手，掌握变频器有哪些功能以这些功能的原理或使用这些功能时的一般原则。为了叙述更加方便和具体，本学习任务将以日本三菱公司生产的D700和德国西门子MM440系列变频器为例，说明通用变频器的使用与参数设定。

2.1　变频器操作模式

1. 面板操作模式

变频器的操作可用面板的键盘进行。这样可以直接在变频器面板的键盘上进行操作，也可以将操作面板摘下来，通过标准接口电路（RS-232 或 RS-485）用电缆连接进行不同距离操作。

2. 外部操作模式

外部操作模式通常在出厂时已经设定，也可通过功能参数来实现。这种模式用外接起动开关和频率设定电位器来控制变频器的运行。

3. 组合操作模式

外部操作模式与控制面板组合操作，可按下列两种方法中的任意一种来控制变频器。

（1）起动信号用外部信号设定。起动信号用外部信号设定，采用按钮，继电器、PLC等指令电器控制正转和反转。频率信号由面板操作设定。

（2）起动信号用控制面板设定。起动信号用控制面板设定，采用外部频率设定电位器设定频率。

4. 计算机通信模式

通过RS-485接口电路和通信电缆可将变频器的PU接口与PLC、数字化仪表和计算机（称为上位机）相连接，实现数字化控制。当上位机的通信接口为RS-232时，应加接一个RS-232与RS-485的转换器。

2.2 变频器功能预置

变频器具有多种可供用户选择的控制功能，用户在使用前，需根据生产机械拖动系统的特点和要求对各种功能进行设置。这种预先设定功能参数的工作称为功能预置。准确细致地预置变频器的各项功能和参数，正确使用变频器使变频调速系统可靠工作是至关重要的。

用户在功能预置时，首先确定系统所需要的功能，然后再预置功能所要求的参数。变频器操作手册中将各种功能划分为多个功能组，这些功能组的名称即是功能代码的范围。

1. 功能码

功能码是指表示各种功能的代码。三菱 FD700 系列变频器中，“Pr.79”为功能码，表示操作模式选择功能。表 2-1 所列为三菱 FD700 系列变频器功能码。

2. 参数码

参数码是指表示各种功能所需要的参数代码。如“Pr.79”功能码确定后，再置“2”，即“Pr.79=2”说明选择了外部操作模式，“2”即为参数码。

表 2-1　　三菱 FD700 系列变频器功能码一览表

序列号	功能组名称	功能码范围	序列号	功能组名称	功能码范围
1	基本功能	Pr.0～Pr.9	11	第三功能	Pr.110～Pr.116
2	标准运行功能	Pr.10～Pr.37	12	通信功能	Pr.117～Pr.124
3	输出端子功能	Pr.41～Pr.43	13	PID 调节功能	Pr.128～Pr.134
4	第二功能	Pr.42～Pr.50	14	变频与工频切换功能	Pr.135～Pr.139
5	显示功能	Pr.52～Pr.56	15	齿隙功能	Pr.140～Pr.143
6	自动再起动功能	Pr.57～Pr.58	16	显示功能	Pr.144
7	附加功能	Pr.59	17	电流检测	Pr.150～Pr.153
8	运行选择功能	Pr.60～Pr.79	18	端子安排功能	Pr.180～Pr.195
9	电动机参数选择功能	Pr.80～Pr.96	19	程序运行	Pr.200～Pr.230
10	V/F 调整功能	Pr.100～Pr.109	20	多段速度运行	Pr.231～Pr.239

2.3 频率给定功能

2.3.1 频率给定方式

在变频调速系统中，要调节变频器的输出频率，首先向变频器提供改变频率的信号。这个信号称为频率给定信号。

1. 面板给定方式

通过变频器操作面板的键盘进行频率参数的给定设置，称为面板给定方式。这种方式不需要外部接线，频率设置精度较高。

以三菱 D700 系列变频器为例，面板操作设定频率具体操步骤如下：

（1）按“MODE”键切换到频率设定模式；

（2）用“增/减”键将给定频率增、减至所需的数值；

（3）用“SET”键确认设定频率。

2. 外部给定方式

用变频器的输入端子输入频率给定信号来调节变频器输出频率的方式，称为外部给定方式。这种方式属于模拟量给定方式，频率精度略低。

（1）电压信号给定。以直流电压大小作为给定信号，称为电压给定信号，用“U_g”表示。给定范围：DC 0～5V、DC 0～10V。

电压信号给定方式分为：

1）电位器给定：电压信号源由变频器内部直流电源提供。

2）直接电压给定：频率信号由外部电压信号给定。

3）辅助给定：辅助给定信号与主给定信号相叠加，取其代数和，起到调节变频器输出频率的辅助作用。端子“1”为辅助给定端子。

（2）电流信号给定。以直流电流的大小作为给定信号，称电流信号给定。

2.3.2 特定频率功能和意义

变频器中有多种代表着不同意义的特定频率名称，对用户正确使用变频器具有非常重要的意义。

1. 给定频率和输出频率

（1）给定频率。与给定信号相对应的设定频率称为给定频率，用“f_g”表示。

（2）输出频率。变频器实际输出的频率称为输出频率，用“f_x”表示。为改善变频调速后异步电动机的机械特性，变频器设置了一些补偿功能，如转矩补偿、矢量控制等功能。这些补偿功能会直接或间接地对变频器输出频率在给定频率的基础上进行调整。因此，受到各种补偿功能的影响，变频器的输出频率 f_x 并不一定等于给定频率 f_g。

2. 基本频率与最大频率

（1）基本频率 f_B。基本频率时，变频器输出电压最大。基本频率的大小与给定无关，通常，基本频率 f_B 与电动机额定频率 f_N 相等。

（2）最大频率 f_{max}。与最大给定信号对应的频率，这是变频器的最高工作频率的设定值。

3. 上限频率与下限频率

根据生产工艺的要求，或受到生产机械的机械强度及抗振性能等的限制，往往规定了在生产过程中的上限和下限转速，与此对应的工作频率就称为上限频率和下限频率。

（1）上限频率 f_H。如与 f_H 对应的给定信号是 X_H，则当给定信号 $X \geqslant X_H$ 时，$f_x=f_H$。

例如，某机床要求的最高转速是 300r/min，相应的电动机转速是 1200r/min，则与此相对应的运行频率是上限频率 f_H。采用模拟量给定方式，若给定信号是 0～5V 的直流电压信号，则给定频率对应为 0～50Hz。如果上限频率设定为 f_H=40Hz，在给定电压大于 4V 以后，变频器的输出频率都将保持 40Hz。

（2）下限频率 f_L。如 f_L 对应的给定信号是 X_L，则当给定信号 $X \leqslant X_L$ 时，$f_x=f_L$。

例如，某机床要求的最低转速是 100r/min，相应的电动机转速是 400r/min，则与此相对应的运行频率是下限频率 f_L。

（3）上限频率与最大频率的关系。上限频率是根据拖动系统需要设定的最大运行频率，并不是变频器能够输出的最高频率。

当 $f_H > f_{max}$ 时，变频器能够输出的最高频率由最大频率 f_{max} 决定，上限频率将不起作用。

当 $f_H < f_{max}$ 时，变频器能够输出的最高频率由上限频率 f_H 决定。

4. 回避频率

任何机械都有其固有频率，它取决于机械的结构、质量等方面的因素。机械在运行过程中，振动频率与运行转速有关。在拖动系统无级调速中，当机械的转速频率与机械的固有频率相等时，将引起机械共振。此时机械振幅较大，有导致机械磨损和损坏的可能。消除共振的方法有两种：一是改变机械的固有频率，但这种方法实现的可能性极小；二是跳开可能导致发生共振的频率。

5. 控制功能

变频器控制的交流异步电动机起动应遵循以下两个原则：一是电动机的输出转矩大于负载转矩；二是系统的工作点频率大于变频器设定的最大起动频率。

（1）起动频率。起动电流不超过变频器与电动机的允许值，且满足拖动系统控制要求，这是选择并设定起动频率的原则。

1）起动频率的设定。起动频率是指电动机开始起动时的频率，用“f_S”表示。f_S从 0 开始。但对于惯性较大或摩擦转矩较大的负载，为容易起动，起动时需要有合适的机械冲击力，可根据预置起动频率，使电动机在该频率下直接起动。

2）起动前的直流制动。如果系统在起动时，电动机已经有一定的转速，则需要在起动前进行直流制动，以保证拖动系统安全可靠地从零开始运行。

（2）升速时间和降速时间。生产机械在运行过程中，升速/降速均属于从一种状态转变到另一种状态的过渡过程。

1）升速时间。在起动过程中，变频器的输出频率 f_x 由 0 上升到给定频率 f_g 所需的时间 t_1 称为升速时间，如图 2-1 所示。对于升速过程，时间越短越好，但升速时间越短，越容易引起过电流，这是升速过程中的矛盾。因此，在不过电流的前提下，应尽量缩短升速时间。

2）降速时间。在减速停车过程中，变频器输出频率 f_x 由给定频率 f_g 减小到 0 所需的时间 t_2 称为降速时间，如图 2-1 所示。电动机在降速过程中，有时会处于再生发电制动状态。通常变频器采用交—直—交的主电路，再生制动时产生的电能经续流二极管全波整流回馈到变频器的直流端，由于直流电路的电能无法通过整流桥反馈到电网，仅靠变频器本身的电容吸收，电容在短时间形成电荷堆积，结果造成主电路电容两端电压升高，产生泵升电压，使变频器的中间直流环节直流电压升高。而且降速时间越短，泵生电压越高，越容易损坏整流和逆变器。在考虑设备承受泵生电压能力和提高生产效率的前提下，应尽量缩短降速时间。

（3）升速/降速方式。

1）加速曲线类型三种，如图 2-2 所示。

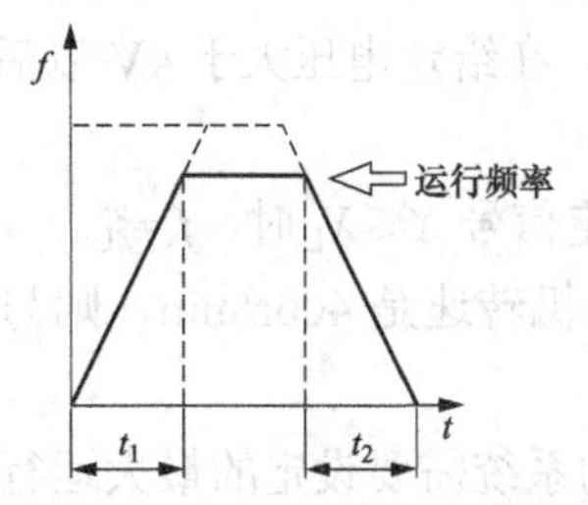

图 2-1　升速时间与降速时间

t_1—升速时间；t_2—降速时间

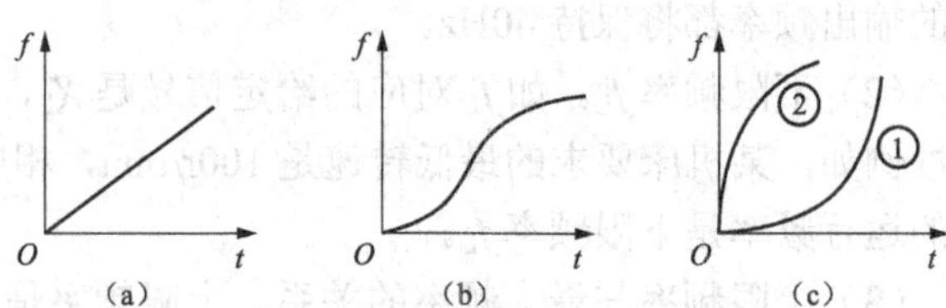

图 2-2　变频器加速曲线类型

（a）线性；（b）S 形；（c）半 S 形

1—正半 S 形；2—反半 S 形

①线性上升方式：适用于一般要求的场合。

②S 形上升方式：适用于传送带、电梯等对起动有特殊要求的场合。

③半 S 形上升方式：正半 S 形上升方式适用于大转动惯性负载；反半 S 形上升方式适用于泵类和风机类负载。

2）减速曲线与加速曲线类似，此处不再介绍。

3）加速和减速曲线的组合，根据不同的机型可分为三种情况：

a）只能预置加减速的方式，S 形和半 S 形曲线的形状由变频器内定，用户不能自由设置。

b）变频器可提供多种加减速方式供用户选择。

c）用户可以在一定的非线性区域设置时间的长短。

（4）制动控制功能

1）电动机的停车。电动机自然停车有两种情况：一是变频器按照设置的降速时间和方式逐步降低输出频率，使电动机转速随之下降，直至停止；二是变频器输出电压为零，也就是切断电动机电源，电动机转速随时间而下降，直至停止。但由于转子本身惯性，不能马上停止。从生产工艺和安全考虑，有的拖动系统需要电动机及时准确停车。这就需要实施对电动机的制动控制。

2）再生制动。变频器按照设置的降速时间和方式逐步降低输出频率时，由于负载的惯性，电动机转子转速有时会超过同步转速，使得电动机进入再生发电状态。转子受到反向力矩作用，起到制动作用，称为再生制动。与此同时，电动机的再生电能回馈到变频器直流电路，产生泵生电压。

3）再生电能的处理。如果采用有源逆变器，将电动机再生制动时产生的能量回馈到交流电网，能够避免由于泵生电压过高而损坏变频器。

采用变频器制动单元中的制动电阻来消耗电动机再生电能的制动方式，称能耗制动。小功率变频器的制动单元和制动电阻都置于变频器内部。采用能耗制动时，在内部电阻容量不足的情况下需外接制动电阻，FR-A540 型变频器 P/+、PR 为外接制动电阻接线端子。

4）直流制动。

a）直流制动原理。

当变频器的输出频率接近为零，电动机的转速降低到一定数值时，变频器改为向异步电动机定子绕组中通入直流电，形成静止磁场。此时，电动机处于能耗制动状态，转动着的转子切割该静止磁场而产生制动转矩，使电动机迅速停止。

由于旋转系统存储的动能转换成电能，并以热损耗的形式消耗于异步电动机的转子回路中。为防止电动机减速过程中所形成的再生发电制动以及直流制动过程中电动机发热，需串入制动单元与制动电阻，这种方法称为直流制动。

对于大惯性负载而言，仅靠负载转矩或摩擦转矩制动停机，常常是停不住的，且停机后还会出现“爬行”现象。如果采用直流制动，可实现快速停机，消除“爬行“现象。对于某些要求快速停车的拖动系统，因减速时间太短会引起过高泵生电压，也有必要引入直流制动。

b）直流制动功能设置。

①直流制动动作频率 f_{DB}。大多数情况下，直流制动是和再生制动配合使用的，首先用再生制动方式，使电动机转速降至较低，然后切换成直流制动使电动机迅速停机。与此切换时所对应的频率称为直流制动动作频率 f_{DB}，如图 2-3（a）所示。负载要求制动时间越短，则动

作频率 f_{DB} 越高。

②直流制动动作电压 U_{DB}。如图 2-3（b）所示，在定子绕组上施加的直流电压的大小，有的也用电源电压的百分比表示。它决定了直流制动的强度。

③直流制动时间 t_{DB}。如图 2-3（b）所示直流制动时所加动作电压 U_{DB} 的时间长短，称直流制动时间 t_{DB}。预置直流制动时间的主要依据是负载是否有“爬行”现象。风机在停机状态下，有时因自然风对流而反方向旋转，如遇这情况应在起动前直流制动，保证电动机转速从 0 开始。

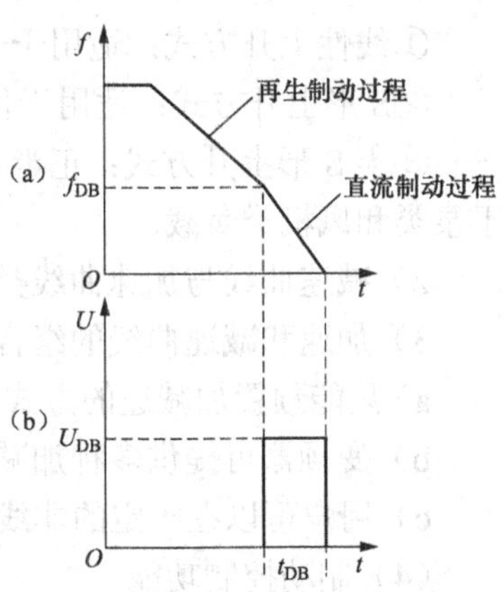

图 2-3　直流制动参数设定

（a）动作频率；（b）动作电压

2.4　变频器 PID 调节功能

具有对信号进行比例（P）、积分（I）、微分（D）运算功能的硬件电路或软件称为 PID 调节器。PID 调节器属于闭环控制，具有智能化控制特点。

反馈信号取自拖动系统的输出端，当输出量偏离所要求的目标值时，反馈信号也随之成比例地变化。在输入端，目标信号值与反馈信号值相比较，得到一个偏差信号，对于这个偏差信号，经过 PID 调节，变频器改变其输出频率，迅速准确地消除偏差值，使系统回复到目标值，达到自动控制的目的。

1. PID 控制系统基本组成

以 PID 调节为核心组成的闭环系统，称为 PID 调节系统。下面以 PID 控制的恒压供水系统为例予以说明。

图 2-4 所示为 PID 调节恒压供水系统示意图。供水系统的实际压力由压力传感器将压力信号转换成电信号，反馈到 PID 调节器的输入端，组成闭环控制系统。

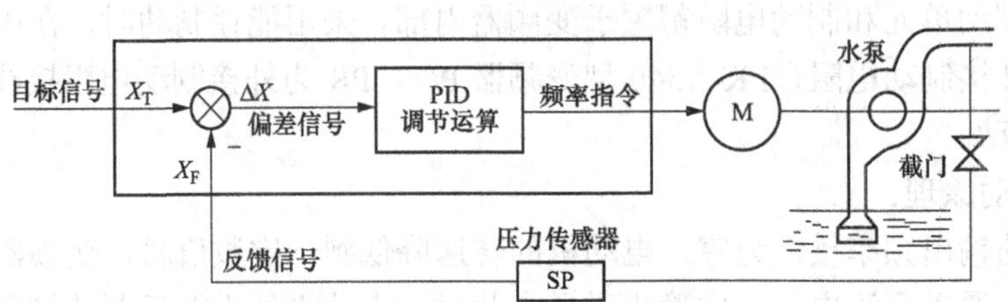

图 2-4　PID 恒压供水系统示意图

（1）目标信号。目标信号用“X_T”表示，是与所要求的水泵出水压力相对应的信号。通常，目标信号由变频器键盘给定，有时由于控制的需要，也可通过模拟量端子进行给定。

（2）反馈信号。变频器的控制对象是水泵出水压力。压力传感器实际测量的出水压力信号反馈到变频器中 PID 调节器输入端，这个出水压力信号，称为反馈信号，用“X_F”表示。

（3）偏差信号。目标信号与反馈信号相比较而得到的偏差值，称为偏差信号，也称为静差信号，用“ΔX”表示。

2. PID 控制系统工作过程

（1）比较环节及调节过程。首先向 PID 调节器输入一个目标信号 X_T，这个目标信号所对应的是系统给定压力 p_p。压力传感器将供水系统的实际压力转换成电信号 X_F 反馈到 PID 调节器的输入端，反馈信号 X_F 与目标信号 X_T 相比较而得到偏差信号 ΔX，即

$$\Delta X = X_T - X_F \qquad (2\text{-}1)$$

当 $\Delta X > 0$ 时，目标信号＞反馈信号（$X_T > X_F$），说明出水压力并未达到预期控制目标，变频器输出频率上升，水泵升速，提高出水压力。

当 $\Delta X < 0$ 时，目标信号＜反馈信号（$X_T < X_F$），说明水压已经超过预期控制目标，变频器输出频率下降，水泵降速，降低出水压力。

当系统的供水压力（反馈信号 X_F）无限地接近目标信号值 X_T 时，偏差信号 $\Delta X \to 0$，此时，系统工作在相对稳定状态，这时偏差信号最小，供水基本保持恒压。但是，无论系统动态性能多么好，也不可能完全消除偏差，ΔX 不可能为零。如果偏差信号太小，则系统反应就可能不够灵敏，为提高系统的灵敏程度，系统引入比例环节。

（2）比例环节（P）的功能。比例环节由比例放大器或软件组成，放大倍数为 K_P 如图 2-5（a）所示。偏差信号 ΔX，但经过比例环节放大 K_P 倍后，用作变频器的频率给定信号。频率给定信号用“X_G”表示，即

$$X_G = K_P(X_T - X_F) = K_P \Delta X \qquad (2\text{-}2)$$

将偏差信号放大 K_p 倍后，提高了系统的反应速度，可迅速回复到预期的控制目标，比较准确地调节水泵压力。但 K_P 的大小对控制系统是有影响的。

K_P 过大，$K_P\Delta X$ 也越大，出水压力的反馈信号 X_F 跟踪到目标值 X_T 的速度必定很快。由于系统的惯性，很容易发生 $X_T < X_F$（$\Delta X < 0$）现象，这种现象称为“超调”。于是控制又向反方向调节，这样使出水压力反馈信号 X_F 在目标信号值 X_T 附近振荡，如图 2-5（b）所示。

K_P 过小，系统的反应迟钝，调节的速度必然放慢，系统回复到目标信号值所用时间较长。

为缓解比例环节因放大倍数过大出现的超调现象，系统引入积分（I）环节。

（3）积分环节（I）的功能。积分环节是由积分电路或软件组成。其功能是，只要调节器输入端偏差信号 ΔX 存在，积分环节的输出就会随时间不断地对其调节，直到偏差信号 ΔX=0 时为止。所以积分调节属于滞后调节。由比例环节功能可知，提高比例放大倍数 K_P 后，虽然提高了系统反应速度，但容易出现超调或振荡，使得水泵电动机升降速过于频繁。引入积分环节后则延长了水泵电动机的升/降速时间，抑制了因 K_P 过大而引起的超调和振荡。由比例环节和积分环节共同组成的调节器称比例积分（PI）调节器，如图 2-5（c）所示。

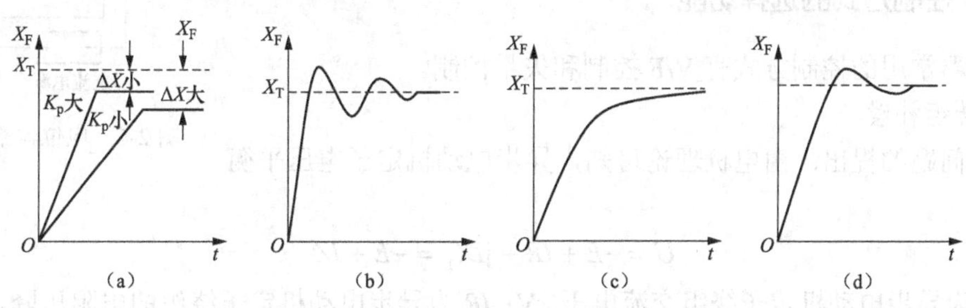

图 2-5　PID 调节作用

（a）比例调节；（b）比例振荡现象；（c）PI 作用；（d）PID 调节

（4）微分环节（D）的功能。微分环节是由微分电路或软件组成。其功能是，根据偏差信号的变化趋势（偏差信号变化率 $\Delta X/t$），提前给出调节动作。所以微分调节属于超前调节。当出水压力刚刚下降时，则微分环节立即检测到出水压力的下降趋势，这时偏差信号变化率 $\Delta X/t$ 很大。此时水泵电动机转速会很快增大，随着出水压力的增大，偏差信号变化率 $\Delta X/t$

会逐渐减小，直至为零，微分作用随之消失。

如图 2-5（d）所示为 PID 调节示意图。可以看出，经 PID 调节后的供水压力，既保证了系统动态响应速度，又避免了调节过程可能出现的振荡，并减小了超调，使得系统出水压力保持恒定。

3. PID 调节功能设置

在采用 PID 调节的闭环控制系统中，变频器输出频率 f_x 与被控量之间的变化趋势相反，称为“负反馈”。如恒压供水系统中，出水压力越高，则要求变频器的输出频率 f_x 越低。

变频器的输出频率与被控量之间的变化趋势相同，称为“正反馈”。如中央空调系统中，温度越高，则要求变频器输出频率越高。

（1）PID 功能的三种动作（以三菱 D700 系列变频器为例）：

1）Pr.128=0，PID 功能无效；

2）Pr.128=1，负反馈；

3）Pr.128=2，正反馈。

当选择 PID 调节功能有效时，变频器完全按照 PID 三个环节的调节规律运行。变频器的输出频率 f_x 只根据偏差信号 $\Delta X=X_T-X_F$ 的大小进行自动调整，变频器的输出频率 f_x 与被控量之间并无对应关系。ΔX 的大小与变频器的升/降速过程完全取决于 PID 的参数设置，而原来的升/降速时间将不再起作用。

由于偏差信号的存在以及积分环节的作用，变频器的输出频率 f_x 始终处于调整状态。因此，变频器操作面板 PU 上显示的频率是不稳定的。

（2）目标信号值给定方式。

1）键盘给定方式。目标信号值是个百分数，可由操作键盘直接给定。

2）电位器给定方式。如图 2-6 所示，目标信号从变频器的频率给定端子”2”输入，反馈信号接至模拟电流端子“4“与公共端子“5”之间。由于变频器已经设置为 PID 调节方式，所以在通过调节目标信号值时，显示屏上显示为百分数。

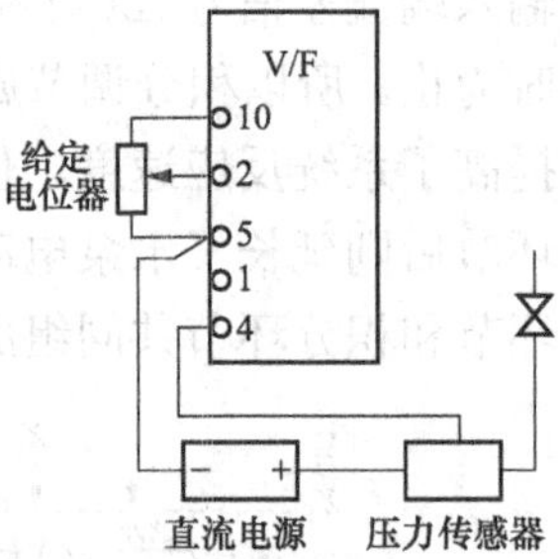

图 2-6　电位器给定方式

2.5　控制方式的选择功能

变频器常用的控制方式有 V/F 控制和矢量控制。

1. 转矩补偿

（1）问题的提出。由电机理论可知，异步电动机定子电压平衡方程为

$$U=-E+IR+\mathrm{j}IX_L=-E+IZ \tag{2-3}$$

式中：U 为异步电动机定子绕组交流电压，V；IR 为异步电动机定子绕组的电阻压降，V；$\mathrm{j}IX_L$ 为异步电动机定子绕组的漏抗压降，V；Z 为异步电动机定子绕组总阻抗，Ω。

如果忽略电动机定子绕组的阻抗压降 IZ，则

$$U\approx -E \tag{2-4}$$

当电动机定子绕组中交流电频率 f 调至较低时，定子绕组电压 U 也要相应调低，而事实上定子绕组的阻抗压降 IZ 并不减小。随着频率 f 的降低，定子绕组感应电动势有效值 E 所占比例将逐渐减小。E 与 U 的差值增大，E/f 与 U/f 差值也增大。

当 U/f=常数时，E/f 随频率的下降而减小，主磁通 Φ_M 也随之减小，电动机的电磁转矩 T_M 也必然降低，使电动机的带载能力下降。因此，在交流电频率 f 较低的情况下，定子绕组的阻抗压降 IZ 就不能再忽略不计。

（2）转矩补偿方法。为满足低频情况下“U/f=常数”的条件能够应用，对于定子绕组的阻抗压降 IZ，采取有针对性的电压补偿，称为转矩补偿（转矩提升）。其方法是，在“U/f=常数”的基础上适当提高 U/f 的比值，也就是提高定子相电压有效值 U，使 U/f 越接近 E/f，以补偿定子绕组的阻抗压降 IZ，保持主磁通 Φ_M 不变。

2. U/f 转矩补偿曲线的选择

在 V/F 控制方式下，电动机以额定频率运行，定子绕组所加的电压是电动机的额定电压，无需进行电压补偿。

U/f 的比值不同，其曲线的斜率也不同，U/f 的比值曲线称为转矩补偿曲线。如何选择电压与频率的比值（U/f）曲线在工程中具有十分重要的意义。

（1）基本 U/f 曲线。当变频器输出频率从 0 上升到基本频率 50Hz 时，输出电压也从 0 按正比关系上升到额定电压 380V 的 U/f 比值曲线，称为基本 U/f 曲线，如图 2-7 中“1”曲线所示。

（2）转矩补偿曲线的选择。变频器中存储数条可供用户选择的转矩补偿 U/f 曲线，除基本 U/f 曲线外，每条曲线所对应的电压补偿量不同，如图 2-7 所示，电压补偿量为最大输出电压的百分比。转矩补偿有两种方式：

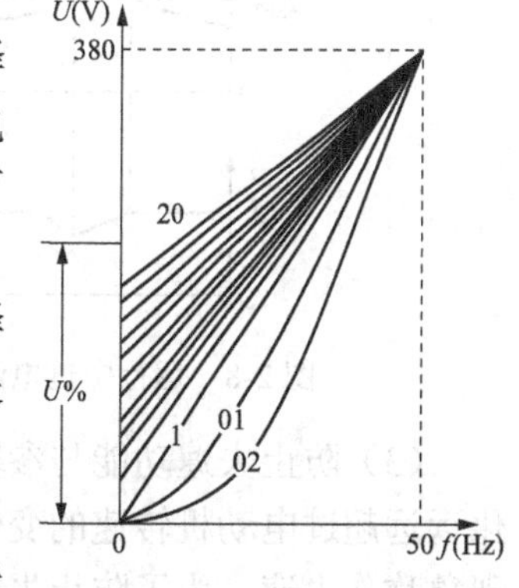

图 2-7　转矩补偿曲线

1）自动转矩补偿。变频器根据检测的电动机参数自动选择 U/f 曲线，称为自动转矩补偿。采用这种补偿方式的最大优点，是可以加大电动机的起动转矩。当起动电流为额定电流的 150%时，起动转矩可达额定转矩的 200%左右。

自动转矩补偿中，变频器内部不断地检测电动机参数，进行判断、比较等操作，使得系统的动态响应能力降低，因此，对于负载变化率较大的系统不适合采用这种方式。

2）手动转矩补偿。采用面板操作设置电压补偿量，称为手动转矩补偿。采用手动转矩补偿选择 U/f 曲线的原则是：对于较轻负载，补偿电压不宜设置过大；对于较重负载，应适当提高补偿电压的设定值。其补偿程度用户可根据上述原则并依据拖动系统的工作情况进行选择与设置。图 2-7 中供用户选择 U/f 曲线中的多条直线，用于恒转矩负载。其中 1 号线为基本 U/f 曲线，编号越大，电压补偿量也越大。对于二次方率负载则提供了两条低减线，如图 2-7 中的 01 号和 02 号线。

2.6　保护控制功能

1. 过电流保护控制

变频器运行中，如遇到突变性电流或者峰值电流超过变频器允许值的情况，都会引起变频器过电流保护。

过电流的原因：

（1）拖动系统运行过程中，负载发生突变，出现过电流；

（2）对于大惯性负载，而且升/降速时间设置得比较短也将导致过电流；

（3）外部故障引起的过电流，如电动机堵转，变频器输出侧短路或接地等。

2. 过电流处理方法

无论是负载突变，还是升/降速过程中短时间的过电流，总是不可避免的。

因此，对变频器过电流的处理原则是尽量避免跳闸。为此，变频器具有防止跳闸的自处理功能，也称防失速功能。只有当冲击电流峰值过大时，才迅速跳闸，使变频器得到保护。

（1）负载突变。当变频器在运行中出现过电流时，为使变频器不发生报警或停车，用户可根据电动机额定电流和负载的具体情况设定一个限值电流 I_{SET}。当电流超过设定限值 I_{SET} 时，变频器先是将输出频率适当降低，待电流低于限值 I_{SET} 时，工作频率再逐渐恢复，如图 2-8 所示。

（2）升/降速时间过短。在升/降速过程中，当电流超过设定限值 I_{SET} 时，变频器将暂时停止升/降速，待电流下降到限值 I_{SET} 以下时，再进行升/降速动作。可见，经过这样处理后，延长了升/降速时间，如图 2-9 所示。

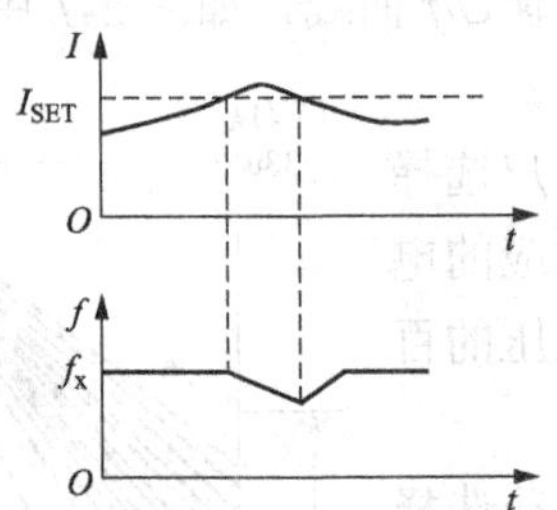

图 2-8　运行中过电流自处理

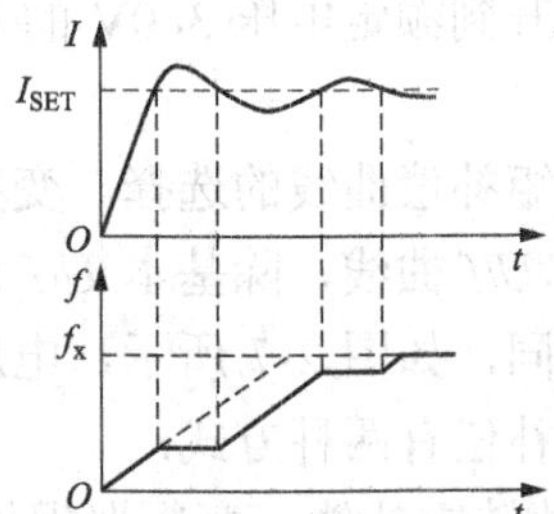

图 2-9　升速中过电流自处理

（3）防止失速功能与参数设置。如果给定的加速或减速时间过短，变频器的输出频率变化远远超过电动机转速的变化，变频器将因过电流和再生电压过高而跳闸，运行停止，这种现象称作失速。为了防止失速，使电动机继续运行，要检测出电流和再生电压大小以进行频率控制，适当抑制加减速速率，可预防失速。

3. 电子热保护

电子热保护，主要是针对电动机过载进行保护。其保护的主要依据是电动机的温升。如长时间低速运行时，因电动机冷却能力下降而出现过热。电子热保护功能与参数设置如下：

（1）电子过热保护功能设置码：Pr.9；

（2）参数码设定范围：0～500A。

2.7　适用负载选择功能

在使用变频器时，对于不同的负载，要选择与负载最相适宜的 U/f 输出特性。其功能与参数设置如下：

（1）适用负载选择功能设置码：Pr.14。

（2）参数码设定范围：

1）“0” 适用于恒转矩负载，如图 2-10（a）所示；

2）“1” 适用于二次方律负载，如图 2-10（b）所示；

3）“2” 适用于势能负载，正转时按 Pr.0 的设定值，反转时转矩补偿为 0%，如图 2-10（c）

所示；

4）“3”适用于势能负载，正转时转矩补偿为 0%，反转时按 Pr.0 的设定值，如图 2-10（d）所示。

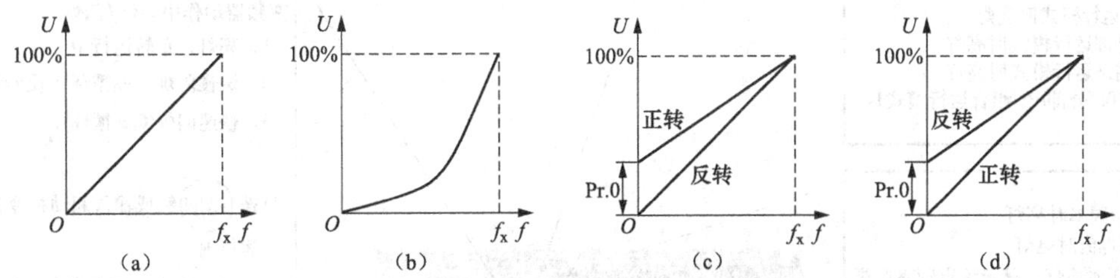

图 2-10　与负载相适应的输出曲线

（a）恒转矩负载；（b）二次方律负载；（c）势能负载；（d）势能负载

子任务二　三菱变频器 D700 系列操作训练

任务要求

1. 了解三菱变频器的铭牌含义及其基本控制功能。

2. 掌握三菱变频器外端子的分类、分布，各类端子功能及连接控制方式。

3. 掌握三菱变频器的程序输入方法（下拉菜单式操作）、运行控制方法、监视方法。

4. 掌握三菱变频器功能参数码的分类原则，学会利用产品手册对变频器进行使用、维护和故障检修。

2.8　技能训练一　D700 系列变频器面板操作

1. 训练目的

（1）掌握三菱变频器操作面板各个键的含义；

（2）会设置三菱变频器参数；

（3）会接三菱变频器主回路；

（4）会通过面板操作模式起动电动机。

2. 所需设备

本项目所需要的设备见表 2-2。

表 2-2　实训设备清单

序号	名　称	型号与规格	数　量
1	PLC 实训装置（S7-200）	THPFSM-2	1
2	变频器实训挂箱	C11	1
3	三相异步电动机	WDJ26	1
4	光电转速表		1
5	导线		若干

3. 变频器面板简介

D720 变频器操作面板上各按键的含义如表 2-3 和图 2-11 所示。

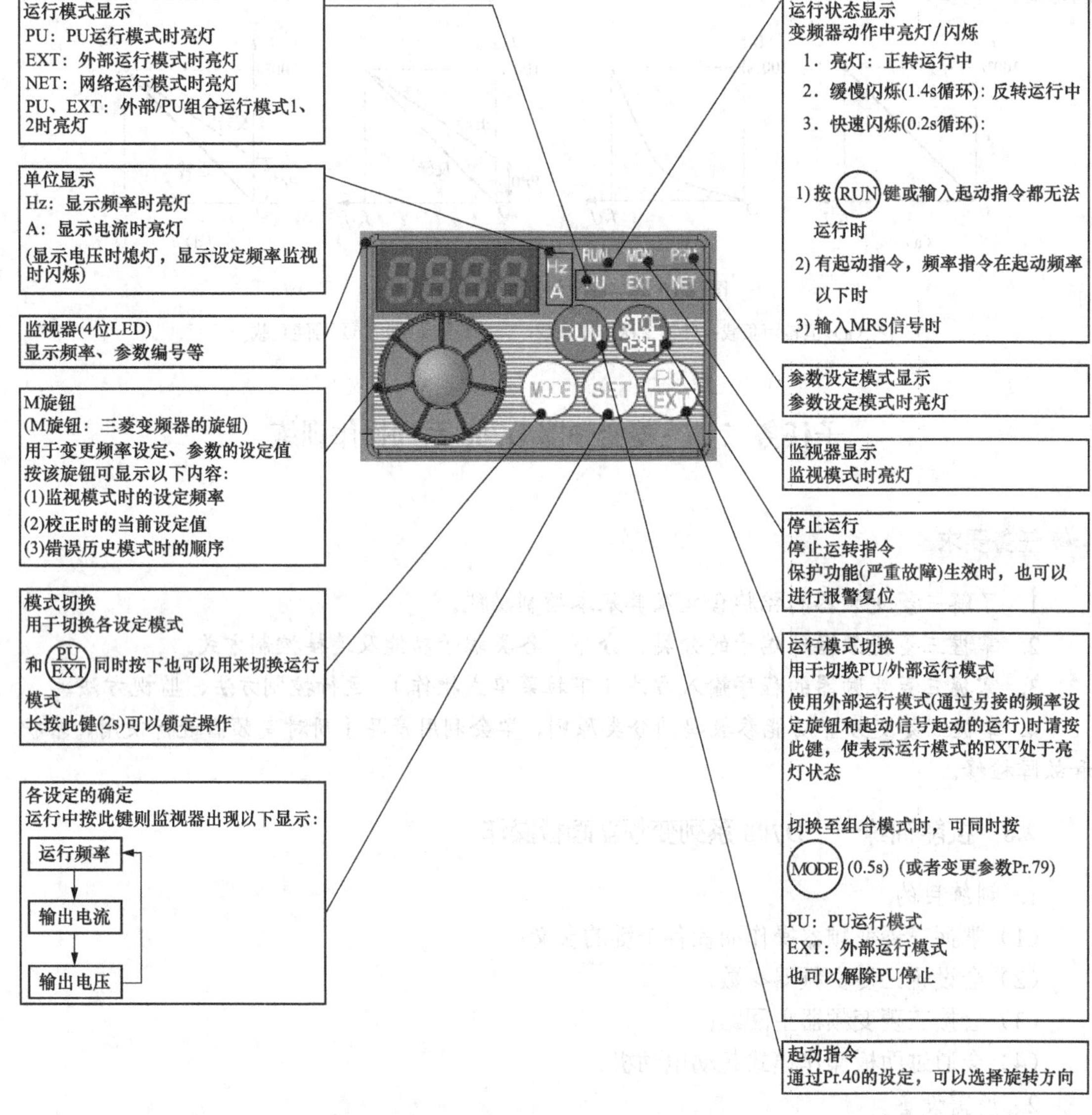

图 2-11 三菱变频器面板示意图

注：操作面板不能从变频器上拆下。

表 2-3　　FR-D720 变频器操作面板按键的含义

按键	含义	说明
MODE	模式切换	用于切换各设定模式，长按此键（2s）可以锁定操作
RUN	起动指令	通过 Pr.40 的设定，可以选择旋转方向
STOP/RESET	停止指令	保护功能（严重故障）生效时，也可以进行报警复位
SET	确定指令	各设定的确定

续表

按键	含义	说　　明
PU/EXT	运行模式切换	用于切换面板/外部运行模式
M 旋钮	用于变更频率设定、参数的设定值	（1）监视模式时的设定频率 （2）校正时的当前设定值 （3）报警历史模式时的顺序

4. 变频器型号简介

三菱 FR-D700 系列的变频器属于通用紧凑型多功能变频器，在变频器的前盖板上会有变频器型号，如 FR-D720S-1.5K-CHT，具体含义是：

FR 代表变频器，根据输入电压的不同，单相变频器和三相变频器分别用符号 D720S 和 D740 表示（日本产的通用变频器的额定输入电压往往是 200、220V 和 400、440V 共用不再细分），1.5kW 代表变频器的容量，需要说明的是日系变频器的容量往往是该变频器适配电动机（8 极以下）的有功功率，具体如 2-12 图所示。变频器 720S 型号主要参数指标见表 2-4。

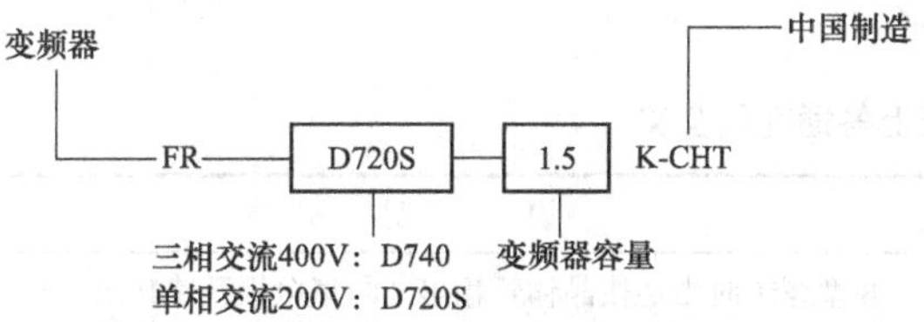

变频器
中国制造
FR— D720S — 1.5 K-CHT
三相交流400V：D740　变频器容量
单相交流200V：D720S

图 2-12　三菱 D700 系列型号含义

表 2-4　　变频器 D720S 主要参数指标

型号 FR-D720S-□K-CHT		0.1	0.2	0.4	0.75	1.5	2.2
适用电动机容量（kW）		0.1	0.2	0.4	0.75	1.5	2.2
输出	额定容量（kVA）	0.3	0.5	1.0	1.6	2.8	3.8
	额定电流（A）	0.8	1.4	2.5	4.2	7.0	10.0
	过载额定电流	150%，60s；200%，0.5s（反限时特性）					
	电压	3 相 200～240V					
电源	额定输入交流电压/频率	单相 200～240V　50Hz/60Hz					
	交流电压容许波动范围	170～264V　50Hz/60Hz					
	频率容许波动范围	±5%					
	额定容量（kVA）	0.5	0.9	1.5	2.3	4.0	5.2
保护结构（JEM 1030）		封闭式（IP20）					
冷却方式		自冷				强制冷风	
大约质量（kg）		0.5	0.6	0.9	1.1	1.5	1.9

FR-D720 变频器操作面板上各发光二极管的含义见表 2-5。

表 2-5　　FR-D720 变频器操作面板上各发光二极管的含义

发光二极管	含义	说　明
4 位 LED	显示器	显示频率、电流、参数编号等值
RUN	运行模式时，灯亮	

续表

<table>
<tr><th>发光二极管</th><th>含义</th><th>说　明</th></tr>
<tr><td>MON</td><td>监视模式时，灯亮</td><td></td></tr>
<tr><td>PRM</td><td>参数设定模式时，灯亮</td><td rowspan="3">当 EXT 和 PU 灯同时亮时，表示变频器为组合运行模式</td></tr>
<tr><td>PU</td><td>面板运行模式时，灯亮</td></tr>
<tr><td>EXT</td><td>外部运行模式时，灯亮</td></tr>
<tr><td>NET</td><td>网络运行模式时，灯亮</td><td rowspan="3"></td></tr>
<tr><td>Hz</td><td>显示频率时，灯亮</td></tr>
<tr><td>A</td><td>显示电流时，灯亮</td></tr>
</table>

C11 变频器实训挂箱上各插孔的含义见表 2-6。

表 2-6　　C11 变频器实训挂箱上各插孔的含义

<table>
<tr><th>插孔名</th><th colspan="2">含义</th><th>说　明</th></tr>
<tr><td rowspan="3">PC</td><td colspan="2">外部晶体管公共端（漏型）（初始设定）</td><td>漏型逻辑时当连接晶体管输出（即集电极开路输出），例如可编程控制器（PLC）时，将晶体管输出用的外部电源公共端接到该端子时，可以防止因漏电引起的误动作</td></tr>
<tr><td colspan="2">接点输入公共端（源型）</td><td>接点输入端子（源型逻辑）的公共端子</td></tr>
<tr><td colspan="2">DC24V 电源</td><td>可作为 DC24V、0.1A 的电源使用</td></tr>
<tr><td>STF</td><td colspan="2">正转起动：STF 信号 ON 时为正转、OFF 时为停止指令</td><td rowspan="2">STF、STR 信号同时 ON 时变成停止指令</td></tr>
<tr><td>STR</td><td colspan="2">反转起动：STR 信号 ON 时为反转、OFF 时为停止指令</td></tr>
<tr><td>RH</td><td rowspan="3">多段速设定</td><td>高速</td><td rowspan="3">用 RH、RM、RL 信号的组合，可以选择多段速度</td></tr>
<tr><td>RM</td><td>中速</td></tr>
<tr><td>RL</td><td>低速</td></tr>
<tr><td rowspan="3">SD</td><td colspan="2">接点输入公共端（漏型）（初始设定）</td><td>接点输入端子（漏型逻辑）</td></tr>
<tr><td colspan="2">外部晶体管公共端（源型）</td><td>源型逻辑时当连接晶体管输出（即集电极开路输出），例如可编程控制器（PLC）时，将晶体管输出用的外部电源公共端接到该端子时，可以防止因漏电引起的误动作</td></tr>
<tr><td colspan="2">DC24V 电源公共端</td><td>DC24V　0.1A 电源（端子 PC）的公共输出端子；与端子 5 及端子 SE 绝缘</td></tr>
<tr><td>10</td><td colspan="2">频率设定用电源</td><td>作为外接频率设定（速度设定）用电位器时的电源使用</td></tr>
<tr><td>2</td><td colspan="2">频率设定（电压）</td><td>如果输入 DC 0～5V（或 0～10V），在 5V（或 10V）时为最大输出频率；通过 Pr.73 进行 DC 0～5V（初始设定）和 DC 0～10V 输入的切换操作</td></tr>
<tr><td>5</td><td colspan="2">频率设定公共端</td><td>是频率设定信号（端子 2 或 4）及端子 AM 的公共端子；请勿接大地</td></tr>
<tr><td>4</td><td colspan="2">频率设定（电流）</td><td>如果输入 DC4～20mA（或 0～5V，0～10V），在 20mA 时为最大输出频率，输入输出成比例；只有 AU 信号为 ON 时端子 4 的输入信号才会有效（端子 2 的输入将无效）；通过 Pr.267 进行 4～20mA（初始设定）和 DC0～5V、DC0～10V 输入的切换操作</td></tr>
</table>

续表

插孔名	含义	说　　明
A、B、C	继电器输出（异常输出）	指示变频器因保护功能动作时输出停止的1c接点输出；异常时：B-C间不导通（A-C间导通），正常时：B-C间导通（A-C间不导通）
RUN	变频器正在运行	变频器输出频率大于或等于起动频率（初始值0.5Hz）时为低电平，已停止或正在直流制动时为高电平 低电平表示集电极开路输出用的晶体管处于ON（导通状态）；高电平表示处于OFF（不导通状态）
SE	集电极开路输出公共端	端子RUN的公共端子
AM	模拟电压输出	（1）可以从多种监视项目中选一种作为输出 （2）变频器复位中不被输出 （3）输出信号与监视项目的大小成比例
RS-485		通过PU接口，可进行RS-485通信： （1）标准规格：EIA-485（RS-485） （2）传输方式：多站点通信 （3）通信速率：4800～38400bit/s
L、N	变频器输入	接交流220V工频电源
U、V、W	变频器输出	接三相异步电动机

5. 控制要求

不需要通过外部按钮开关设备，直接通过变频器上的(RUN)键，控制电动机的起动；通过变频器上的(STOP/RESET)键，控制电动机的停止；通过变频器上的M旋钮控制频率，从而改变电动机的运行速度。

6. 参数功能表及接线图

（1）参数功能表见表2-7。

表2-7　变频器参数功能表

序号	变频器参数	出厂值	设定值	功　能　说　明
1	P160	9999	0	扩张功能显示选择
2	P161	0	1	频率设定/键盘锁定操作选择
3	P79	0	1	运行模式选择

（2）变频器外部接线如图2-13所示。

7. 操作步骤

（1）将实训装置左下角“三相交流输出”端的W1（红孔）、N1（黑孔）分别接至“变频器挂箱”左下角的L（红孔）、N（黑孔）端。

（2）按照变频器外部接线图将变频器的输出端U（黄色）、V（绿色）、W（红色）分别接至电动机的A（黄色）、B（绿色）、C（红色）三端。将三相电动机接成Y形，即将电动机的一端X、Y、Z全部接在一起。

（3）将实训装置的“总电源”即空气开关闭合，使得实训装置通电。

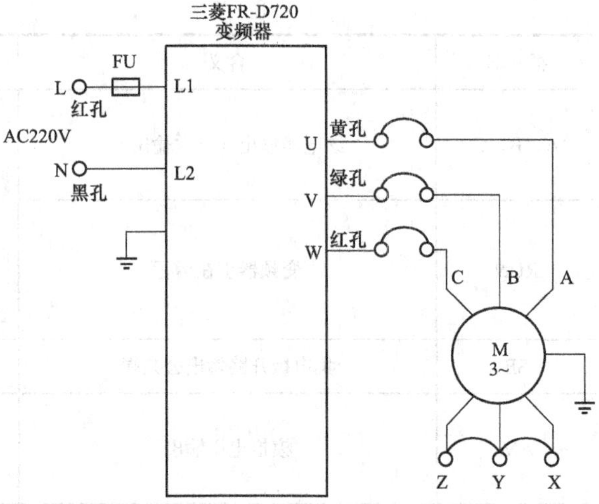

图 2-13 变频器外部接线图

（4）电路连接好并检查无误后，方可按下实训装置左下角“电源总开关”中的起动按钮（绿色），将三相电源接通。

（5）拨动变频器的电源开关至“开”的位置。使变频器开始工作，按照参数功能表正确设置变频器参数。

（6）实训结束，将变频器断电，再按下实训装置左下角“电源总开关”中的“停止”按钮（红色），将三相电源断电。

（7）实训完毕，应及时关闭实训装置电源开关，并及时清理实训板面，整理好连接导线并放置规定的位置。

8. 面板操作

设置变频器参数的具体步骤如下：

（1）设置上升时间 P7，见表 2-8。

表 2-8 设置上升时间 P7

序号	操作步骤	显示结果
1	按PU/EXT键，选择 PU 操作模式	PU 显示灯亮 0.00
2	按MODE键，进入参数设定模式	PRM 显示灯亮 P. 0
3	拨动设定用旋钮，选择参数号码 P7	P. 7
4	按SET键，读出当前的设定值	5
5	拨动设定用旋钮，将设定值变为 10	10
6	按SET键，完成设定	10 P. 7 闪烁
7	按 2 下SET键，即进入到下一个参数的设定	

（2）设置恢复出厂值，见表 2-9。

表 2-9 设置恢复出厂值

序号	操作步骤	显示结果
1	按PU/EXT键，选择 PU 操作模式	PU 显示灯亮 0.00
2	按MODE键，进入参数设定模式	PRM 显示灯亮 P. 0

续表

序号	操　作　步　骤	显示结果
3	拨动设定用旋钮，选择参数号码 ALLC	ALLC 参数全部清除
4	按(SET)键，读出当前的设定值	0
5	拨动设定用旋钮，将设定值变为 1	1
6	按(SET)键，完成设定	1 ALLC 闪烁
7	按 2 下(SET)键，即进入到下一个参数的设定	

（3）设置参数 P161，见表 2-10。

表 2-10　　设 置 参 数 P161

序号	操　作　步　骤	显示结果
1	按(PU/EXT)键，选择 PU 操作模式	PU 显示灯亮 0.00 PU
2	按(MODE)键，进入参数设定模式	PRM 显示灯亮 P. 0 PRM
3	拨动设定用旋钮，选择参数号码 P161	P.161
4	按(SET)键，读出当前的设定值	0
5	拨动设定用旋钮，将设定值变为 1	1
6	按(SET)键，完成设定	1 P.161 闪烁
7	按 2 下(SET)键，即进入到下一个参数的设定	

（4）设置频率运行参数，见表 2-11。

表 2-11　　设 置 频 率 运 行

序号	操　作　步　骤	显示结果
1	按(PU/EXT)键，选择 PU 操作模式	PU 显示灯亮 0.00 PU
2	旋转设定用旋钮，将频率该为设定值	50.00 闪烁约5s
3	按(SET)键，设定值频率	50.00 F 闪烁
4	闪烁 3s 后显示回到 0.0，按(RUN)键运行	3s后 0.00 → 50.00

续表

序号	操 作 步 骤	显示结果
5	按(STOP/RESET)键，停止	50.00 → 0.00

9. 运行调试

（1）按(RUN)键运行变频器，观察三相异步电动机的运行情况。

（2）旋转◎控制变频器的输出频率，观察变频器的输出有什么变化？三相异步电动机的工作又有什么变化？自行给出几组值，分析变化情况。

2.9 技能训练二 D700系列变频器外部端子的点动控制

1. 训练目的

（1）了解三菱变频器外部控制端子的功能。

（2）掌握三菱变频器数字量外部端子外部运行模式的操作方法。

（3）能完成三菱变频器数字量外部端子运行模式外部线路的连接。

2. 所需设备

本项目所需要的设备见表2-12。

表2-12 实训设备清单

序号	名 称	型号与规格	数 量
1	PLC实训装置（S7-200）	THPFSM-2	1
2	变频器实训挂箱	C11	1
3	三相异步电动机	WDJ26	1
4	光电转速表		1
5	导线		若干

3. 控制要求

（1）运用操作面板改变电动机起动的点动运行频率和加、减速时间。

（2）通过操作面板控制电动机起动RUN/停止STOP，按下按钮“SB0”电动机起动，松开按钮“SB0”电动机停止。

4. 三菱变频器内部结构

三菱变频器内部结构如图2-14所示。

5. 参数功能表及接线图

（1）参数功能表。设置参数前先将变频器参数复位为工厂的默认设定值（将ALLC设为1）。变频器参数说明见表2-13。

表2-13 变频器参数功能表

序号	变频器参数	出厂值	设定值	功 能 说 明
1	P1	120	50	上限频率（50Hz）
2	P2	0	0	下限频率（0Hz）
3	P9	0	0.35	电子过电流保护（0.35A）

续表

序号	变频器参数	出厂值	设定值	功　能　说　明
4	P160	9999	0	扩张功能显示选择
5	P79	0	3	运行模式选择
6	P15	5	20.00	点动频率（20Hz）
7	P16	0.5	0.5	点动加减速时间（0.5s）
8	P180	0	5	设定 RL 为点动运行选择信号

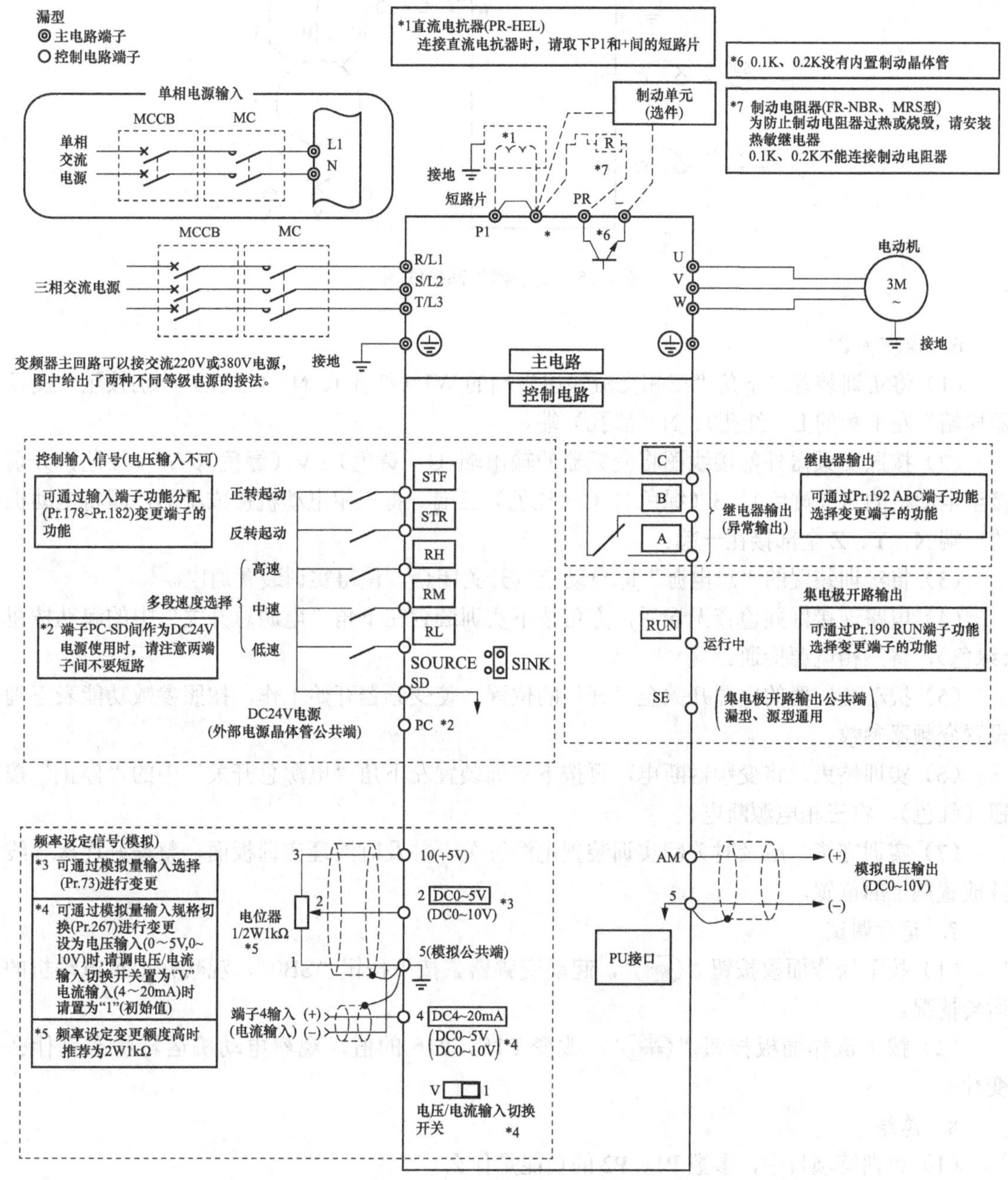

图 2-14　三菱变频器内部结构图

（2）变频器外部接线如图 2-15 所示。

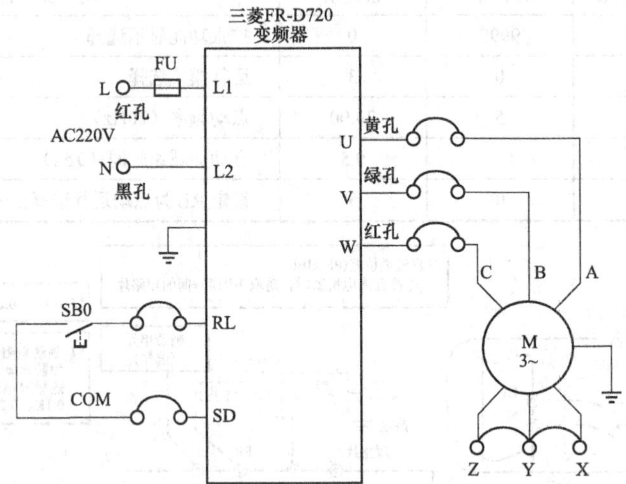

图 2-15 变频器外部接线图

6. 操作步骤

（1）将实训装置左下角“三相交流输出”端的 W1（红孔）、N1（黑孔）分别接至“变频器挂箱”左下角的 L（红孔）、N（黑孔）端。

（2）按照变频器外部接线图将变频器的输出端 U（黄色）、V（绿色）、W（红色）分别接至电动机的 A（黄色）、B（绿色）、C（红色）三端。将三相电动机接成星形，即将电动机的一端 X、Y、Z 全部接在一起。

（3）将实训装置的“总电源”即自动空气开关闭合，使得实训装置通电。

（4）电路连接好并检查无误后，方可按下实训装置左下角“电源总开关”中的起动按钮（绿色），将三相电源接通。

（5）拨动变频器的电源开关至“开”的位置。使变频器开始工作，按照参数功能表正确设置变频器参数。

（6）实训结束，将变频器断电，再按下实训装置左下角“电源总开关”中的“停止”按钮（红色），将三相电源断电。

（7）实训完毕，应及时关闭实训装置电源开关，并及时清理实训板面，整理好连接导线并放置规定的位置。

7. 运行调试

（1）按下操作面板按钮“RUN”，起动变频器。按下按钮“SB0”，观察并记录电动机的运转情况。

（2）按下操作面板按钮“STOP/RESET”，改变 P15、P16 的值，观察电动机运转状态有什么变化。

8. 总结

（1）该训练项目中，参数 P1、P2 的功能是什么？

（2）该训练项目中，参数 P79 的功能是什么？

2.10 技能训练三 D700系列变频器控制三相异步电动机正反转

1. 训练目的

（1）掌握三菱变频器正、反转外部端子的使用方法。

（2）理解三菱变频器参数 P79=2 或 P79=3 的区别。

（3）掌握三菱变频器与外部设备的连接方法。

2. 所需设备

本项目所需要的设备见表 2-14。

表 2-14 实训设备清单

序号	名称	型号与规格	数量
1	PLC 实训装置（S7-200）	THPFSM-2	1
2	变频器实训挂箱	C11	1
3	三相异步电动机	WDJ26	1
4	光电转速表		1
5	导线		若干

3. 控制要求

通过外部端子控制电动机正转/反转。按下按钮“SB1”电动机正转，按下按钮“SB2”电动机反转。

4. 参数功能表及接线图

（1）参数功能表。设置参数前先将变频器参数复位为工厂的默认设定值（将 ALLC 设为 1）。变频器参数功能见表 2-15。

表 2-15 变频器参数功能表

序号	变频器参数	出厂值	设定值	功能说明
1	P1	120	50	上限频率（50Hz）
2	P2	0	0	下限频率（0Hz）
3	P7	5	10	加速时间（10s）
4	P8	5	10	减速时间（10s）
5	P9	0	0.35	电子过电流保护（0.35A）
6	P160	9999	0	扩张功能显示选择
7	P79	0	3	运行模式选择
8	P179	61	61	STR 反向起动信号

（2）变频器外部接线如图 2-16 所示。

5. 操作步骤

（1）将实训装置左下角“三相交流输出”端的 W1（红孔）、N1（黑孔）分别接至“变频器挂箱”左下角的 L（红孔）、N（黑孔）端。

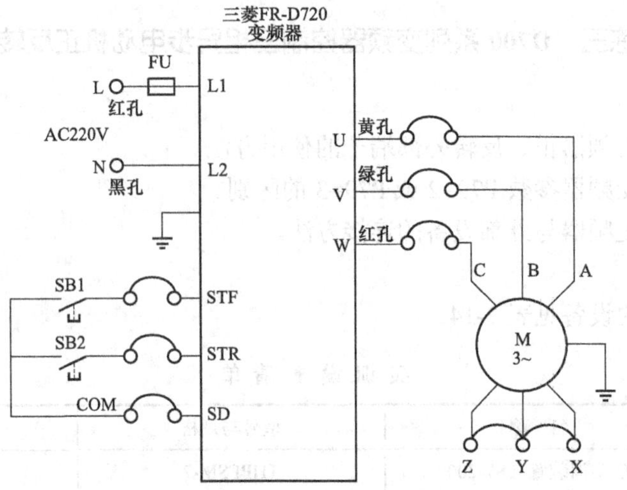

图 2-16 变频器外部接线图

（2）按照变频器外部接线图将变频器的输出端 U（黄色）、V（绿色）、W（红色）分别接至电动机的 A（黄色）、B（绿色）、C（红色）三端。将三相电动机接成星形，即将电动机的一端 X、Y、Z 全部接在一起。

（3）将实训装置的“总电源”即空气开关闭合，使得实训装置通电。

（4）电路连接好并检查无误后，方可按下实训装置左下角“电源总开关”中的起动按钮（绿色），将三相电源接通。

（5）拨动变频器的电源开关至“开”的位置。使变频器开始工作，按照参数功能表正确设置变频器参数。

（6）实训结束，将变频器断电，再按下实训装置左下角“电源总开关”中的“停止”按钮（红色），将三相电源断电。

（7）实训完毕，应及时关闭实训装置电源开关，并及时清理实训板面，整理好连接导线并放置规定的位置。

6. 运行调试

（1）用旋钮◎设定变频器运行频率。按下按钮 SB1，观察并记录电动机运转情况。

（2）松开按钮 SB1，按下按钮 SB2，观察并记录电动机的运转情况。

（3）改变 P7、P8 的值，观察电动机运转状态有什么变化。

7. 总结

（1）该实训项目中，参数 P1、P2 的功能是什么？

（2）该实训项目中，参数 P7、P8 的功能是什么？

（3）该实训项目中，参数 P79 的功能是什么？

2.11 技能训练四 D700 系列变频器常用功能训练

1. 训练目的

（1）会对三菱变频器面板进行锁定。

（2）会使用三菱变频器参数扩展功能。

2. 变频器键盘锁定操作

操作锁定［长按［MODE］（2s）］。

（1）Pr.161 设置为“10 或 11”，然后按住“MODE”键 2s 左右，此时 M 旋钮与键盘操作均变为无效。

（2）M 旋钮与键盘操作无效化后操作面板会显示 HOLD 字样。在 M 旋钮、键盘操作无效的状态下，旋转 M 旋钮或者进行键盘操作将显示 HOLD（2s 之内不操作 M 旋钮及键盘时则回到监视画面）。

（3）如果想再次使 M 旋钮与键盘操作有效，请按住“MODE”键 2s 左右。

对变频器面板进行锁定可以防止参数变更、意外起动变频器或频率突然变化，使操作面板的 M 旋钮、键盘操作无效化。

具体操作步骤及各步参数显示如图 2-17 所示。

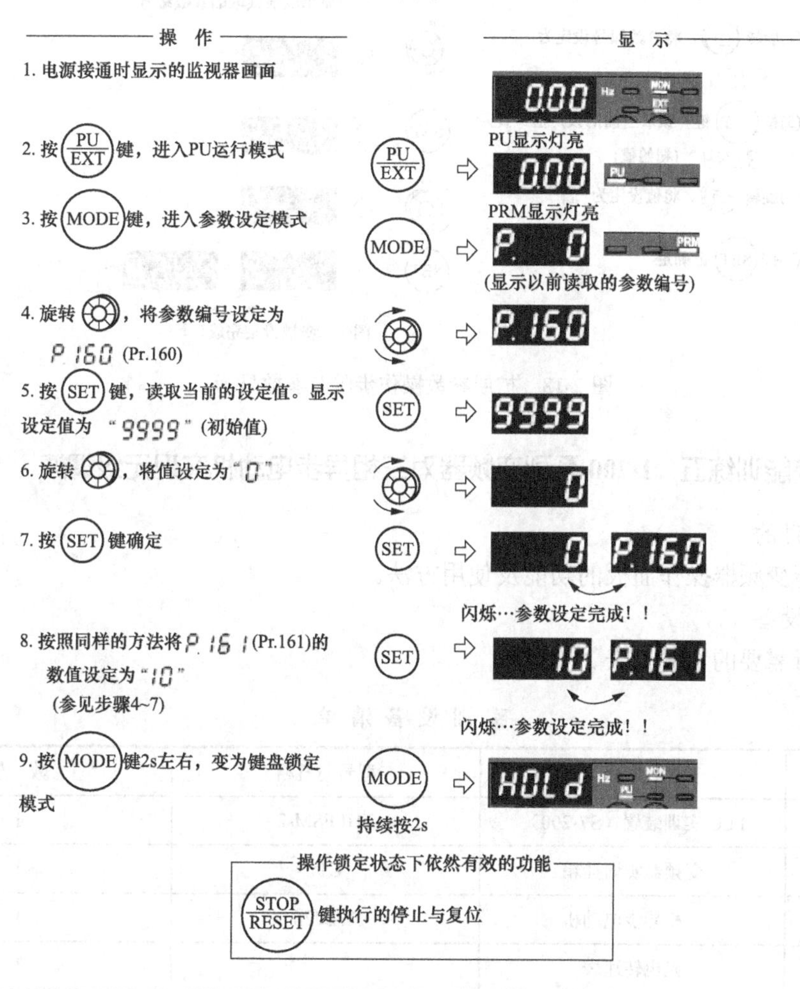

图 2-17　键盘锁定操作步骤及参数显示

3. 变频器输出显示操作

在变频器运行时，如何操作显示变频器输出电压、电流和频率，按住三菱变频器操作面板 SET 按键即可。

4. 变频器扩展参数操作

变频器恢复出厂值以后，只有基本参数可以看到，若要看到其他操作，应该找到变频器参数P160，将其出厂值改为1。

具体操作步骤及各参数显示如图2-18所示。

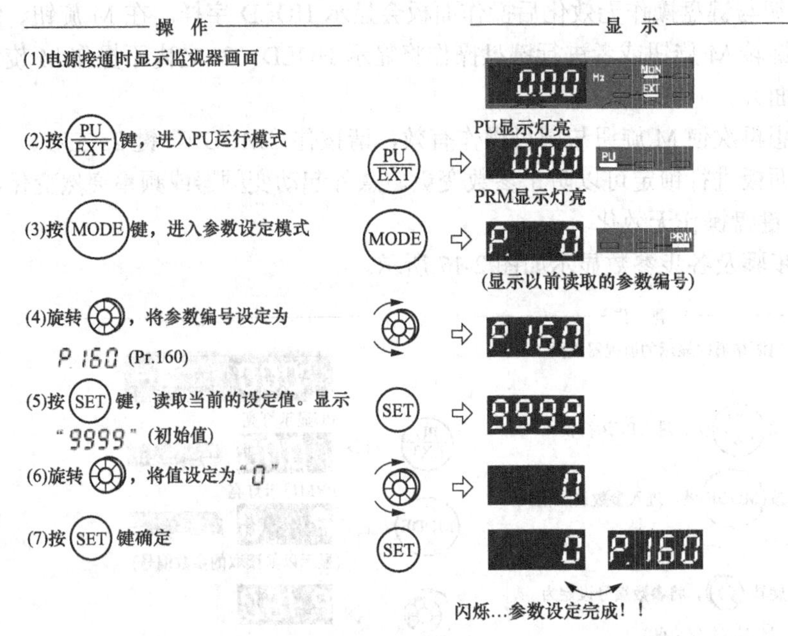

图2-18 扩展参数操作步骤及参数显示

2.12 技能训练五 D700系列变频器对三相异步电动机实现无级调速

1. 训练目的

掌握三菱变频器操作面板的功能及使用方法。

2. 所需设备

本项目所需要的设备见表2-16。

表2-16 实训设备清单

序号	名 称	型号与规格	数 量
1	PLC实训装置（S7-200）	THPFSM-2	1
2	变频器实训挂箱	C11	1
3	三相异步电动机	WDJ26	1
4	光电转速表		1
5	导线		若干

3. 控制要求

（1）通过操作面板控制电动机起动/停止。

（2）运用操作面板改变电动机的运行频率和加减速时间。

4. 参数功能表及接线图

（1）参数功能表。设置参数前先将变频器参数复位为工厂的默认设定值（将 ALLC 设为 1）。变频器参数功能表见表 2-17。

表 2-17　　变频器参数功能表

序号	变频器参数	出厂值	设定值	功能说明
1	P1	120	50	上限频率（50Hz）
2	P2	0	0	下限频率（0Hz）
3	P7	5	5	加速时间（5s）
4	P8	5	5	减速时间（5s）
5	P9	0	0.35	电子过电流保护（0.35A）
6	P160	9999	0	扩张功能显示选择
7	P79	0	1	运行模式选择
8	P161	0	1	频率设定操作选择

（2）变频器外部接线如图 2-13 所示。

5. 操作步骤

（1）将实训装置左下角“三相交流输出”端的 W1（红孔）、N1（黑孔）分别接至“变频器挂箱”左下角的 L（红孔）、N（黑孔）端。

（2）按照变频器外部接线图将变频器的输出端 U（黄色）、V（绿色）、W（红色）分别接至电动机的 A（黄色）、B（绿色）、C（红色）三端。将三相电动机接成 Y 形，即将电动机的一端 X、Y、Z 全部接在一起。

（3）将实训装置的“总电源”即自动空气开关闭合，使得实训装置通电。

（4）电路连接好并检查无误后，方可按下实训装置左下角“电源总开关”中的起动按钮（绿色），将三相电源接通。

（5）拨动变频器的电源开关至“开”的位置。使变频器开始工作，按照参数功能表正确设置变频器参数。

（6）实训结束，将变频器断电，再按下实训装置左下角“电源总开关”中的“停止”按钮（红色），将三相电源断电。

（7）实训完毕，应及时关闭实训装置电源开关，并及时清理实训板面，整理好连接导线并放置规定的位置。

6. 运行调试

（1）按下操作面板按钮“RUN”，起动变频器。

（2）旋转频率设定旋钮“◎”，增加、减小变频器输出频率，观察电动机的运行情况。自己给出几组值记录频率和电动机转速的变化情况。

（3）按下操作面板按钮“STOP/RESET”，停止变频器。

7. 总结

（1）该实训项目中，参数 P1、P2 的功能是什么？

（2）该实训项目中，参数 P7、P8 的功能是什么？

2.13 技能训练六 D700系列变频器实现瞬时停电再起动控制

1. 训练目的

（1）会对三菱变频器实现瞬时停电再起动电动机。

（2）理解参数P57和P58的含义。

2. 所需设备

本项目所需要的设备见表2-18。

表2-18 实训设备清单

序号	名称	型号与规格	数量
1	PLC实训装置（S7-200）	THPFSM-2	1
2	变频器实训挂箱	C11	1
3	三相异步电动机	WDJ26	1
4	光电转速表		1
5	导线		若干

3. 控制要求

当变频器瞬时停电再得电时变频器自动起动。

4. 参数功能表及接线图

（1）参数功能表。设置参数前先将变频器参数复位为工厂的默认设定值（将ALLC设为1）。变频器参数功能表见表2-19。

表2-19 变频器参数功能表

序号	变频器参数	出厂值	设定值	功能说明
1	P1	120	50	上限频率（50Hz）
2	P2	0	0	下限频率（0Hz）
3	P7	5	5	加速时间（5s）
4	P8	5	5	减速时间（5s）
5	P9	0	0.35	电子过电流保护（0.35A）
6	P160	9999	0	扩张功能显示选择
7	P79	0	1	运行模式选择
8	P57	9999	0	再起动惯性时间
9	P58	1	1	再起动上升时间

（2）变频器外部接线如图2-13所示。

5. 操作步骤

（1）将实训装置左下角“三相交流输出”端的W1（红孔）、N1（黑孔）分别接至“变频器挂箱”左下角的L（红孔）、N（黑孔）端。

（2）按照变频器外部接线图将变频器的输出端 U（黄色）、V（绿色）、W（红色）分别接至电动机的 A（黄色）、B（绿色）、C（红色）三端。将三相电动机接成星形，即将电动机的一端 X、Y、Z 全部接在一起。

（3）将实训装置的“总电源”即空气开关闭合，使得实训装置通电。

（4）电路连接好并检查无误后，方可按下实训装置左下角“电源总开关”中的起动按钮（绿色），将三相电源接通。

（5）拨动变频器的电源开关至“开”的位置。使变频器开始工作，按照参数功能表正确设置变频器参数。

（6）实训结束，将变频器断电，再按下实训装置左下角“电源总开关”中的“停止”按钮（红色），将三相电源断电。

（7）实训完毕，应及时关闭实训装置电源开关，并及时清理实训板面，整理好连接导线并放置规定的位置。

6. 运行调试

（1）按下操作面板按钮(RUN)，起动变频器。

（2）关闭变频器的电源开关，待变频器屏幕变黑后，再打开电源开关，观察变频器运行情况。

（3）按下操作面板按钮(STOP/RESET)，停止变频器。

（4）将 P57 的参数该为默认值“9999”，重复上述操作，观察变频器运行情况。

7. 总结

（1）该训练项目中，参数 P79 的功能是什么？

（2）该训练项目中，参数 P57 和 P58 的功能是什么？

2.14　技能训练七　D700 系列变频器多段速度选择

1. 训练目的

（1）能实现变频器外部控制端子控制电动机三段速运行。

（2）能实现变频器外部控制端子控制电动机七段速运行。

（3）能实现变频器外部控制端子控制电动机十五段速运行。

（4）能区别变频器外部控制端子控制电动机十五段速、七段速和三段速时参数设置的不同。

2. 所需设备

本项目所需要的设备见表 2-20。

表 2-20　　实训设备清单

序号	名　称	型号与规格	数　量
1	PLC 实训装置（S7-200）	THPFSM-2	1
2	变频器实训挂箱	C11	1
3	三相异步电动机	WDJ26	1
4	光电转速表		1
5	导线		若干

3. 控制要求

（1）运用操作面板设定电动机运行频率、加减速时间。

（2）通过外部端子控制电动机多段速度运行，开关“S2”和按钮“SB1”、“SB2”、“SB3”按不同的通断状态进行组合，可选择15种不同的输出频率及转速。

4. 参数功能表及接线图

（1）参数功能表。设置参数前先将变频器参数复位为工厂的默认设定值（将ALLC设为1）。变频率参数功能见表2-21。

表2-21　　变频器参数功能表

序号	变频器参数	出厂值	设定值	功能说明
1	P1	120	50	上限频率（50Hz）
2	P2	0	0	下限频率（0Hz）
3	P7	5	5	加速时间（5s）
4	P8	5	5	减速时间（5s）
5	P9	0	0.35	电子过电流保护（0.35A）
6	P160	9999	0	扩张功能显示选择
7	P79	0	3	运行模式选择
8	P179	61	8	多段速运行指令
9	P180	0	0	多段速运行指令
10	P181	1	1	多段速运行指令
11	P182	2	2	多段速运行指令
12	P4	50	5	固定频率1
13	P5	30	10	固定频率2
14	P6	10	15	固定频率3
15	P24	9999	18	固定频率4
16	P25	9999	20	固定频率5
17	P26	9999	23	固定频率6
18	P27	9999	26	固定频率7
19	P232	9999	29	固定频率8
20	P233	9999	32	固定频率9
21	P234	9999	35	固定频率10
22	P235	9999	38	固定频率11
23	P236	9999	41	固定频率12
24	P237	9999	44	固定频率13
25	P238	9999	47	固定频率14
26	P239	9999	50	固定频率15

（2）变频器外部接线如图2-19所示。

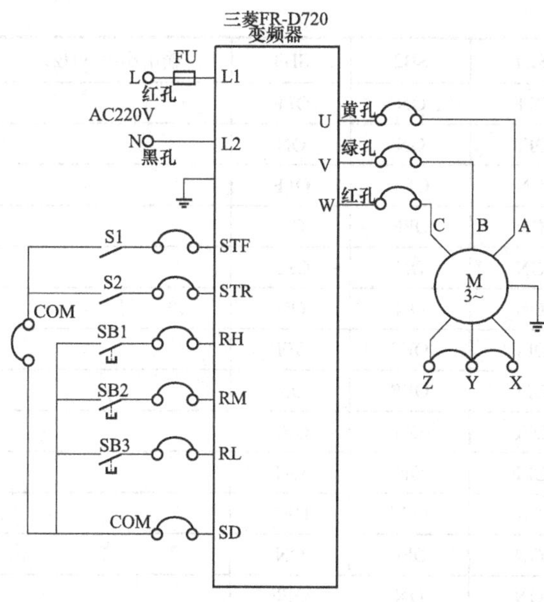

图 2-19　变频器外部接线图

5. 操作步骤

（1）将实训装置左下角“三相交流输出”端的 W1（红孔）、N1（黑孔）分别接至“变频器挂箱”左下角的 L（红孔）、N（黑孔）端。

（2）按照变频器外部接线图将变频器的输出端 U（黄色）、V（绿色）、W（红色）分别接至电动机的 A（黄色）、B（绿色）、C（红色）三端。将三相电动机接成星形，即将电动机的一端 X、Y、Z 全部接在一起。

（3）将实训装置的“总电源”即自动空气开关闭合，使得实训装置通电。

（4）电路连接好并检查无误后，方可按下实训装置左下角“电源总开关”中的起动按钮（绿色），将三相电源接通。

（5）拨动变频器的电源开关至“开”的位置。使变频器开始工作，按照参数功能表正确设置变频器参数。

（6）实训结束，将变频器断电，再按下实训装置左下角“电源总开关”中的“停止”按钮（红色），将三相电源断电。

（7）实训完毕，应及时关闭实训装置电源开关，并及时清理实训板面，整理好连接导线并放置规定的位置。

6. 运行调试

闭合开关“S1”，起动变频器。切换开关“S2”、“SB1”、“SB2”、“SB3”的通断，观察并记录变频器的输出频率及电动机的转速（见表 2-22）。

表 2-22　　**变频器输出频率及电动机转速记录表**

S1	S2	SB1	SB2	SB3	输出频率（Hz）	转速（r/min）
ON	OFF	OFF	OFF	OFF		
ON	OFF	OFF	OFF	ON		

续表

S1	S2	SB1	SB2	SB3	输出频率（Hz）	转速（r/min）
ON	OFF	OFF	ON	OFF		
ON	OFF	OFF	ON	ON		
ON	OFF	ON	OFF	OFF		
ON	OFF	ON	OFF	ON		
ON	OFF	ON	ON	OFF		
ON	OFF	ON	ON	ON		
ON	ON	OFF	OFF	OFF		
ON	ON	OFF	OFF	ON		
ON	ON	OFF	ON	OFF		
ON	ON	OFF	ON	ON		
ON	ON	ON	OFF	OFF		
ON	ON	ON	OFF	ON		
ON	ON	ON	ON	OFF		
ON	ON	ON	ON	ON		

7. 总结

（1）该训练项目中，参数 P79 的功能是什么？

（2）变频器面板上，RH、RM、RL 端口是什么功能？

2.15 技能训练八 D700 系列变频器外部模拟量控制方式的变频调速

1. 训练目的

（1）理解变频器模拟量外部端子和数字量外部端子起动电动机的区别。

（2）理解外部运行模式下变频器参数 P79=4 和 P79=3 不同。

2. 所需设备

本项目所需要的设备见表 2-23。

表 2-23 实训设备清单

序号	名 称	型号与规格	数 量
1	PLC 实训装置	THPFSM-2	1
2	变频器实训挂箱	C11	1
3	三相异步电动机	WDJ26	1
4	光电转速表		1
5	导线		若干

3. 控制要求

（1）运用操作面板改变电动机的运行频率和加减速时间。

（2）通过操作面板控制电动机的起动/停止。

（3）通过调节电位器改变输入电压来控制变频器的频率。

4. 参数功能表及接线图

（1）参数功能表。设置参数前先将变频器参数复位为工厂的默认设定值（将 ALLC 设为 1）。变频器参数功能见表 2-24。

表 2-24　变频器参数功能表

序号	变频器参数	出厂值	设定值	功能说明
1	P1	120	50	上限频率（50Hz）
2	P2	0	0	下限频率（0Hz）
3	P7	5	5	加速时间（5s）
4	P8	5	5	减速时间（5s）
5	P9	0	0.35	电子过电流保护（0.35A）
6	P73	1	1	0～5V 输入
7	P79	0	4	运行模式选择
8	P160	9999	0	扩张功能显示选择
9	P161	0	1	频率设定操作选择

（2）变频器外部接线如图 2-20 所示。

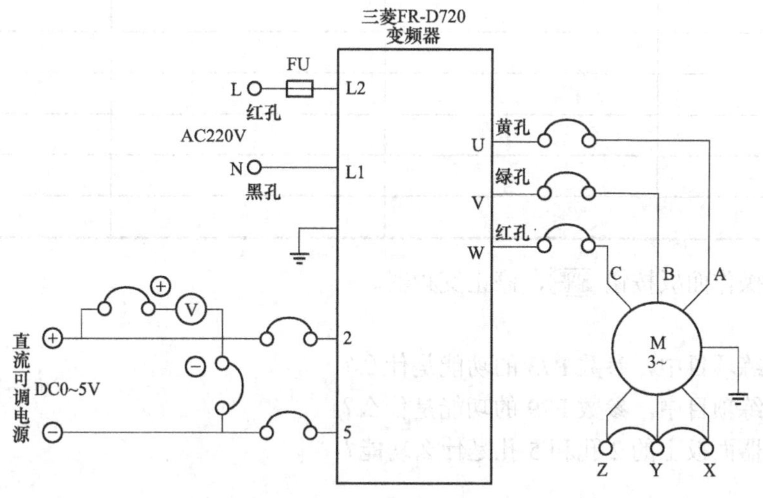

图 2-20　变频器外部接线图

5. 操作步骤

（1）将实训装置左下角“三相交流输出”端的 W1（红孔）、N1（黑孔）分别接至“变频器挂箱”左下角的 L（红孔）、N（黑孔）端。

（2）按照变频器外部接线图将变频器的输出端 U（黄色）、V（绿色）、W（红色）分别接至电动机的 A（黄色）、B（绿色）、C（红色）三端。将三相电动机接成星形，即将电动机的一端 X、Y、Z 全部接在一起。

（3）将实训装置上的 0～15V 直流可调电源的正端（红孔）与变频器的 2 孔相连，其负端（黑孔）与变频器的 5 孔相连，同时将实训装置上直流数字电压表并接在直流可调电源的正负端。

（4）将实训装置的“总电源”即自动空气开关闭合，使得实训装置通电。

（5）先将0～15V直流可调电源调在5V左右（通过直流数字电压表观察）。

（6）电路连接好并检查无误后，方可按下实训装置左下角“电源总开关”中的起动按钮（绿色），将三相电源接通。

（7）拨动变频器的电源开关至“开”的位置。使变频器开始工作，按照参数功能表正确设置变频器参数。

（8）实训结束，将变频器断电，再按下实训装置左下角“电源总开关”中的“停止”按钮（红色），将三相电源断电。

（9）实训完毕，应及时关闭实训装置电源开关，并及时清理实训板面，整理好连接导线并放置规定的位置。

6. 运行调试

（1）按下操作面板按钮(RUN)，起动变频器，观察电动机的运行情况。

（2）调节输入电压，观察并记录电动机的运转情况于表2-25。

表2-25　电动机运转情况记录表

序号	输入电压（V）	频率（Hz）	电动机转速（r/min）

（3）按下操作面板按钮(STOP/RESET)，停止变频器。

7. 总结

（1）该训练项目中，参数P73的功能是什么？

（2）该训练项目中，参数P79的功能是什么？

（3）变频器面板上的2孔和5孔是什么功能？

子任务三　西门子变频器操作训练

任务要求

1. 了解西门子变频器的结构组成及其基本控制功能。

2. 掌握西门子变频器外端子的分类、分布、各类端子功能及连接控制方式。

3. 掌握西门子变频器的程序输入方法（下拉菜单式操作）、运行控制方法、监视方法、日常维护方法。

4. 掌握西门子变频器功能参数码的分类原则，学会利用产品手册对变频器进行使用、维护和故障检修。

2.16　西门子变频器概述

MicroMaster440 是全新一代可以广泛应用的多功能标准变频器。它采用高性能的矢量控制技术，提供低速高转矩输出和良好的动态特性，同时具备超强的过载能力，以满足广泛的应用场合。创新的 BiCo（内部功能互联）功能有无可比拟的灵活性。MM440 外观如图 2-21 所示。

MM440 主要技术参数如下：

（1）电源电压：200～240V±10%，单相输入，三相输出；

（2）额定功率：0.12～0.75kW；

（3）频率：输入 47～63Hz，输出 0～650Hz；

（4）功率因数：0.98；

（5）过载能力：150%，60s；

（6）固定频率：15 个；

（7）数字输入：6 个；

（8）模拟输入：2 个；

（9）继电器输出：3 个；

（10）模拟输出：2 个；

（11）串行接口：RS-485。

图 2-21　MM440 外观图

1. 电路组成

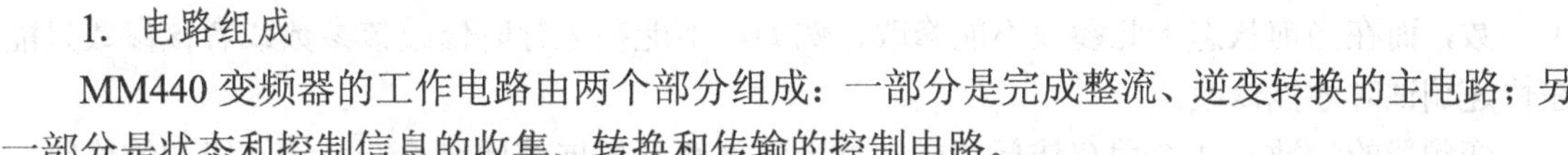

MM440 变频器的工作电路由两个部分组成：一部分是完成整流、逆变转换的主电路；另一部分是状态和控制信息的收集、转换和传输的控制电路。

电动机、变频器与电源之间的连接。首先按步骤拆卸 MM440 变频器的盖板，如图 2-22 所示。西门子 MM440 系列变频器因功率不同，外形框架大小也不同，所以拆开前盖板的方法也不同，此处以外形尺寸最小的 A 类（宽×高×深=73mm×173mm×149mm）举例说明。在拆下前盖板后，可看见 MM440 与电源和电动机的接线端子如图 2-23 所示，电动机、变频器与电源的连接方式如图 2-24 所示。接线完成后正确安装好盖板。

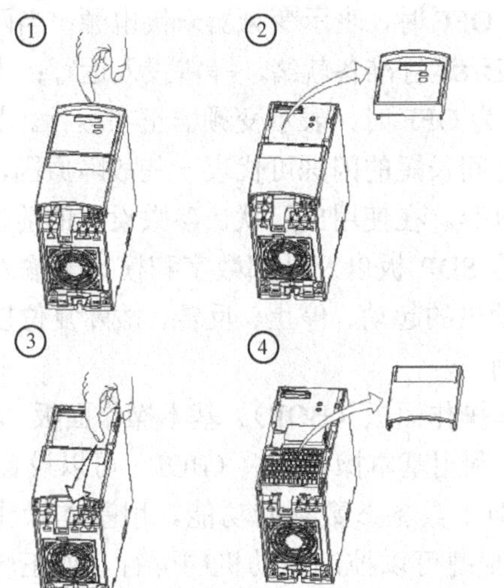

图 2-22　MM440 变频器盖板的拆卸

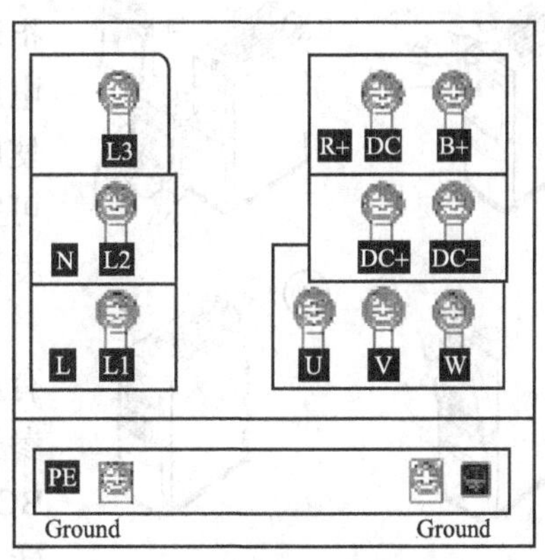

图 2-23　变频器外部端子图

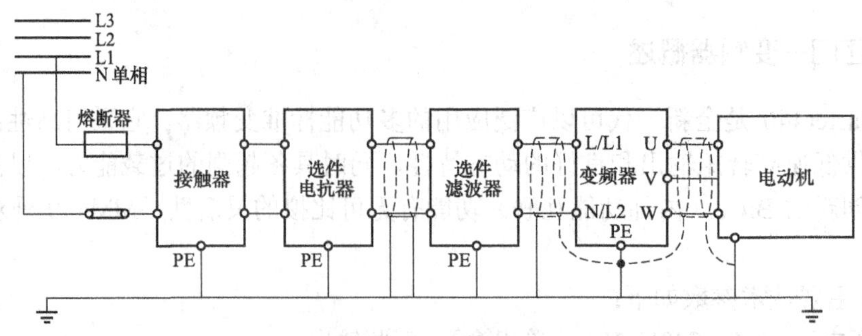

图 2-24　MM440 变频器的主电路

2. 参数介绍

变频器的参数只能用基本操作面板（BOP），高级操作面板（AOP）或者通过串行通信接口进行修改。

（1）用 BOP 可以修改和设定系统参数，使变频器具有期望的特性。例如，斜坡时间、最小和最大频率等。选择的参数号和设定的参数值在五位数字的 LCD（可选件）上显示。

只读参数用 r xxxx 表示，设置的参数用 Pxxxx 表示。

（2）P0010 起动“快速调试”，如果 P0010 被访问以后没有设定为 0，变频器将不运行。如果 P3900 大于 0，这一功能是自动完成的。

（3）P0004 的作用是过滤参数。据此可以按照功能去访问不同的参数。如果试图修改一个参数，而在当前状态下此参数不能修改，例如，不能在运行时修改该参数或者该参数只能在快速调试时才能修改。

变频器的参数有 4 个用户访问级，即标准访问级、扩展访问级、专家访问级和维修级。访问的等级由参数 P0003 来选择。

3. 变频器面板介绍

（1）状态显示板（SDP）。MM440 变频器出厂默认自带的是状态显示板（SDP），见图 2-26（a）。状态显示板（SDP）上有绿色和黄色的两个 LED 指示灯，用于指示变频器的工作状态，不具备操作修改参数的功能。当两个灯同为 OFF 时，表示变频器未接电源；当两灯同为 ON 时，表示运行准备就绪，等待投入运行；当绿灯为 ON，黄灯为 OFF 时，表示变频器正在运行。另外，指示灯不同时间长短的闪烁可代表一些故障原因，如过电压、过电流等。在使用出厂默认参数设置的前提下，使用变频器的 SDP 板以及外部数字和模拟量输入端子可完成对电动机的起动、停止、反转、故障复位以及速度调节的控制。

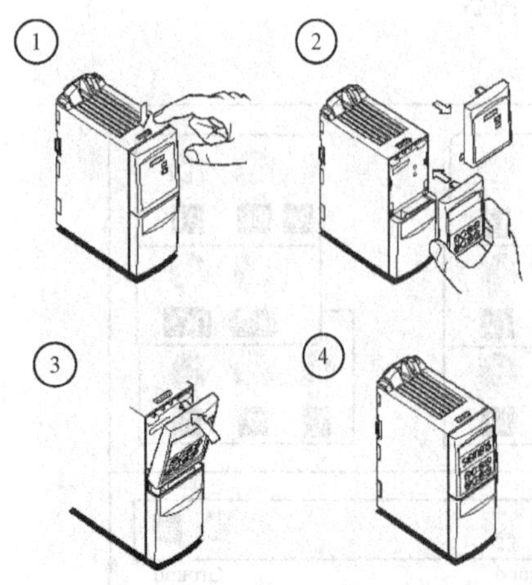

图 2-25　安装面板步骤图

（2）基本操作面板（BOP）。基本操作面板（BOP）有显示功能，利用基本操作面板（BOP）可以设置/修改参数设定值但不具备参数存储功能。用基本操作面板 BOP 上的控制键可以控制电动机的运行，如正转、反转、正向点动、反向电动、停止等。使用 BOP 面板时，需要将 SDP 面板从变频器上拆卸下来，装上基本操作面板（BOP）。安装基本操作面板（BOP）步骤如图 2-25 所示。基本操作面板（BOP）如图 2-26（b）所示。

（3）高级操作面板（AOP）。高级操作面板（AOP）是可选件，如图 2-26（c）所示。其具有基本操作面板（BOP）的显示、控制、设置/修改参数的功能；具有多种文本显示功能；可通过 PC 编程，具备多组参数的上传和下载功能；具有参数存储功能；能够连接多个站点，最多可以连接 30 台变频器。其拆装步骤与图 2-25 一致。

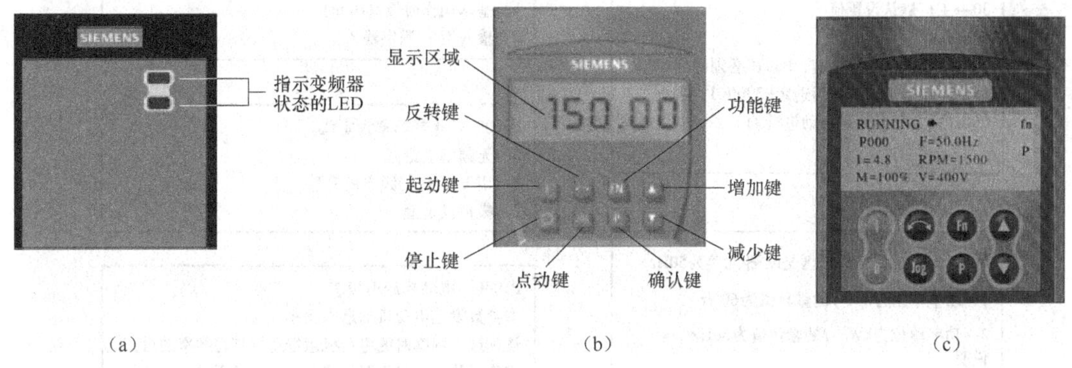

图 2-26　MM440 变频器的操作面板

（a）状态显示板（SDP）；（b）基本操作面板（BOP）；（c）高级操作面板（AOP）

2.17　技能训练一　西门子变频器功能参数设置与操作

1. 训练目的

（1）了解变频器基本操作面板（BOP）的功能。

（2）掌握用操作面板（BOP）改变变频器参数的步骤。

（3）掌握用基本操作面板（BOP）快速调试变频器的方法。

2. 所需设备

本项目所需要的设备见表 2-26。

表 2-26　实训设备清单

序号	名　称	型号与规格	数量	备注
1	PLC 实训装置（S7-200）	THPFAB-2	1	
2	导线	3 号	若干	
3	电动机	WDJ26	1 台	

3. 基本操作面板的认识与操作

熟悉 MM440 操作面板各键位置和功能。

4. 变频器快速调试（P0010=1）

在进行“快速调试”之前，必须完成变频器的机械和电气安装。P0010 的参数过滤功能和 P0003 选择用户访问级别的功能在调试时是十分重要的。MM440 变频器有三个用户访问级，即标准级、扩展级和专家级。进行快速调试时，访问级较低的用户能够看到的参数较少。这些参数的数值要么是默认设置，要么是在快速调试时进行计算时的数值。

快速调试是对电动机的参数和斜坡函数进行设定。P3900 的功能是结束快速调试，具体参数详见图 2-27 快速调试流程图。

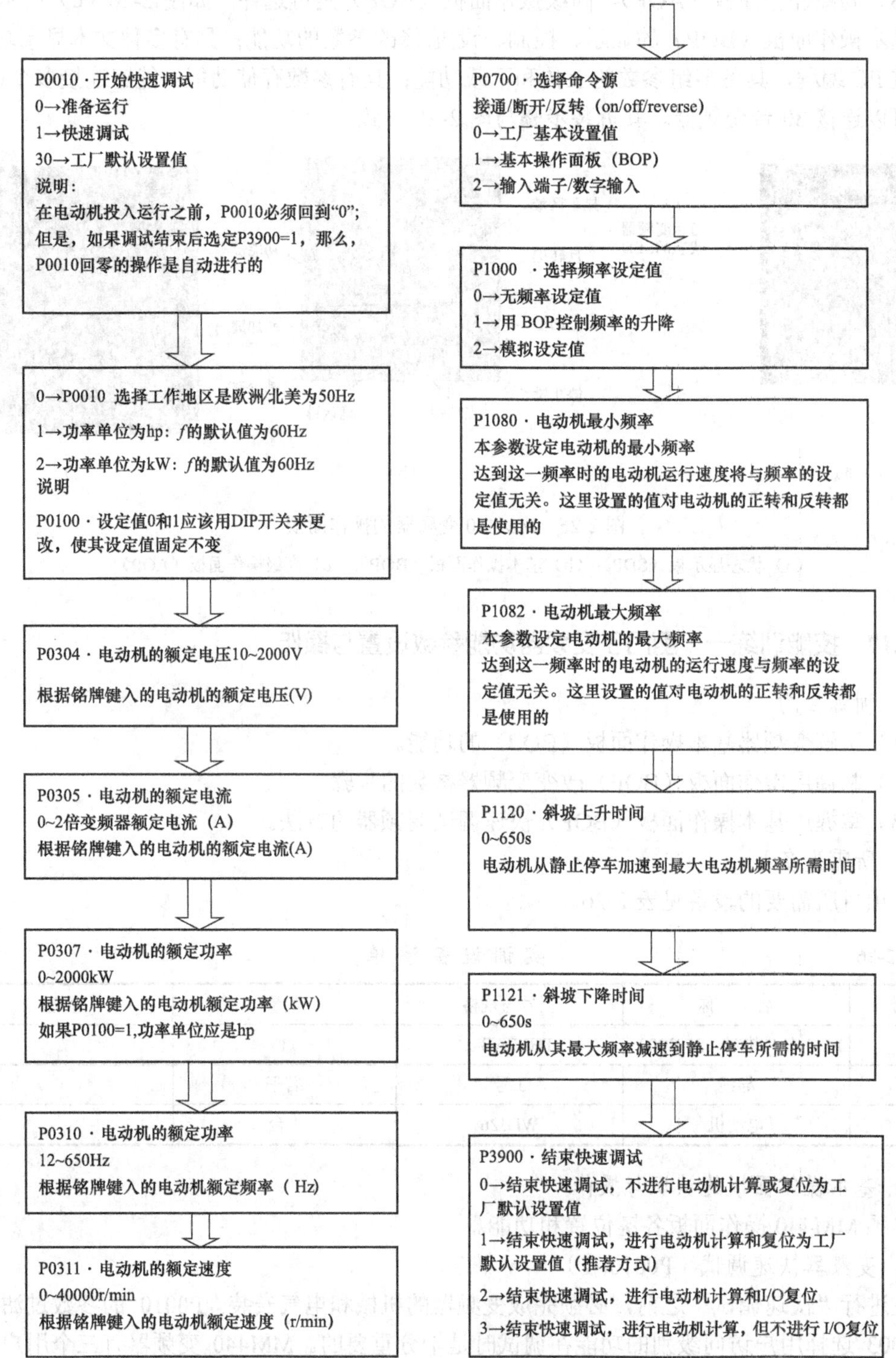

图 2-27 快速调试流程图

5. 变频器复位为工厂的默认设定值

为了将变频器的全部参数复位为工厂的默认设定值，应该按照下面的数值设定参数：P0010=30，P0970=1。

说明：大约需要10s才能完成复位的全部过程。

6. 总结

（1）变频器操作面板（BOP）的功能。

（2）变频器操作面板（BOP）的使用方法。

（3）利用操作面板（BOP）改变变频器参数的步骤。

（4）利用操作面板（BOP）快速调试的方法。

2.18　技能训练二　西门子变频器外部端子点动控制

1. 训练目的

（1）会用西门子变频器的外部控制端子控制电动机实现点动。

（2）理解变频器参数P0701、P0702点动功能。

（3）会根据控制要求改变电动机的点动频率。

2. 所需设备

本项目所需要的设备见表2-27。

表2-27　实训设备清单

序号	名　称	型号与规格	数　量	备　注
1	实训装置	THPFAB-2	1	
2	导线	3号/4号	若干	
3	电动机	WDJ26	1	

3. 控制要求

（1）正确设置变频器输出的额定频率、额定电压、额定电流、额定功率、额定转速。

（2）通过外部端子控制电动机起动/停止、正转/反转，按下“S1”电动机正转起动，松开“S1”电动机停止；按下“S2”电动机反转，松开“S2”电动机停止。

（3）运用操作面板改变电动机起动的点动运行频率和加减速时间。

4. 参数功能表及接线图

（1）参数功能见表2-28。

表2-28　变频器参数功能表

序号	变频器参数	出厂值	设定值	功　能　说　明
1	P0304	230	380	电动机的额定电压（380V）
2	P0305	3.25	0.35	电动机的额定电流（0.35A）
3	P0307	0.75	0.06	电动机的额定功率（60W）
4	P0310	50.00	50.00	电动机的额定频率（50Hz）
5	P0311	0	1430	电动机的额定转速（1430r/min）

续表

序号	变频器参数	出厂值	设定值	功　能　说　明
6	P1000	2	1	用操作面板（BOP）控制频率的升降
7	P1080	0	0	电动机的最小频率（0Hz）
8	P1082	50	50.00	电动机的最大频率（50Hz）
9	P1120	10	10	斜坡上升时间（10s）
10	P1121	10	10	斜坡下降时间（10s）
11	P0700	2	2	选择命令源（由端子排输入）
12	P0701	1	10	正向点动
13	P0702	12	11	反向点动
14	P1058	5.00	30	正向点动频率（30Hz）
15	P1059	5.00	20	反向点动频率（20Hz）
16	P1060	10.00	10	点动斜坡上升时间（10s）
17	P1061	10.00	5	点动斜坡下降时间（5s）

（2）注意事项：

1）设置参数前先将变频器参数复位为工厂的默认设定值。

2）设定 P0003=2 允许访问扩展参数。

3）设定电动机参数时先设定 P0010=1（快速调试），电动机参数设置完成设定 P0010=0（准备）。

（3）变频器端子。变频器外部端子示意图和实物图分别如图 2-28 和图 2-29 所示。MM440 包含了六个数字开关量的输入端子，每个端子都有一个对应的参数用来设定该端子的功能。

使用时可以将变频器当前的状态以开关量的形式用继电器输出，方便用户通过输出继电器的状态来监控变频器的内部状态量，具体见表 2-29。

表 2-29　　数字量参数设定表

	端子号	参数的设定值	默认的操作
数字量输入 1	5	P0701=‘1’	ON，正向运行
数字量输入 2	6	P0702=‘12’	反向运行
数字量输入 3	7	P0703=‘9’	故障确认
数字量输入 4	8	P0704=‘15’	固定频率
数字量输入 5	16	P0705=‘15’	固定频率
数字量输入 6	17	P0706=‘15’	固定频率
数字量输入 7	经由 AIN1	P0707=‘0’	不激活
数字量输入 8	经由 AIN2	P0708=‘0’	不激活
选择命令源	/	P0700=‘2’	由端子排输入
频率设定值	/	P1000=‘2’	模拟设定值
斜坡上升时间	/	P1120=‘1’	
斜坡下降时间	/	P1121=‘1’	

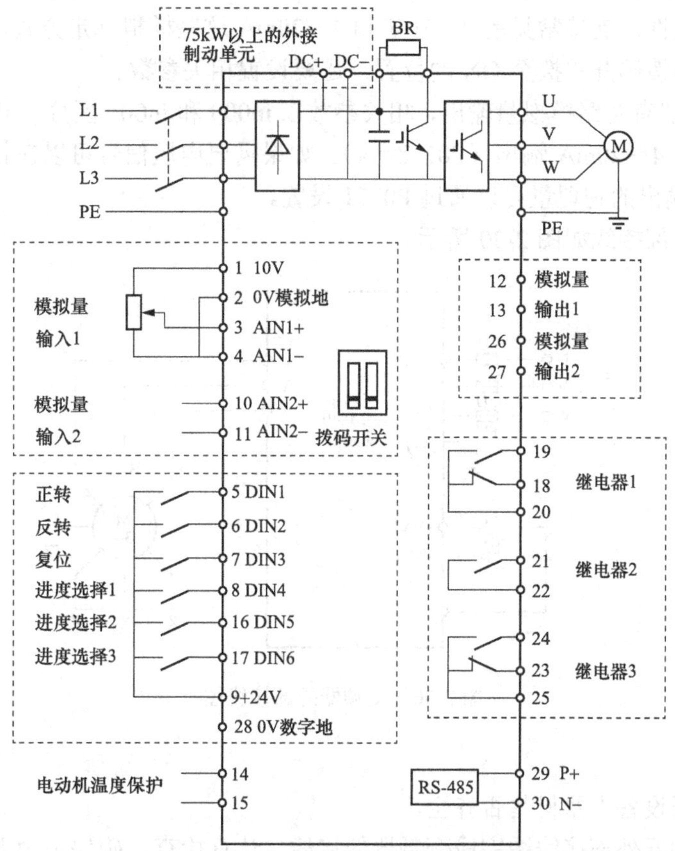

图 2-28　西门子变频器外部端子示意图

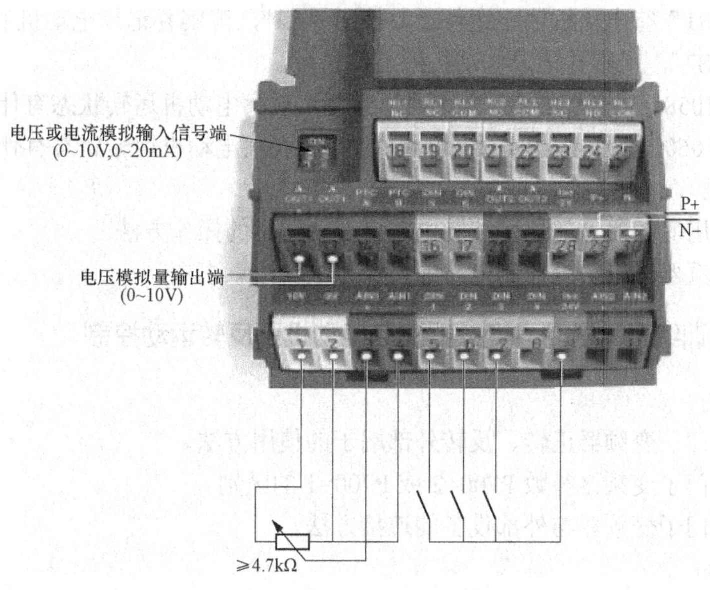

图 2-29　西门子变频器外部端子实物图

MM440 变频器有两路模拟量输入，相关参数以 in000 和 in001 区分，可以通过 P0756 分别设置每个通道属性，支持常见的 2～10V 和 4～20mA 这些模拟标定方式。对于电流输入，必须将相应通道的拨码开关拨至 ON 的位置，还要设置相关参数。

MM440 变频器有两路模拟量输出，相关参数以 in000 和 in001 区分，出厂值为 0～20mA 输出，可以标定为 4～20mA 输出（P0778＝4）。如果需要电压信号可以在相应端子并联一只 500Ω电阻，需要输出的物理量可以通过 P0771 设置。

（4）变频器外部接线如图 2-30 所示。

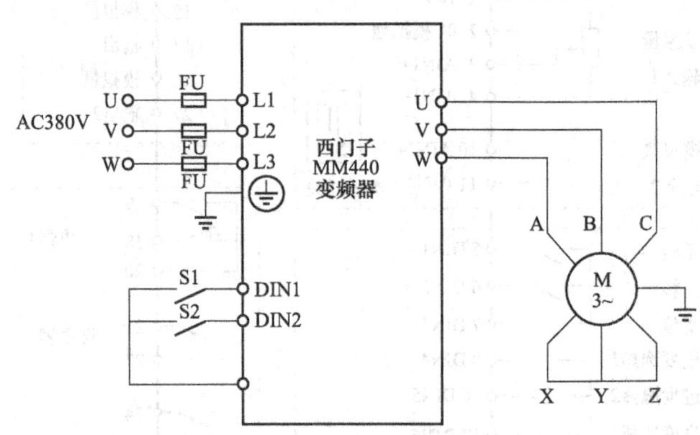

图 2-30 变频器外部接线图

5. 操作步骤

（1）检查实训设备中器材是否齐全。

（2）按照变频器外部接线图完成变频器的接线，认真检查，确保正确无误。

（3）闭合电源开关，按照参数功能表正确设置变频器参数。

（4）闭合“S1”，观察并记录电动机的运转情况。

（5）断开“S1”待电动机停止运行后，按下“S2”，观察并记录电动机的运转情况。

（6）断开“S2”，观察并记录电动机的运转情况。

（7）改变 P1058、P1059 的值，重复 4、5、6，观察电动机运转状态有什么变化。

（8）改变 P1060、P1061 的值，重复 4、5、6，观察电动机运转状态有什么变化。

6. 实训总结

（1）总结使用变频器外部端子控制电动机点动运行的操作方法。

（2）记录变频器与电动机控制电路的接线方法及注意事项。

2.19 技能训练三 西门子变频器控制电动机正反转运动控制

1. 训练目的

（1）掌握西门子变频器正转、反转外部端子的使用方法。

（2）理解西门子变频器参数 P700=2 或 P700=1 的区别。

（3）掌握西门子变频器与外部设备的连接方法。

2. 所需设备

本项目所需要的设备见表 2-30。

表 2-30 实训设备清单

序号	名 称	型号与规格	数 量	备 注
1	实训装置	THPFAB-2	1	
2	导线	3 号/4 号	若干	
3	电动机	WDJ26	1	

3. 控制要求

（1）正确设置变频器输出的额定频率、额定电压、额定电流、额定功率、额定转速。

（2）通过外部端子控制电动机起动/停止、正转/反转，闭合“S1”、“S3”电动机正转，闭合“S2”电动机反转，断开“S2”电动机正转；断开“S3”，电动机停止。

（3）运用操作面板改变电动机起动的点动运行频率和加减速时间。

4. 参数功能表及接线图

（1）参数功能见表 2-31。

表 2-31 变频器参数功能表

序号	变频器参数	出厂值	设定值	功 能 说 明
1	P0304	230	380	电动机的额定电压（380V）
2	P0305	3.25	0.35	电动机的额定电流（0.35A）
3	P0307	0.75	0.06	电动机的额定功率（60W）
4	P0310	50.00	50.00	电动机的额定频率（50Hz）
5	P0311	0	1430	电动机的额定转速（1430r/min）
6	P0700	2	2	选择命令源（由端子排输入）
7	P1000	2	1	用操作面板（BOP）控制频率的升降
8	P1080	0	0	电动机的最小频率（0Hz）
9	P1082	50	50.00	电动机的最大频率（50Hz）
10	P1120	10	10	斜坡上升时间（10s）
11	P1121	10	10	斜坡下降时间（10s）
12	P0701	1	1	ON/OFF（接通正转/停车命令 1）
13	P0702	12	12	反转
14	P0703	9	4	OFF3（停车命令 3）按斜坡函数曲线快速降速停车

（2）注意事项：

1）设置参数前先将变频器参数复位为工厂的默认设定值。

2）设定 P0003=2 允许访问扩展参数。

3）设定电动机参数时先设定 P0010=1（快速调试），电动机参数设置完成设定 P0010=0（准备）。

（3）变频器外部接线如图 2-31 所示。

5. 操作步骤

（1）检查实训设备中器材是否齐全。

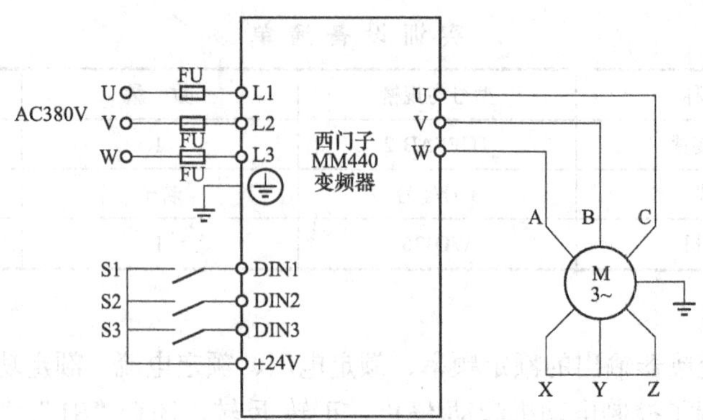

图 2-31 变频器外部接线图

（2）按照变频器外部接线图完成变频器的接线，认真检查，确保正确无误。

（3）闭合电源开关，按照参数功能表正确设置变频器参数。

（4）闭合开关“S1”、“S3”，观察并记录电动机的运转情况。

（5）按下操作面板按钮“▲”，增加变频器输出频率。

（6）闭合开关“S1”、“S2”、“S3”，观察并记录电动机的运转情况。

（7）断开开关“S3”，观察并记录电动机的运转情况。

（8）改变 P1120、P1121 的值，重复 4、5、6、7，观察电动机运转状态有什么变化。

6. 实训总结

（1）总结使用变频器外部端子控制电动机正反转的操作方法。

（2）总结变频器外部端子的不同功能及使用方法。

2.20 技能训练四 西门子变频器报警与保护功能使用

1. 训练目的

了解引起变频器故障的原因及排故方法。

2. 所需设备

本项目所需要的设备见表 2-32。

表 2-32 实训设备清单

序号	名 称	型号与规格	数 量	备 注
1	PLC 实训装置	THPFAB-2	1	
2	导线	3 号/4 号	若干	
3	电动机	WDJ26	1	

3. 控制要求

当故障产生时，变频器跳闸，同时显示屏上出现故障码“！”。为了使故障码复位，可以采用以下三种方法中的一种：

（1）重新给变频器加上电源电压。

（2）按下 BOP 操作面板上的Fn按钮。

（3）通过变频器面板输入数字 3（默认设置值）。

4. 参数功能表及接线图

（1）参数功能见表 2-33。

表 2-33　　变频器参数功能表

序号	变频器参数	出厂值	设定值	功能说明
1	P0304	230	380	电动机的额定电压（380V）
2	P0305	3.25	0.35	电动机的额定电流（0.35A）
3	P0307	0.37	0.06	电动机的额定功率（60W）
4	P0310	50.00	50.00	电动机的额定频率（50Hz）
5	P0311	0	1430	电动机的额定转速（1430r/min）
6	P1000	2	1	用操作面板（BOP）控制频率的升降
7	P1080	0	0	电动机的最小频率（0Hz）
8	P1082	50	50.00	电动机的最大频率（50Hz）
9	P1120	10	10	斜坡上升时间（10s）
10	P1121	10	10	斜坡下降时间（10s）
11	P0700	2	1	用操作面板（BOP）控制频率的升降

（2）注意事项：

1）设置参数前先将变频器参数复位为工厂的默认设定值。

2）设定 P0003=2，允许访问扩展参数。

3）设定电动机参数时先设定 P0010=1（快速调试），电动机参数设置完成设定 P0010=0（准备）。

（3）变频器外部接线如图 2-32 所示。

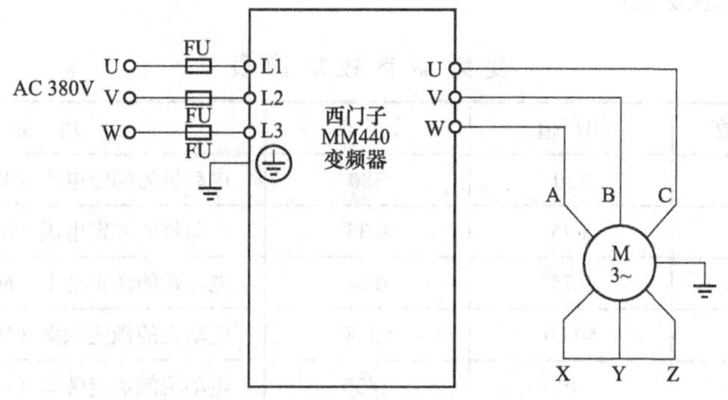

图 2-32　变频器外部接线图

5. 操作步骤

（1）检查实训设备中器材是否齐全。

（2）按照变频器外部接线图完成变频器的接线，认真检查，确保正确无误。

（3）闭合电源开关，按照参数功能表正确设置变频器参数。

（4）按下操作面板按钮，起动变频器。

（5）拔掉电动机的任一根线，变频器发出 F0023 故障信息并跳闸停止。

（6）将电动机线重新插上，按下 BOP 面板上的Fn键，将故障码复位，再按下I重新起动变频器。

6. 总结

总结排查故障的方法。

2.21 技能训练五 西门子变频器控制电动机运行时间的操作

1. 训练目的

（1）了解西门子变频器内部定时器的功能。

（2）掌握西门子变频器内部定时器的操作方法。

2. 所需设备

本项目所需要的设备见表2-34。

表2-34　实训设备清单

序号	名称	型号与规格	数量	备注
1	实训装置	THPFAB-2	1	
2	导线	3号/4号	若干	
3	电动机	WDJ26	1	

3. 控制要求

（1）正确设置变频器输出的额定频率、额定电压、额定电流、额定功率、额定转速。

（2）通过外部端子控制变频器的起动/停止，变频器起动后，0～10s内以10Hz频率运行，10～20s内自动调到20Hz频率，20～30s内运行在30Hz，30s以后输出40Hz频率。

4. 参数功能表及接线图

（1）参数功能见表2-35。

表2-35　变频器参数功能表

序号	变频器参数	出厂值	设定值	功能说明
1	P0304	230	380	电动机的额定电压（380V）
2	P0305	3.25	0.35	电动机的额定电流（0.35A）
3	P0307	0.75	0.06	电动机的额定功率（60W）
4	P0310	50.00	50.00	电动机的额定频率（50Hz）
5	P0311	0	1430	电动机的额定转速（1430r/min）
6	P0700	2	2	选择命令源（由端子排输入）
7	P1000	2	3	频率设定值的选择（固定频率）
8	P0701	0	99	数字输入1BICO使能
9	P0704	0	99	数字输入4BICO使能
10	P0840	0	722.0	正向运行的ON/OFF1命令（由DIN1使能）
11	P1001	0	10	固定频率1
12	P1002	5	10	固定频率2

续表

序号	变频器参数	出厂值	设定值	功 能 说 明
13	P1003	10	10	固定频率 3
14	P1004	15	10	固定频率 4
15	P1016	1	1	固定频率方式—位 0（直接选择）
16	P1017	1	1	固定频率方式—位 1（直接选择）
17	P1018	1	1	固定频率方式—位 2（直接选择）
18	P1019	1	1	固定频率方式—位 3（直接选择）
19	P1020	0	2852	固定频率选择—位 0
20	P1021	0	2857	固定频率选择—位 1
21	P1022	0	2862	固定频率选择—位 2
22	P1023	0	2867	固定频率选择—位 3
23	P2800	0	1	使能自由功能块
24	P2802.0～3	0	1	使能定时器 1～4
25	P2849	0	722.0	定时器（Timer）1
26	P2850	0	0	定时器 1 的延时时间
27	P2851	0	0	定时器 1 的工作方式
28	P2854	0	2852	定时器（Timer）233
29	P2855	0	10	定时器 2 的延时时间
30	P2856	0	0	定时器 2 的工作方式
31	P2859	0	2857	定时器（Timer）3
32	P2860	0	10	定时器 3 的延时时间
33	P2861	0	0	定时器 3 的工作方式
34	P2864	0	2862	定时器（Timer）4
35	P2865	0	10	定时器 4 的延时时间
36	P2866	0	0	定时器 4 的工作方式

（2）注意事项：

1）设置参数前先将变频器参数复位为工厂的默认设定值。

2）设定 P0003=3，允许访问扩展参数。

3）设定电动机参数时先设定 P0010=1（快速调试），电动机参数设置完成设定 P0010=0（准备）。

（3）变频器外部接线如图 2-33 所示。

5. 操作步骤

（1）检查实训设备中器材是否齐全。

（2）按照变频器外部接线图完成变频器的接线，认真检查，确保正确无误。

（3）闭合电源开关，按照参数功能表正确设置变频器参数。

（4）闭合“S1”，观察并记录电动机的运转情况。

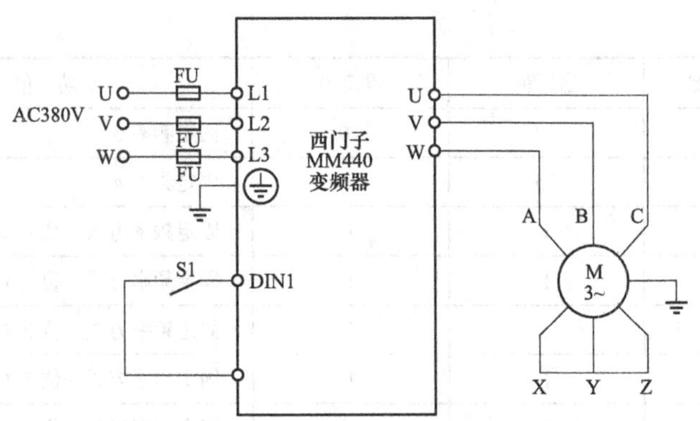

图 2-33 变频器外部接线图

6. 总结

（1）总结使用变频器内部定时器的操作方法。

（2）总结变频器定时器的使用方法。

2.22 技能训练六 西门子变频器电压/电流监视器信号输出

1. 训练目的

（1）掌握西门子变频器从操作面板的监视器查看变频器输出电压、电流、频率。

（2）理解西门子变频器参数 P0005 的含义。

2. 所需设备

本项目所需要的设备见表 2-36。

表 2-36 实训设备清单

序号	名 称	型号与规格	数 量	备 注
1	PLC 实训装置（S7-200）	THPFAB-2	1	
2	导线	3 号/4 号	若干	
3	电动机	WDJ26	1	

3. 实训要求

变频器的输出最高频率不要超过电动机的额定运转频率；电动机运行方向能人为地在外部进行控制；电动机为星形连接。

4. 参数功能表及接线图

（1）参数功能表见表 2-37。

表 2-37 变频器参数功能表

序号	变频器参数	出厂值	设定值	功 能 说 明
1	P0304	230	380	电动机的额定电压（380V）
2	P0305	3.25	0.35	电动机的额定电流（0.35A）
3	P0307	0.75	0.06	电动机的额定功率（60W）
4	P0310	50.00	50.00	电动机的额定频率（50Hz）

续表

序号	变频器参数	出厂值	设定值	功能说明
5	P0311	1395	1430	电动机的额定转速（1430r/min）
6	P1000	2	3	固定频率设定
7	P1080	0	0	电动机的最小频率（0Hz）
8	P1082	50	50.00	电动机的最大频率（50Hz）
9	P1120	10	10	斜坡上升时间（10s）
10	P1121	10	10	斜坡下降时间（10s）
11	P0700	2	1	用操作面板（BOP）控制频率的升降
12	P0005	21	25	显示输出电压的实际值

（2）注意事项：

1）设置参数前先将变频器参数复位为工厂的默认设定值。

2）设定 P0003=2，允许访问扩展参数。

3）设定电动机参数时先设定 P0010=1（快速调试），电动机参数设置完成设定 P0010=0（准备）。

（3）变频器外部接线图如图 2-32 所示。

5. 操作步骤

（1）检查实训设备中器材是否齐全。

（2）按照变频器外部接线图完成变频器的接线，认真检查，确保正确无误。

（3）闭合电源开关，按照参数功能表正确设置变频器参数。

（4）按下操作面板按钮，起动变频器。

（5）按下操作面板按钮/，增加、减小变频器输出频率，观察输出实际电压值。

（6）将 P0005 的参数改为 27，重复步骤 5，观察输出实际电流值。

6. 总结

按，观看实训现象，调节不同的频率，观察电压、电流的变化情况？

2.23 技能训练七　西门子变频器断电后得电自动再起动控制

1. 训练目的

（1）会控制瞬时停电的西门子变频器再得电时能够自动起动。

（2）理解西门子变频器参数 P1210 的含义。

2. 所需设备

本项目所需要的设备见表 2-38。

表 2-38　　实训设备清单

序号	名称	型号与规格	数量	备注
1	PLC 实训装置（S7-200）	THPFAB-2	1	
2	导线	3 号/4 号	若干	
3	电动机	WDJ26	1	

3. 控制要求

（1）正确设置变频器输出的额定频率、额定电压、额定电流、额定功率、额定转速。

（2）当变频器瞬时停电再得电时变频器自动起动。

4. 参数功能表及接线图

（1）参数功能表见表 2-39。

表 2-39 变频器参数功能表

序号	变频器参数	出厂值	设定值	功能说明
1	P0304	230	380	电动机的额定电压（380V）
2	P0305	1.8	0.35	电动机的额定电流（0.35A）
3	P0307	0.37	0.06	电动机的额定功率（60W）
4	P0310	50.00	50.00	电动机的额定频率（50Hz）
5	P0311	1395	1430	电动机的额定转速（1430r/min）
6	P1000	2	3	固定频率设定
7	P1080	0	10	电动机的最小频率（10Hz）
8	P1082	50	50.00	电动机的最大频率（50Hz）
9	P1120	10	10	斜坡上升时间（10s）
10	P1121	10	10	斜坡下降时间（10s）
11	P0700	2	2	选择命令源（由端子排输入）
12	P0701	1	1	ON/OFF（接通正转/停车命令 1）
13	P1210	1	2	在主电源跳闸/接通电源后再起动

（2）注意事项：

1）设置参数前先将变频器参数复位为工厂的默认设定值。

2）设定 P0003=2，允许访问扩展参数。

3）设定电动机参数时先设定 P0010=1（快速调试），电动机参数设置完成设定 P0010=0（准备）。

（3）变频器外部接线如图 2-33 所示。

5. 操作步骤

（1）检查实训设备中器材是否齐全。

（2）按照变频器外部接线图完成变频器的接线，认真检查，确保正确无误。

（3）闭合电源开关，按照参数功能表正确设置变频器参数。

（4）闭合 S1 开关，起动变频器，电动机开始运行。

（5）断开变频器电源开关，再马上闭合观察变频器运行情况。

（6）断开 S1 开关，停止变频器。

（7）将 P1210 的参数该为默认值 1，重复 4、5、6，观察变频器运行情况。

6. 总结

（1）总结使用变频器外停电再起动功能。

（2）记录变频器与电动机控制线路的接线方法及注意事项。

2.24　技能训练八　西门子变频器频率跳转运行控制

1. 训练目的

掌握变频器的频率跳转运行控制操作方法。

2. 所需设备

本项目所需要的设备见表 2-40。

表 2-40　实训设备清单

序号	名　称	型号与规格	数　量	备　注
1	PLC 实训装置（S7-200）	THPFAB-2	1	
2	导线	3 号/4 号	若干	
3	电动机	WDJ26	1	

3. 控制要求

（1）正确设置变频器输出的额定频率、额定电压、额定电流、额定功率、额定转速。

（2）通过操作面板实现输出频率的跳转。

4. 参数功能表及接线图

（1）参数功能表见表 2-41。

表 2-41　变频器参数功能表

序号	变频器参数	出厂值	设定值	功　能　说　明
1	P0304	230	380	电动机的额定电压（380V）
2	P0305	3.25	0.35	电动机的额定电流（0.35A）
3	P0307	0.75	0.06	电动机的额定功率（60W）
4	P0310	50.00	50.00	电动机的额定频率（50Hz）
5	P0311	0	1430	电动机的额定转速（1430r/min）
6	P0700	2	1	选择命令源（由 BOP 键盘设置）
7	P1000	2	1	用操作面板（BOP）控制频率的升降
8	P1080	0	0.00	电动机的最小频率（0Hz）
9	P1082	50	50.00	电动机的最大频率（50Hz）
10	P1120	10	10	斜坡上升时间（10s）
11	P1121	10	10	斜坡下降时间（10s）
12	P1091	0.00	20	跳转频率 1
13	P1101	2	10	跳转频率的频带宽度

（2）注意事项：

1）设置参数前先将变频器参数复位为工厂的默认设定值。

2）设定 P0003=3，只供专家使用。

3）设定电动机参数时先设定 P0010=1（快速调试），电动机参数设置完成设定 P0010=0（准备）。

（3）变频器外部接线如图 2-32 所示。

5. 操作步骤

（1）检查实训设备中器材是否齐全。

（2）按照变频器外部接线图完成变频器的接线，认真检查，确保正确无误。

（3）闭合电源开关，按照参数功能表正确设置变频器参数。

（4）按下操作面板按钮，起动变频器。

（5）按下操作面板按钮，增加变频器输出频率，观察频率的跳转：当频率上升到10Hz时，会有一个小停顿，此时再按按钮5s左右，变频器将会快速地跳过10～30Hz段的频率。

（6）改变P1091、P1101的值，重复步骤4、5，观察频率跳转过程有什么变化。

6. 实训总结

（1）总结频率跳转控制的操作方法。

（2）如何实现多个频率的跳转？

2.25 技能训练九 西门子变频器电压/电流方式的变频调速控制

1. 训练目的

（1）会通过西门子变频器外部端子控制电动机起动/停止。

（2）会通过调节电位器改变输入电压来控制变频器的频率。

（3）会对西门子变频器和外部调节电位器进行连接。

（4）理解西门子变频器参数P1000的含义。

2. 所需设备

本项目所需要的设备见表2-42。

表2-42 实训设备清单

序号	名 称	型号与规格	数 量	备 注
1	实训装置	THPFAB-2	1	
2	导线	3号/4号	若干	
3	电动机	WDJ26	1	

3. 控制要求

（1）正确设置变频器输出的额定频率、额定电压、额定电流、额定功率、额定转速。

（2）通过外部端子控制电动机起动/停止。

（3）通过调节电位器改变输入电压来控制变频器的频率。

4. 参数功能表及接线图

（1）参数功能见表2-43。

表2-43 变频器参数功能表

序号	变频器参数	出厂值	设定值	功 能 说 明
1	P0304	230	380	电动机的额定电压（380V）
2	P0305	3.25	0.35	电动机的额定电流（0.35A）
3	P0307	0.75	0.06	电动机的额定功率（60W）
4	P0310	50.00	50.00	电动机的额定频率（50Hz）

续表

序号	变频器参数	出厂值	设定值	功 能 说 明
5	P0311	0	1430	电动机的额定转速（1430r/min）
6	P1000	2	2	模拟输入
7	P0700	2	2	选择命令源（由端子排输入）
8	P0701	1	1	ON/OFF（接通正转/停车命令 1）

（2）注意事项：

1）设置参数前先将变频器参数复位为工厂的默认设定值。

2）设定 P0003=2，允许访问扩展参数。

3）设定电动机参数时先设定 P0010=1（快速调试），电动机参数设置完成设定 P0010=0（准备）。

（3）变频器外部接线图如图 2-34 所示。

5. 操作步骤

（1）检查实训设备中器材是否齐全。

（2）按照变频器外部接线图完成变频器的接线，认真检查，确保正确无误。

（3）闭合电源开关，按照参数功能表正确设置变频器参数。

（4）闭合“S1”，起动变频器。

（5）调节输入电压，观察并记录电动机的运转情况。

（6）断开“S1”，停止变频器。

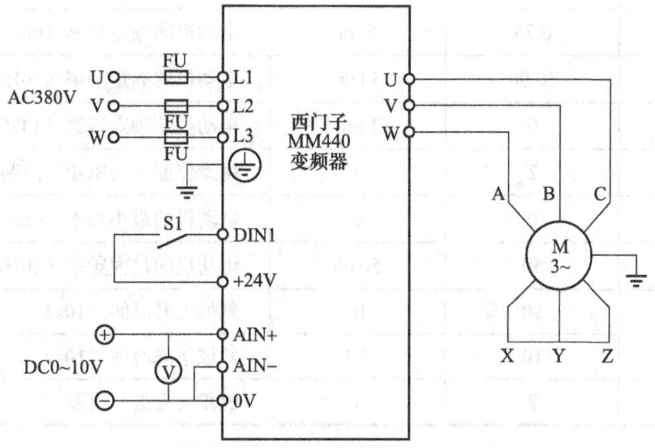

图 2-34　变频器外部接线图

6. 总结

（1）总结使用变频器外部端子控制电动机点动运行的操作方法。

（2）总结通过模拟量控制电动机运行频率的方法。

2.26　技能训练十　西门子变频器三相异步电动机的变频调速

1. 训练目的

（1）会通过西门子变频器操作面板（BOP）控制电动机起动/停止、正转/反转。

（2）会运用西门子变频器操作面板改变电动机的运行频率和加减速时间。

2. 所需设备

本项目所需要的设备见表2-44。

表2-44 实 训 设 备 清 单

序号	名 称	型号与规格	数 量	备 注
1	PLC实训装置（S7-200）	THPFAB-2	1	
2	导线	3号/4号	若干	
3	电动机	WDJ26	1	

3. 控制要求

（1）正确设置变频器输出的额定频率、额定电压、额定电流、额定功率、额定转速。

（2）通过操作面板（BOP）控制电动机起动/停止、正转/反转。

（3）运用操作面板改变电动机的运行频率和加减速时间。

4. 参数功能表及接线图

（1）参数功能见表2-45。

表2-45 变 频 器 参 数 功 能 表

序号	变频器参数	出厂值	设定值	功 能 说 明
1	P0304	230	380	电动机的额定电压（380V）
2	P0305	3.25	0.35	电动机的额定电流（0.35A）
3	P0307	0.75	0.06	电动机的额定功率（60W）
4	P0310	50.00	50.00	电动机的额定频率（50Hz）
5	P0311	0	1430	电动机的额定转速（1430r/min）
6	P1000	2	1	用操作面板（BOP）控制频率的升降
7	P1080	0	0	电动机的最小频率（0Hz）
8	P1082	50	50.00	电动机的最大频率（50Hz）
9	P1120	10	10	斜坡上升时间（10s）
10	P1121	10	10	斜坡下降时间（10s）
11	P0700	2	1	BOP（键盘）设置

（2）注意事项：

1）设置参数前先将变频器参数复位为工厂的默认设定值。

2）设定P0003=2，允许访问扩展参数。

3）设定电动机参数时先设定P0010=1（快速调试），电动机参数设置完成设定P0010=0（准备）。

（3）变频器外部接线如图2-32所示。

5. 操作步骤

（1）检查实训设备中器材是否齐全。

（2）按照变频器外部接线图完成变频器的接线，认真检查，确保正确无误。

（3）闭合电源开关，按照参数功能表正确设置变频器参数。

（4）按下操作面板按钮，起动变频器。

（5）按下操作面板按钮/，增加、减小变频器输出频率。

（6）按下操作面板按钮，改变电动机的运转方向。

（7）按下操作面板按钮，停止变频器。

6. 总结

（1）总结变频器操作面板的功能及使用方法。

（2）记录变频器与电动机控制电路的接线方法及注意事项。

2.27 技能训练十一 西门子变频器多段速度选择变频调速

1. 训练目的

（1）会设置西门子变频器外部控制端子控制电动机三段速运行。

（2）会设置西门子变频器外部控制端子控制电动机七段速运行。

（3）理解数字量输入端子设置参数 15 和 16 的区别。

2. 所需设备

本项目所需要的设备见表 2-46。

表 2-46 实训设备清单

序号	名称	型号与规格	数量	备注
1	实训装置	THPFAB-2	1	
2	导线	3 号/4 号	若干	
3	电动机	WDJ26	1	

3. 控制要求

（1）正确设置变频器输出的额定频率、额定电压、额定电流、额定功率、额定转速。

（2）通过外部端子控制电动机多段速度运行，开关“S1”、“S2”、“S3”按不同的方式组合，可选择 7 种不同的输出频率。

（3）运用操作面板改变电动机启动的点动运行频率和加减速时间。

4. 参数功能表及接线图

（1）参数功能见表 2-47。

表 2-47 变频器参数功能表

序号	变频器参数	出厂值	设定值	功能说明
1	P0304	230	380	电动机的额定电压（380V）
2	P0305	1.8	0.35	电动机的额定电流（0.35A）
3	P0307	0.75	0.06	电动机的额定功率（60W）
4	P0310	50.00	50.00	电动机的额定频率（50Hz）
5	P0311	0	1430	电动机的额定转速（1430r/min）
6	P1000	2	3	固定频率设定

续表

序号	变频器参数	出厂值	设定值	功 能 说 明
7	P1080	0	0	电动机的最小频率（0Hz）
8	P1082	50	50.00	电动机的最大频率（50Hz）
9	P1120	10	10	斜坡上升时间（10s）
10	P1121	10	10	斜坡下降时间（10s）
11	P0700	2	2	选择命令源（由端子排输入）
12	P0701	1	17	固定频率设值（二进制编码选择+ON 命令）
13	P0702	12	17	固定频率设值（二进制编码选择+ON 命令）
14	P0703	9	17	固定频率设值（二进制编码选择+ON 命令）
15	P0704	0	1	ON/OFF1（接通正转/停车命令 1）
16	P1001	0.00	5.00	固定频率 1
17	P1002	5.00	10.00	固定频率 2
18	P1003	10.00	20.00	固定频率 3
19	P1004	15.00	25.00	固定频率 4
20	P1005	20.00	30.00	固定频率 5
21	P1006	25.00	40.00	固定频率 6
22	P1007	30.00	50.00	固定频率 7

（2）注意事项：

1）设置参数前先将变频器参数复位为工厂的默认设定值。

2）设定 P0003=2，允许访问扩展参数。

3）设定电动机参数时先设定 P0010=1（快速调试），电动机参数设置完成设定 P0010=0（准备）。

（3）变频器外部接线如图 2-35 所示。

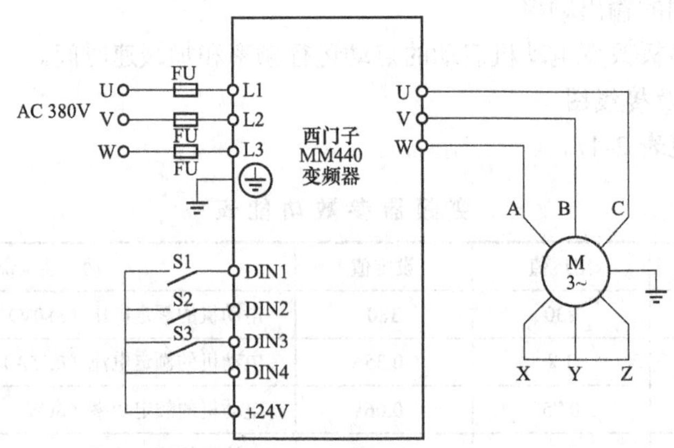

图 2-35 变频器外部接线图

5. 操作步骤

（1）检查实训设备中器材是否齐全。

（2）按照变频器外部接线图完成变频器的接线，认真检查，确保正确无误。

（3）闭合电源开关，按照参数功能表正确设置变频器参数。

（4）根据开关“S1”、“S2”、“S3”不同的通断顺序组合，观察并记录变频器的输出频率。各个固定频率的数值根据表 2-48 选择。

表 2-48　　切换开关与频率对应表

S1	S2	S3	输出频率
OFF	OFF	OFF	OFF
ON	OFF	OFF	固定频率 1
OFF	ON	OFF	固定频率 2
ON	ON	OFF	固定频率 3
OFF	OFF	ON	固定频率 4
ON	OFF	ON	固定频率 5
OFF	ON	ON	固定频率 6
ON	ON	ON	固定频率 7

6. 训练总结

（1）总结使用变频器外部端子控制电动机点动运行的操作方法。

（2）总结变频器外部端子的不同功能及使用方法。

学习任务三 变频器的安装与调试

任务要求

1. 了解正确安装变频器的方法。
2. 掌握变频器安装线径的选择。
3. 理解变频器产生谐波的原因。
4. 了解变频器的日常维护与方法。
5. 了解变频器的常见故障及处理方法。

通用变频器作为电力电子设备与数字控制设备，对其使用环境有一定的要求；变频器所在的环境温度越高，腐蚀性气体浓度越大，对变频器的使用年限影响就越大。同时，在安装的时候要求有良好的通风条件，环境中不能有过多的腐蚀性气体和灰尘。

在高海拔地区使用变频器时，变频器的平波电容器的内外压力不平衡，可能导致电容的爆裂，在不加装特殊装置的情况下，一些元件也会误动作。使用变频器传动异步电动机时，电源侧和电动机侧电路中将产生高次谐波。对于有此种高次谐波引起的静电、电磁干扰的情况下，在变频器的外购件装置选用时要做相应的考虑。

正确安装变频器是合理使用好变频器的基础，掌握变频器各种参数的测量、日常维护时应注意的事项是正确使用变频器的关键。

本学习任务首先介绍通用变频器的安装要求、接地要点，然后阐述变频器的测量、调试、维护以及变频器与外围设备连接时应注意的事项，以及阐述变频器的其抗干扰措施等。

3.1 变频器的存放与安装

1. 变频器的存放

变频器储存时必须放置于包装箱内，储存时务必注意下列事项：

（1）必须放置于无尘垢、干燥的位置；

（2）存放位置的环境温度必须在-20～＋65℃范围内；

（3）存放位置的相对湿度必须在 0%～95%范围内，且无结露；

（4）避免存放于含有腐蚀性气体、液体的环境；

（5）最好适当包装存放在架子或台面上；

（6）长时间存放会导致电解电容的劣化，必须保证在 6 个月之内通一次电。

2. 变频器装设场所要求

（1）变频器最好安装在室内，不要受阳光的直接照射；

（2）在变频器装设的场所应湿气少，无水浸入；

（3）在变频器装设的场所无爆炸性、可燃性或腐蚀性气体和液体，粉尘少；

（4）在变频器装设的场所应易于安装；有足够的空间，便于维修检查；

（5）在变频器装设的场所应备有通风口或换气装置以排出变频器产生的热量；

（6）在变频器装设的场所应与易受变频器产生的高次谐波和无线电干扰影响的装置分离；

（7）若将变频器安装在室外，必须单独按照户外配电装置设置；

（8）变频器要求所安装的墙壁不受振动，在不加装控制柜时，要求变频器安装在牢固的墙壁上，墙面材料应该是钢板或其他非易燃坚固材料。

如果变频器安装在温度较低的室外，一定要考虑冬天的加热；如果在比较潮湿的地区使用变频器时应加装除湿器；在野外运行的变频器还要加设避雷器，以免器件被雷击穿。

3. 变频器安装使用环境要求

（1）环境温度。变频器的工作环境温度一般为－10～＋40℃，当环境温度大于变频器规定的温度时，变频器要降额使用或采取相应的通风冷却措施。

（2）环境湿度。变频器安装环境湿度在40%～90%为宜。

（3）周围气体。周围不可有腐蚀性、爆炸性或可燃性气体。

（4）振动。设置场所的振动加速度多被限制在0.3～0.6g。

（5）抗干扰。为防止电磁干扰，控制线应有屏蔽措施，母线与动力线要保持不少于100mm的距离。

4. 变频器安装方向

为了保证变频器散热良好，必须将变频器安装在垂直方向，因变频器内部装有冷却风扇以强制风冷，其上下左右与相邻的物品和挡板（墙）必须保持足够的空间。

（1）变频器墙挂式安装。用螺栓垂直安装在坚固的物体上。正面是变频器文字键盘，请勿上下颠倒或平放安装。周围要留有一定空间，上下空10cm以上，左右空5cm以上，变频器的安装距离与其功率大小有关，功率越大，距离越大。因变频器在运行过程中会产生热量，必须保持冷风畅通，如图3-1所示。

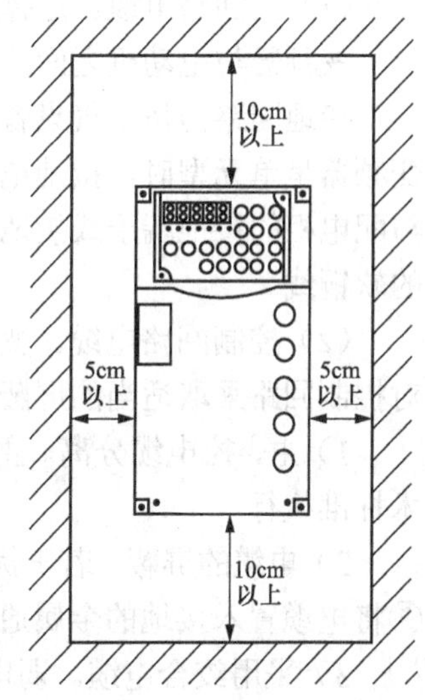

图3-1　变频器墙挂式安装

（2）变频器在控制柜中安装。变频器安装在控制柜中时，在变频器的上方柜顶安装排风扇，如图3-2（a）所示；不要在控制柜的底部安装吹风扇，如图3-2（b）所示。如控制柜中安装多台变频器，要横向安装，且排风扇安装位置要正确，如图3-2（a）所示；尽量不要竖向安装，因竖向安装影响上部变频器的散热，如图3-2（b）所示。

5. 变频器安装方法

（1）将变频器用螺栓垂直安装到坚固的物体上，从正面可以看见变频器操作面板的文字位置，不要上下颠倒或平放安装。

（2）变频器在运行中会发热，确保冷却风道畅通，由于变频器内部热量从上部排出，所以不要安装到不耐热机器下面。

（3）变频器在运转中，散热片的附近温度可上升到90℃，变频器背面要使用耐温材料。

（4）安装在控制柜内时，要充分注意换气，防止变频器周围温度超过额定值。如果散热效果不好或环境温度比较高，可采用电柜空调。

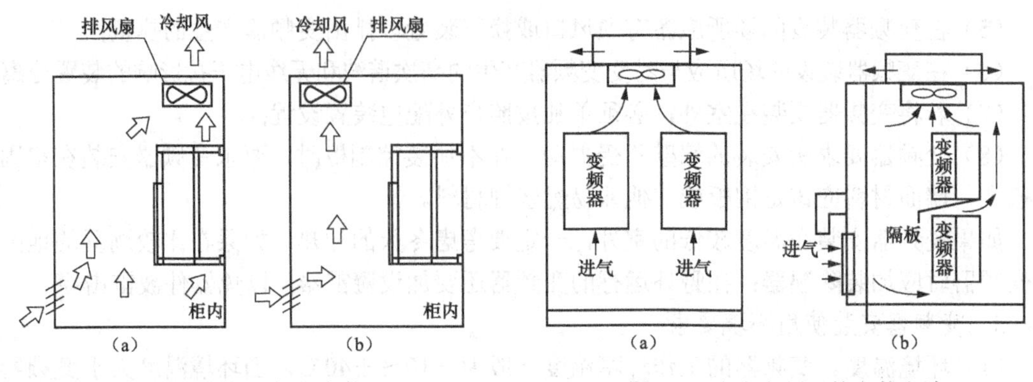

图 3-2　变频器柜内安装

（a）正确安装方法；（b）错误安装方法

图 3-3　多台变频器的安装方法

（a）正确安装方法；（b）错误安装方法

3.2　变频器布线导线的线径选择

1. 变频器主回路控制回路电缆要求

（1）主回路电缆。选择主回路电缆时，需考虑电流容量、短路保护、电缆压降等因素。

变频器与电动机之间的连接电缆尽量短，线路压降规定不能超过额定电压的 2%。

接地回路需按电气设备技术标准所规定的方式施工，可具体参考变频器使用说明书。当变频器呈单元型时，接地电缆与变频器的接地端子连接；当变频器被设置在配电柜中时，则与配电柜的接地端子或接地母线相接。根据电气设备技术标准，接地电线必须用 $25mm^2$ 以上的软铜线。

（2）控制回路电缆。变频器控制回路的控制信号均为微弱的电压、电流信号，因此必须对控制回路采取适当的屏蔽措施。

1）主、控电缆分离。主回路电缆与控制回路电缆必须分离铺设，相隔距离按电器设备技术标准执行。

2）电缆的屏蔽。若干扰存在，则应对控制电缆进行屏蔽：①将电缆封入接地的金属管内；②将电缆置入接地的金属通道内；③采用屏蔽电缆。

3）采用绞合电缆。弱电压、电流回路（4～20mA，1～5V）用电缆，特别是长距离的控制回路电缆采用绞合线，绞合线的绞合间距最好尽可能的小，并且都使用屏蔽铠装电缆。

2. 变频器主电路控制开关及导线的线径选择

（1）电源控制开关及导线的线径选择。电源控制开关及导线线径的选择与同容量的普通电动机选择方法相同，按变频器的容量选择即可。因输入侧功率因数较低，应本着宜大不宜小的原则选择线径。

若变频器与电动机之间的导线不是很长时，其线径可根据电动机的容量，按电流选取。

（2）变频器输出导线线径选择。变频器工作时频率下降，输出电压也下降。在输出电流相等的条件下，若输出导线较长（$L>20$m），低压输出时线路的电压降 ΔU 在输出电压中所占比例将上升，加到电动机上的电压将减小，因此低速时可能引起电动机发热。所以决定输出导线线径的主要因素是导线电压降 ΔU。

对于 ΔU 的一般要求为

$$\Delta U \leqslant (2\%\sim3\%)\,U_{max}$$

ΔU 的计算为

$$\Delta U = \frac{\sqrt{3} I_N R_0 L}{1000} \tag{3-1}$$

上两式中：U_{max} 为电动机的最高工作电压，V；I_N 为电动机的额定电流，A；R_0 为单位长度导线电阻，mΩ/m；L 为导线长度，m。

【例 3-1】 已知电动机参数为 P_N=30kW，U_N=380V，I_N=57.6A，f_N=50Hz，n_N=1460r/min。变频器与电动机之间距离 30m，最高工作频率为 40Hz。要求变频器在工作频段范围内线路电压降不超过 2%，请选择导线线径。

解：已知 U_N=380V，则

$$U_{max} = U_N \frac{f_{max}}{f_N} = 380 \times (40/50) = 304\text{（V）}$$

因此 $\Delta U \leqslant 304 \times 2\% = 6.08$（V）

即 $\Delta U \leqslant 6.08$

则根据式（3-1）解得

$$R_0 \leqslant 2.03\text{m}\Omega$$

查电工手册应选截面积为 10.0mm^2 的导线。

（3）控制电路导线的线径选择。小信号控制电路通过的电流很小，一般不进行线径计算，考虑导线的强度和连接要求，常选用 0.75mm^2 及以下的屏蔽聚乙烯绞线。接触器、按钮开关等强电控制电路导线可选取独股或多股聚乙烯铜导线。

3. 变频器与外围设备之间布线要求

逆变输出端子 U、V、W 连接交流电动机时，输出的是与正弦交流电等效的高频脉冲调制波。当外围设备与变频器共用一供电系统时，要在输入端安装噪声滤波器，或将其他设备用隔离变压器或电源滤波器进行噪声隔离。

当外围设备与变频器装入同一控制柜中且布线又很接近变频器时，可采取以下方法抑制变频器干扰：①将易受变频器干扰的外围设备及信号线远离变频器安装；②信号线使用屏蔽电缆线，屏蔽层接地；③将信号电缆线套入金属管中；④信号线穿越主电源线时确保正交；⑤在变频器的输入/输出侧安装无线电噪声滤波器或线性噪声滤波器（铁氧体共模扼流圈）；⑥滤波器的安装位置要尽可能靠近电源线的入口处，并且滤波器的电源输入线在控制柜内要尽量短；⑦变频器到电动机的电缆要采用 4 芯电缆并将电缆套入金属管，其中一根的两端分别接到电动机外壳和变频器的接地侧。必要时推荐使用 3+3 变频电缆，即每一相各带一根地线。

避免信号线与动力线平行布线或捆扎成束布线；易受影响的外围设备应尽量远离变频器安装；易受影响的信号线尽量远离变频器的输入/输出电缆。

当操作台与控制柜不在一处或具有远方控制信号线，要对导线进行屏蔽，并特别注意各连接环节，以避免干扰信号串入。

接地端子的接地线要粗而短，接点接触良好，必要时采用专用接地线。

3.3 变频器的抗干扰措施

1. 配电网对变频器产生干扰的原因

当配电网三相电压不平衡时，变频器输入电压、电流波形都将发生畸变。当配电网中接

有功率因数补偿电容器及晶闸管整流装置等，将造成变频器输入电压波形发生畸变。在晶闸管换相时，将造成变频器输入电压波形畸变，如图 3-4 所示。当电容投入时亦会造成电源电压畸变，如图 3-5 所示。

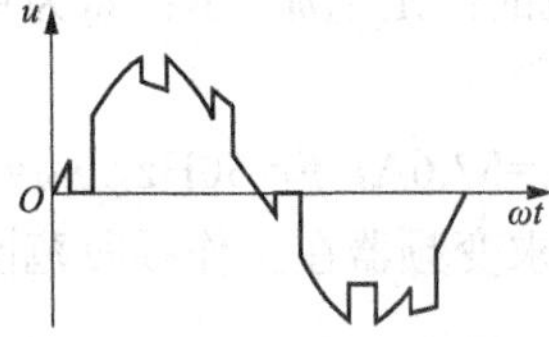

图 3-4　晶闸管整流器电压的凹陷图

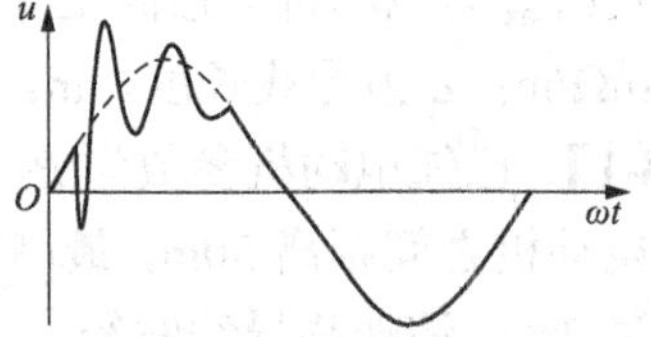

图 3-5　电容投放时的异常电压

值得注意的是，当交—直—交电压型变频器接入配电网中，三相电压通过三相全波整流电路整流后向电解电容充电，其充电电流的波形取决于整流电压和电容电压的压差。充电电流使三相交流电流波形在原来基波分量的基础上叠加了高次谐波，也使输入电流波形发生了畸变。

2. 变频器对其他设备干扰的原因

变频器输出电压波形为 SPWM 波，调制频率一般为 2～16kHz，内部的功率器件工作在开关状态，必然产生干扰信号向外辐射或通过线路向外传播，影响其他电子设备的正常工作。这样变频器就成为一个强有力的干扰源了，其干扰途径与一般电磁干扰是一致的，分为辐射、传导、电磁耦合、二次辐射等。由图 3-6 中可以看出，变频器对其他设备的第一干扰是辐射干扰，它对周围的电子接收设备产生干扰；第二干扰是传导干扰，使直接驱动的电动机产生电磁噪声，增加铁损耗和铜损耗，使温度升高；第三干扰是在传导的过程中，与变频器输出线平行敷设的导线会形成电磁干扰；第四干扰是二次辐射会对电源输入端所连接的电子敏感设备产生影响造成误动作。

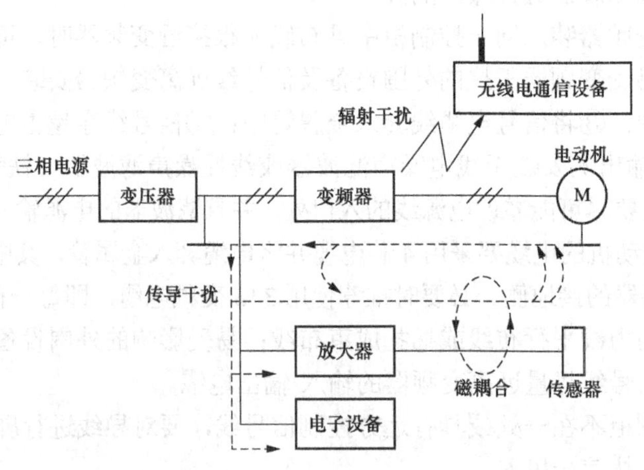

图 3-6　谐波干扰途径

3. 防止配电电网对变频器干扰的措施

当变频器的容量较大时，需单独配置供电变压器。对于配电变压器容量非常大且变压器容量大于变频器容量10倍以上时，可在变频器输入侧加装交流电抗器。当配电网络有功率因数补偿电容或晶闸管整流装置时，为了防止谐振现象发生，应在变频器交流侧连接交流电抗器，在补偿电容器前串接适当数值的电抗器。下面分别从配电网络中变压器容量较大、电源三相电压不平衡、配电变压器接有功率因数补偿电容三种情况分别来说明。

（1）配电网络中变压器容量较大的情况。当变频器使用在配电变压器容量大于 500kVA，或变压器容量大于变频器容量 10 倍以上时，可如图 3-7 所示在变频器输入侧加装交流电抗器 AL。

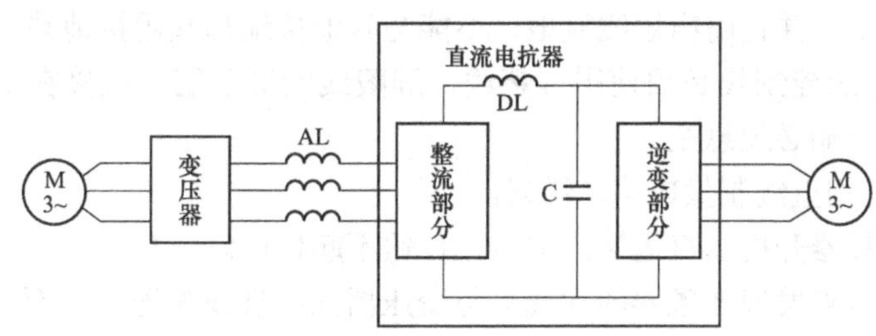

图 3-7　防止变频器输入侧干扰的措施

（2）电源三相电压不平衡的情况。当配电变压器输出电压三相不平衡，且其不平衡率大于 3%时，变频器输入电流的峰值就很大，会造成连接变频器的电线过热，或者变频器过电压或过电流，也可能会损坏二极管及电解电容。此时，需要加装交流电抗器。特别是变压器在星形接法时更为严重，除在变频器交流侧加装电抗器外，还需在直流侧加装直流电抗器。

（3）配电变压器接有功率因数补偿电容的情况。当配电网有功率因数补偿电容或晶闸管整流装置时，变频器输入电流峰值变大，加重了变频器中整流二极管负担。若在变频器交流侧连接交流电抗器，变频器产生的谐波电流输给补偿电容及配电系统，当配电系统的电感与补偿电容发生谐振呈现最小阻抗时，其补偿电容和配电系统将呈现最大电流，使变频器及补偿电容都会受损伤。为了防止谐振现象发生，在补偿电容器前串接一个电抗器，避免谐振现象的产生。

4. 防止变频器对其他设备干扰的措施

为防止干扰，除变频器制造商在变频器内部采取一些抗干扰措施外，还应在安装接线方面采取以下对策：

（1）变频系统的供电电源与其他设备的供电电源尽量相互独立，或在变频器和其他用电设备的输入侧安装隔离变压器，切断谐波电流。

（2）为了减少对电源的干扰，可以在输入侧安装交流电抗器和输入滤波器（要求高时）或零序电抗器（要求低时）。滤波器必须由 LC 电路组成。零序电抗器的连接因变频器的容量不同而异，容量小时每相导线按相同方向绕 4 圈以上；容量变大时，若导线太粗不好绕，则将四个电抗器固定在一起，三相导线按同方向穿过内孔即可。

（3）为了减少电磁噪声，可以在输出侧安装输出电抗器，单独配置或同时配置输出滤波器。注意输出滤波器虽然也是由 LC 元件构成，但与输入滤波器不同，不能混用。如果将其接错，则有可能造成变频器或滤波器的损伤。

（4）变频器本身宜用铁壳屏蔽，电动机与变频器之间的电缆应穿钢管敷设或用铠装电缆，电缆尺寸应保证在输出侧最大电流时电压降为额定电压的 2%以下。

（5）弱电控制线距离主电路配线至少 100mm 以上，绝对不能与主回路放在同一行线槽内，以避免辐射干扰，相交时要成直角。

（6）控制回路的配线，特别是长距离的控制回路的配线，应该采用双绞线，双绞线的绞合间距应在 15mm 以下。

（7）为防止各路信号的相互干扰，信号线以分别绞合为宜。

（8）如果操作指令来自远方，需要的控制线路配线较长时，可采用中间继电器控制。

（9）接地线除了可防止触电外，对防止噪声干扰也很有效，所以务必可靠接地。接地必须使用专用接地端子，并且用粗短线接地，不能与其他接地端共用接地端子。

（10）模拟信号的控制线必须使用屏蔽线，屏蔽线的屏蔽层一端接在变频器的公共端子（如 COM）上，另一端必须悬空。

【案例 3-1】 三相五线制供电接地错误。

故障现象： 变频器开机一直运转，按停止按钮不起作用。

故障分析： 经检查发现变频器的地线只与变压器的中性线相连接，而变压器的中性线没有连接到大地。按照国际电工委员会（IEC）标准规定，地线与中性线是严格分开的，配电柜里中性线有专用接线端子，地线有专用接地螺钉。不按规范要求操作是造成干扰的主要原因。

故障检查处理： 由于该用户从变压器引过来三根相线和一根中性线，只将中性线接到“E”端子上，而地线没有和中性线相连，虽说控制线使用了屏蔽线，屏蔽层也接到了接地螺钉，因没有和大地相连，起不到屏蔽作用，导致了变频器因干扰而失控。将变压器的中性线接地，变频器地线接地，变频器工作正常。

【案例 3-2】 电动机偶尔停不下来。

故障现象： 经检查屏蔽层接地正确良好，降低载波频率不起作用。变频器输入侧及输出侧加磁环滤波器不起作用。

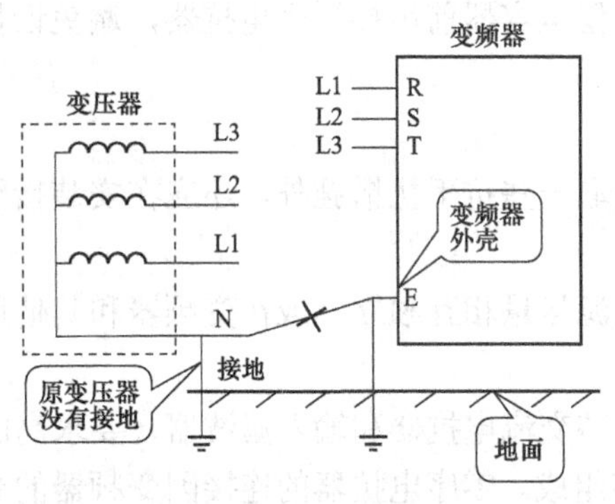

图 3-8 ［案例 3-1］图

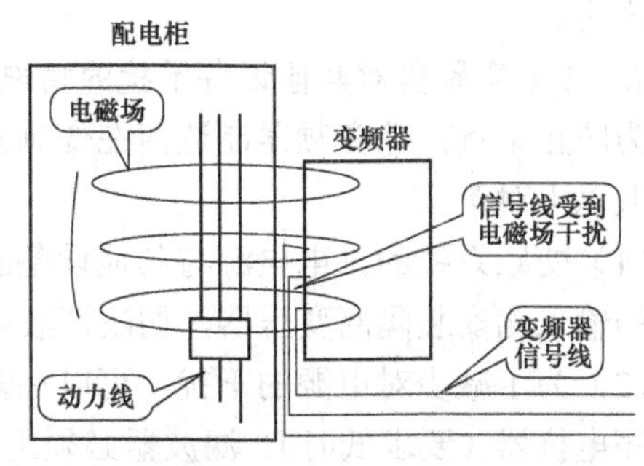

图 3-9 ［案例 3-2］图

故障分析： 安装变频器的配电柜与动力配电室相距太近，配电室配电柜有大电流流过时，在电流周围有较强磁场，干扰了变频器正常工作。将配电柜远离配电室后即恢复正常，这属于外界设备对变频器产生了干扰。

【案例 3-3】 印刷机干扰故障判断与排除。

故障现象： 一台印刷机用变频器进行改造，3.7kW 主电动机和 1.5kW 送纸电动机改用变频器调速。当主电动机变频器单独运行时，印刷机设备工作正常；当主电动机变频器与送纸机变频器同时运行时，报“过电流”故障。

故障分析：观察印刷机变频器的运行状况，发现主电动机变频器和送纸机变频器单独运行时都正常，但在主电动机变频器与送纸机变频器同步运行时报过电流故障。这台印刷机的所有动作都是通过接触器、继电器控制工作，检查印刷机设备没有接地，变频器的接地端接在了印刷机上，初步判断是干扰问题。

故障排除：

（1）将所有控制线更换成屏蔽线，并套上磁环；

（2）在变频器输入/输出电源线上套上磁环；

（3）将印刷机设备和变频器独立接地。

采用以上措施后，故障排除，设备恢复正常。

3.4　变频器的调试、保养和维护

1. 变频器调试前的准备

变频器调试的步骤是先空载、继轻载、后重载。但是在变频器通电调试前要进行外观、构造、电源电压和绝缘电阻的检查。检查变频器的型号、安装环境有无问题，装置有无脱落或损坏，电缆线径是否合适，电气连接有无松动，接地是否可靠；检查主电路电源电压和变频调速系统要求的电压值是否一致，检查电路的绝缘电阻值是否达到要求。

（1）主电路绝缘电阻的检查。用绝缘电阻表测量变频器主回路的绝缘电阻时，绝缘电阻表的直流高压很容易进入控制板，将控制电路击穿，因此测试绝缘电阻时，要按以下步骤进行测试，测试步骤如下：

1）准备 500V 绝缘电阻表。

2）拆开主电路、控制电路等端子与外部电路的所有连接线。

3）用公共线连接主电路端子 R、S、T、Pl、P、N、DB、U、V、W，如图 3-10 所示。

4）用绝缘电阻表测试，仅在主电路公用线和大地（接地端子 PE）之间进行。

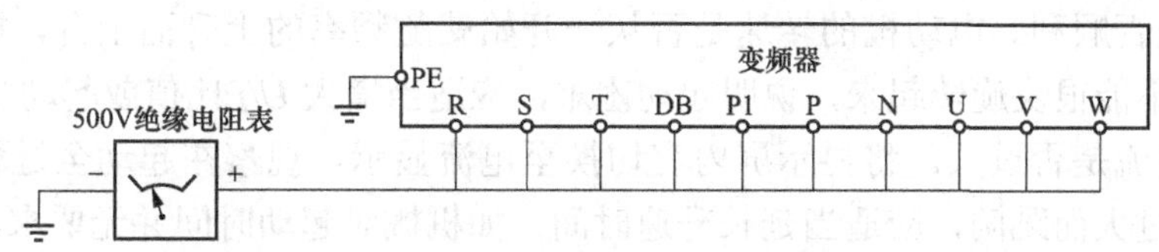

图 3-10　变频器与绝缘电阻表接线图

（2）控制回路绝缘电阻的检查。检查时不要用绝缘电阻表或其他高电压的仪表进行测量，测试仪器只能用高阻量程万用表。测试步骤如下：

1）拆开控制电路端子的外部连接。

2）进行对地之间电路测试，测量值应在 1MΩ 以上。

3）用万用表测试接触器、继电器等控制电路的连接是否正确。

2. 变频器的空载试验

将变频器的输出端与电动机相接，电动机不带负载。主要测试以下项目：

（1）进行基本的运行观察：旋转方向是否正确，控制电路工作是否正常；通过逐渐升高运行频率，观察电动机运行是否正常，是否灵活，有无杂音；运转时有无振动现象，是否平稳等；升、降速时间是否与预设时间相符等。

（2）电动机参数的自动检测：电阻、电抗等以及空载电流等动态参数检测。

（3）熟悉变频器的基本操作：起动、停止、升速、降速和点动等。

3. 变频器负载试验

变频器的负载试验是将电动机与负载连接起来进行试车。其试验的内容有以下几项：

（1）低速运行试验。在测试时要求电动机的转速是该生产机械所要求的最低转速。电动机应该满载，并在该转速下运行一段时间。主要测试的项目是：

1）电动机的起动。如果在频率很低时，电动机不能很快旋转起来说明起动困难，应适当增大电压频率比或增大起动频率。观察在起动过程中的电流变化。如因电流过大而跳闸，应适当延长升速时间；如机械对起动时间并无要求，则最好将起动电流限制在电动机的额定电流以内。

观察整个起动过程是否平稳。对于惯性较大的负载，应考虑是否需要预置 S 型升速，或在低速时是否需要预置暂停升速功能。

对于风机应观察在停机状态下风叶是否因自然风而反转。如有反转现象，则应在起动前设置直流制动功能。

2）电动机的停机。在停机试验过程中，应切换至直流电压显示。观察在降速过程中直流电压是否过高，如因电压过高而跳闸，应适当延长降速时间；降速时间不宜延长，则应考虑接入制动电阻和制动单元。

3）电动机降速试验。观察当频率降至零时，机械是否有“爬行”现象，并了解该机械是否允许蠕动。如需要制止蠕动时，应考虑预置直流制动功能。

在负载所要求的最低转速时带额定负载，并长时间运行，观察电动机的发热情况。如发热严重，应考虑增加电动机的外部通风问题。

（2）全速起动试验。将给定频率设定在最大值，按“起动按钮”，使电动机的转速从零一直上升至生产机械所要求的最大转速，观察以下情况：

1）起动是否顺利。电动机的转速是否从一开始就随频率的上升而上升，如果在频率很低时，电动机不能很快旋转起来，说明起动困难，应适当增大 U/f 比值或起动频率。

2）起动电流是否过大。将显示屏内容切换至电流显示，观察在起动全过程中的电流变化。如因电流过大而跳闸，应适当延长升速时间；如机械对起动时间并无要求，则最好将起动电流限制在电动机的额定电流以内。

3）观察整个起动过程是否平稳。观察是否在某一频率时有较大的振动。如有则将运行频率固定在发生振动的频率以下，以防止发生机械谐振，或者是否有预置回避频率的必要。

4）停机状态下有无自行反向旋转。对于风机，还应观察在停机状态下，风叶是否因自然风而反转。如有反转现象，则应预置起动前的直流制动功能。

（3）全速停机试验。

1）直流电压是否过高。观察在整个降速过程中直流电压的变化情形。如因电压过高而跳闸，应适当延长降速时间。如降速时间不宜延长，则应考虑加入直流制动功能，或接入制动电阻和制功单元。

2）拖动系统能否停住。当频率降至零时，机械是否有“爬行”现象，并了解该机械是否允许爬行，如需要制止爬行时，应考虑预置直流制动功能。

（4）全速运行试验。将频率升高至与生产机械所要求的最高转速相对应的值，运行 1～2 h，并观察：

1）电动机的带载能力。电动机带负载高速运行时，观察当变频器的工作频率超过额定频率时，电动机能否带动该转速下的额定负载。

2）机械运转是否平稳。主要观察生产机械在高速运行时是否有振动。如果上述高、低频运行状况不够理想，可考虑通过适当增大传动比，以减轻电动机负载的可能性。

3.4.1　变频器保养和维护

1. 变频器定期检查项目

（1）输入、输出端子和铜排是否过热变色、变形。

（2）控制回路端子螺钉是否松动，用螺丝刀拧紧。输入 R、S、T 与输出 U、V、W 端子座是否有损伤。

（3）R、S、T 和 U、V、W 与铜排连接牢固否，用扳手拧紧。

（4）主回路和控制回路端子绝缘是否满足要求。

（5）电力电缆和控制电缆有无损伤和老化变色。

（6）污损的地方，用抹布沾上中性化学剂擦拭，除去粉尘，保持变频器散热性能良好。

（7）对长期不使用的变频器，应进行定期充电试验。

（8）变频器的绝缘测试。

2. 变频器零件更换的时间

（1）冷却风扇使用 3 年应更换。

（2）直流滤波电容器使用 5 年应更换。

（3）电路板上的电解电容器使用 7 年应更换。

（4）其他零部件根据情况适时进行更换。

由于变频器输入、输出电压或电流中均含有不同程度的谐波分量，用不同类别的测量仪器仪表会测量出不同的结果，并有很大差别，甚至是错误的。因此，在选择测量仪表时应区分不同的测量项目和测试点，选择不同的测试仪表，见表 3-1。变频器主电路的测量电路如图 3-11 所示。

3. 变频器主回路测试

由于变频器输入、输出电压或电流中均含有不同程度的谐波分量，用不同类别的测量仪器仪表会测量出不同的结果，并有很大差别，甚至是错误的。因此，在选择测量仪表时应区分不同的测量项目和测试点，选择不同的测试仪表，见表 3-1。

表 3-1　　主电路测量推荐使用的仪表

测定项目	测定位置	测定仪表	测定值基准
电源侧电压 U_1 和电流 I_1	R-S、S-T、T-R 间电压和 R、S、T 中的电流	电磁式仪表	变频器的额定输入电压和电流
电源侧功率	R、S、T	电动式仪表	$P_1=P_{11}+P_{12}+P_{13}$（三功率表法）
输出侧电压	U-V、V－W、V-U 间电压	整流式仪表	各相间的电压差应在最高输出电压的 1%以下
输出侧电流	U、V、W 的线电流	电磁式仪表	各相间的电流差应在变频器额定电流 10%以下

续表

测定项目	测定位置	测定仪表	测定值基准
输出侧功率	U、V、W 和 U-V、V-W	电动式仪表	$P_2=P_{21}+P_{22}$（两功率表法）
整流器输出	IX:+和 DC–之间	磁电式仪表	$1.35U_1$

变频器电路中的功率表接法有三功率法和两功率表法。

（1）三功率表法。用电动式仪表测量变频器输入侧功率时，由于变频器输入侧是三相整流桥电路，其三相输入电流常常是不平衡的。所以测量变频器输入侧的功率时，必须分别测量每相的功率，然后相加。具体如图 3-11 所示。

（2）两功率表法。用电动式仪表测量变频器输出侧功率时，由于通往电动机的三相电流是对称的，所以用两块单相功率表就可以测量输出侧的功率。

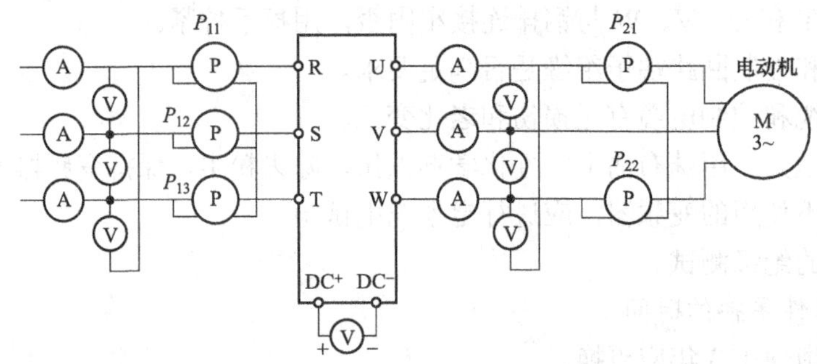

图 3-11　测量变频器输入侧、输出侧功率接法

3.4.2　变频器常见故障诊断与处理

1. 变频器的常见故障

（1）过电流故障。短路，接地，过负载，负载突变，加/减速时间设定太短，转矩提升量设定不合理，变频器内部故障或谐波干扰大等。

（2）过电压故障。电源电压过高，制动力矩不足，中间回路直流电压过高，加/减速时间设定得太短，电动机突然脱离负载，负载惯性大，载波频率设定不合适等。

（3）欠电压故障。电源电压偏低，电源断相，在同一电源系统中有大起动电流的负载起动，变频器内部故障等。

（4）变频器过热故障。负载过大，环境温度高，散热片吸附灰尘太多，冷却风扇工作不正常或散热片堵塞，变频器内部故障等。

（5）变频器过载、电动机过载故障。负载过大或变频器容量过小，电子热继电器保护设定值太小，变频器内部故障等。

2. 变频器跳闸事故原因及诊断处理方法

（1）变频器电源欠电压跳闸原因和诊断方法。变频器电源欠电压跳闸可能的原因有电源电压过低，电源缺相，整流桥故障。其诊断处理方法如图 3-12 所示。

（2）变频器电源过电压跳闸原因和诊断方法。变频器电源过电压跳闸，主要原因有电源电压过高，降速时间设置得太短，再生制动过程中制动单元工作不理想。其诊断处理方法如图 3-13 所示。

（3）变频器内部过热造成跳闸原因和诊断方法。变频器过热可能是风扇和散热器出现问题，或者负载过大。其具体诊断处理方法如图 3-14 所示。

欠电压
LU
是否停电(包括瞬时停电)
是
复位再起动
否
供电电路是否有器件故障或连接不良
是
更换故障器件改正连线
否
变频器控制电路故障或由于噪声造成误动作，请与制造商联系
是
电源电压是否在规定范围内
是
在同一电源系统中是否有大的起动电流负载
否
是否LU在断路器和接触器合闸时动作
否
主电路直流电压是否大于规定值
是
是
否
否
改变供电系统使符合规定范围
否
供电变压器容量是否合适
是
可能是变频器故障

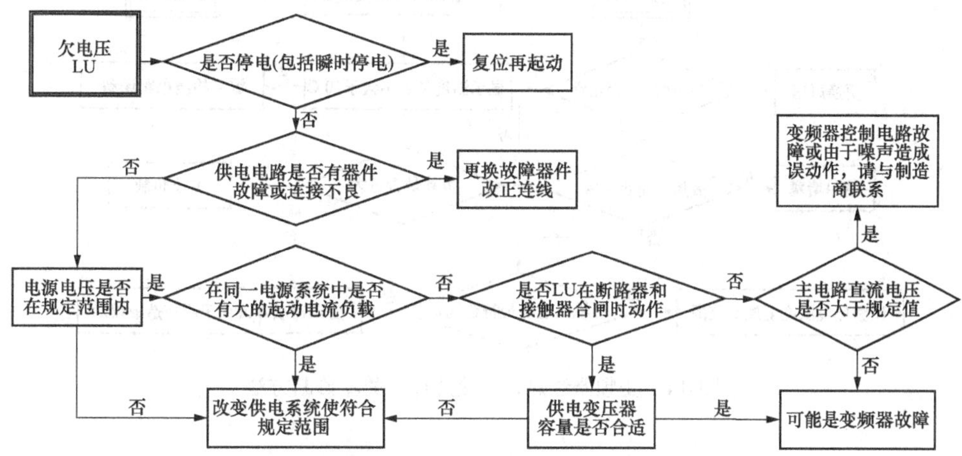

图 3-12　变频器电源欠电压跳闸故障诊断处理方法

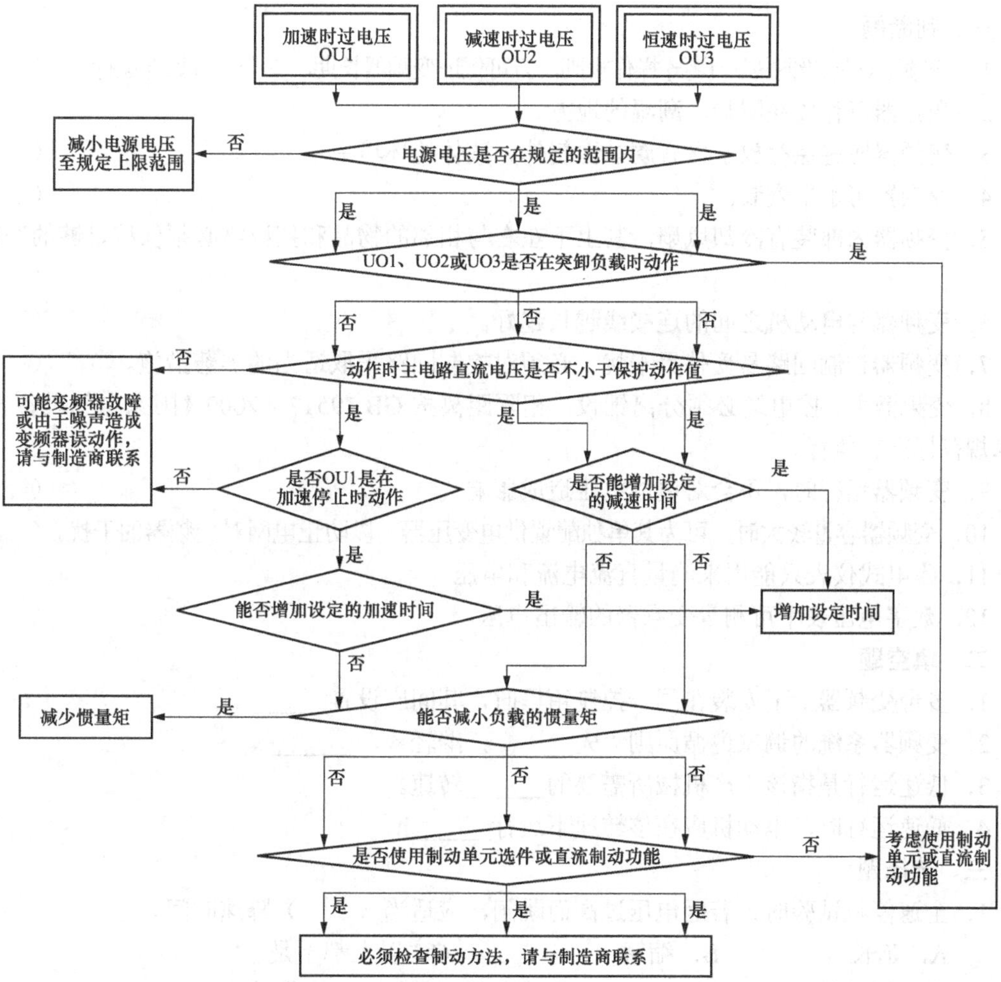

加速时过电压
OU1
减速时过电压
OU2
恒速时过电压
OU3
减小电源电压至规定上限范围
否
电源电压是否在规定的范围内
是
是
是
UO1、UO2或UO3是否在突卸负载时动作
是
否
否
否
可能变频器故障或由于噪声造成变频器误动作，请与制造商联系
否
动作时主电路直流电压是否不小于保护动作值
是
是
是
否
是否OU1是在加速停止时动作
是否能增加设定的减速时间
是
是
否
否
能否增加设定的加速时间
是
增加设定时间
否
减少惯量矩
是
能否减小负载的惯量矩
否
否
否
是否使用制动单元选件或直流制动功能
否
考虑使用制动单元或直流制动功能
是
是
是
必须检查制动方法，请与制造商联系

图 3-13　变频器电源过电压故障诊断处理方法

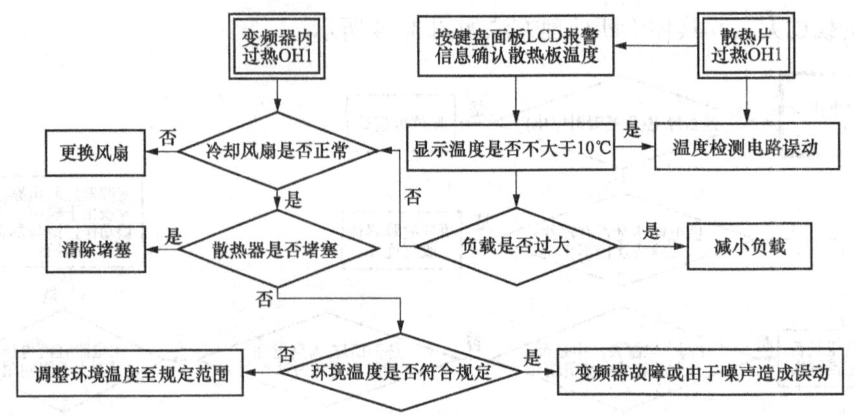

图3-14 变频器过热、散热片过热故障诊断方法

一、判断题

1．变频器安装和维护必须遵守操作规则，方可保证变频器长期、安全、可靠地运行。（ ）

2．变频器可存放在阴暗、潮湿的地方。（ ）

3．变频器应避免存放于含有腐蚀性气体、液体的环境中。（ ）

4．变频器可水平安装。（ ）

5．变频器内部装有冷却风扇，其上下左右与相邻的物品和挡板将必须保持足够的空间。（ ）

6．变频器与电动机之间的连接线越长越好。（ ）

7．变频器控制回路易受外界干扰，必须对控制回路采取适当的屏蔽措施。（ ）

8．变频器主、控电缆必须分离铺设，相隔距离按GB 19517—2009《国家电气设备安全技术规范标准》执行。（ ）

9．变频器运行时，不会对电网电压造成影响。（ ）

10．变频器容量较大时，可为其单独配置供电变压器，以防止电网对变频器的干扰。（ ）

11．磁电式仪表只能用来测量直流电流和电压。（ ）

12．数字电压表不可测量变频器的输出电压。（ ）

二、填空题

1．多台变频器上下安装在同一控制箱里时，其间应设置______。

2．变频器系统的调试遵循原则“先______，继轻载，______”。

3．低速运行是指该生产机械所需要的______转速。

4．低速运行时，电动机应在该转速下运行______h。

三、选择题

1．全速停机试验时，若因电压过高而跳闸，应适当（ ）降速时间。

A．延长 B．缩短 C．以上都不是

2．用户根据使用情况，每（ ）月对变频器进行一次定期检查。

A．1～3 B．3～6 C．6～9 D．12个月

3．变频器的冷却风扇使用（　　）年应更换。

A．1　B．3　C．5　D．10

4．直流滤波器使用（　）年应更换。

A．1　B．3　C．5　D．10

5．电路板上的电解电容使用（　　）年应更换。

A．1　B．3　C．5　D．7

6．下列选项中，（　　）不能由电磁式仪表测量。

A．输入电压　B．输入电流　C．输出电流　D．输出电压

四、简答题

1．负载测试的主要内容有哪些？

2．变频器常见故障有哪些？

五、计算题

变频器传动笼型电动机；电动机铭牌数据：额定电压220V，功率7.5kW，4极，额定电流15A，电缆铺设距离50m，线路电压损失允许在额定电压2%以内，试选择所用电缆的截面积？常用电缆电阻见表3-2。

表3-2　常用电缆电阻

电缆截面（mm^2）	3.5	5.5	9	14
电缆电阻（Ω/km）	5.20	3.33	2.31	1.30

学习任务四 变频器的应用分析

任务要求

1. 了解变频器在实际控制系统的应用。
2. 了解变频器控制优点。

4.1 变频器在中央空调中的应用

1. 中央变频空调控制系统

中央空调系统已经广泛应用于工业与民用领域，例如在宾馆、酒店、写字楼、工业厂房中都有中央空调控制系统，其制冷压缩机组、冷冻循环水系统、冷却循环水系统设备的容量大多按照建筑最大制冷、制热负荷选定，且再留有充足的裕量。无论季节、昼夜、用户的负荷如何变化，各电动机都长期固定在工频状态下全速运行，这造成了能量的巨大浪费。因此世界上比较先进的国家都采用变风量空调，以达到节能的目的。变风量空调可以通过变频器改变风机电动机的转速来调节风量，同时还可调节冷水泵控制送风温度。中央空调风量调节示意图如图 4-1 所示。

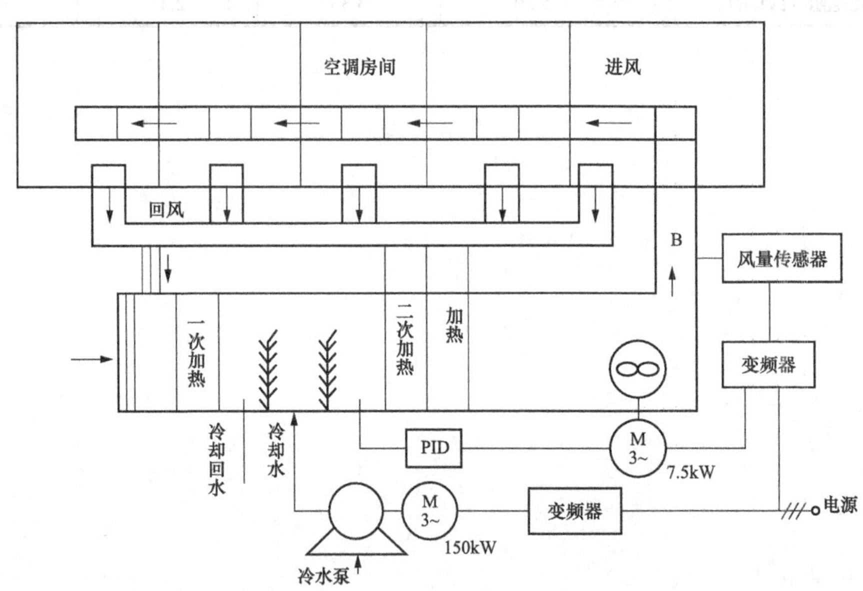

图 4-1 中央空调风量调节示意图

2. 中央空调控制系统工作过程

空调机将外面的新鲜空气吸入，进行过滤、冷热交换后送到楼房内。用变频器对空调机的送风机进行风量控制，可以达到节能的目的。吸进的新鲜空气由空调机冷却或加热后，通过空调机送入室内。由于所需要的空气量随楼内的人数及昼夜大气温度的变化而不同，所以与此相应地对风量进行调节可以减少输出风机的能耗并调整空调机的热负载。在人少的时间，如周末、星期天、节假日，需要风量也小。因此按适当的运行模式改变送风机转速，控制送风量，就可以做到不仅减少送风机电动机的能耗，还可以减轻暖气时锅炉的热负载和冷气时制冷机的热负载的变化。热负载的变化会引起冷水循环量的增加或减少，任其压力变化或只调节出水阀会造成很大的压力损失，使效率变低。

如果对冷水泵进行转速控制，以保持最佳压力，就可以防止发生因效率低下造成的压力损失，达到节能的效果。根据这个目的，对已有的冷水泵进行转速控制时，变频器控制方式较其他调速方式更容易，也更经济。

3. 变频空调系统工作原理

根据中央空调控制系统的工作原理，引入变频器，作为备用，保留常规由工频电源运转的旁路系统。变频器根据PID调节器的信号进行速度调节，冷水泵用压力进行PID调节。

如果该楼房用作商店或办公室，那么楼内的人员数量应该是变化的。如图4-2所示，按工作日、星期六、星期天与节假日分为三个运行模式，送风机的进风量根据二氧化碳浓度等环境标准来确定其最少必需量。

现有设备的送风机由于设计时留有一定裕量，因此按高速时86%、中速时67%、低速时57%的进风量（转速）来设定。

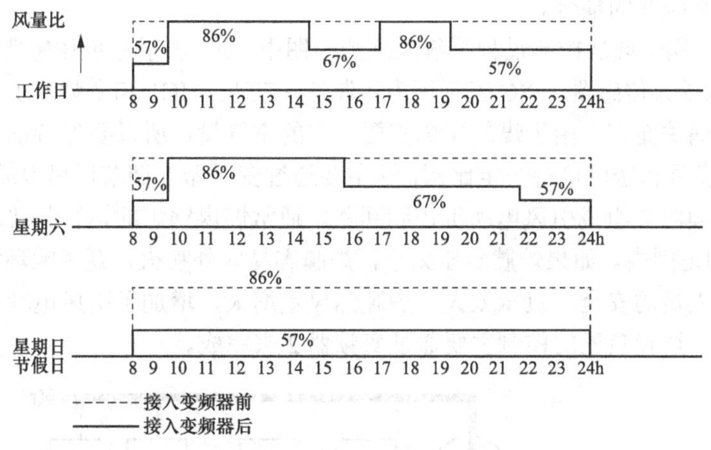

图4-2　变频空调运行模式

4. 变频空调系统节能效果

变频空调利用变频器控制电动机转速来调节进风量，由于所需轴功率与转速的二次方成比例减小，输入电能也与此相应地减少，送风机电机能耗减少，暖气锅炉热负载以及冷气时制冷机热负载减小，所以达到了一定的节能效果。按图4-2的运行模式显示接入变频器后电能消耗将降低。

在日常生活中，也大量使用空调，特别是近几年，变频空调被广泛使用，下面简单介绍一下家用空调的特点。家用空调有移动式、窗台式和分体式。由传统笼型电动机带动压缩机来调节冷暖气时存在以下问题：

（1）当室内温度和湿度发生波动，会引起不舒适感。

（2）压缩机在起动时有很大的冲击电流，因此需要较大的电源容量。

（3）由于压缩机转速恒定，室外温度变化会引起冷暖空调温度调节能力的变化（特别在暖气运行时，外面气温下降会导致暖气效果下降）。

使用变频器控制空调可以对上述问题有很大的改善。通过改变频率来应对轻载，减少压缩机开停次数，使制冷回路的制冷剂压力变化引起的损耗减少，舒适性得到改善；使用变频器后，在室外气温下降、负载增加时压缩机转速上升，能提高暖气效果；由变频器控制的空调在起动压缩机时，选择较低电压及频率来抑制起动电流，并获得所需起动转矩，所以可防止预定导通电流的增加。

4.2 变频器在锅炉燃烧控制系统的应用

工业锅炉根据采用的燃料不同，通常分为燃煤、燃油和燃气三种。这三种锅炉的燃烧过程控制系统基本相同，只是燃烧量的调节手段有所区别。对工业锅炉燃烧过程实现变频器调速主要是通过变频器调节送风机的送风量、引风机的引风量和燃料进给量。下面以 20t 燃煤蒸汽锅炉为例介绍变频器的应用。

1. 燃煤蒸汽锅炉燃烧过程

由于蒸汽锅炉的过程控制系统包括汽包水位控制系统和燃烧过程控制系统，两系统在锅炉运行过程中互相耦合，所以控制起来非常困难。以燃烧过程控制系统为例来介绍变频器的应用，暂不考虑系统间的耦合。

图 4-3 是蒸汽锅炉燃烧控制过程系统原理图。图中，FT 表示流量传感器，FIC 表示流量控制器，PT 表示压力传感器，PIC 表示压力控制器。FT1、FIC1 和变频器 1 组成鼓风机控制回路。对于燃煤锅炉而言，由于煤的燃烧需要一定的空气量，所以要保持锅炉的最佳燃烧过程，就必须使给煤量和送风量持一定比例，这主要通过变频器 1 调节送风电动机转速来实现。PT2、PIC2 和变频器 2 组成引风电动机控制回路。通常燃煤锅炉的运行都要求炉膛负压保持在–20～–40Pa 的范围内。如果炉膛负压太小，炉膛容易向外喷火，既影响环境卫生，又可能危及设备与操作人员的安全。负压太大，炉膛漏风量增大，增加了引风电动机的电耗和烟气带走的热量损失。炉膛负压的控制主要通过变频器 2 来完成。

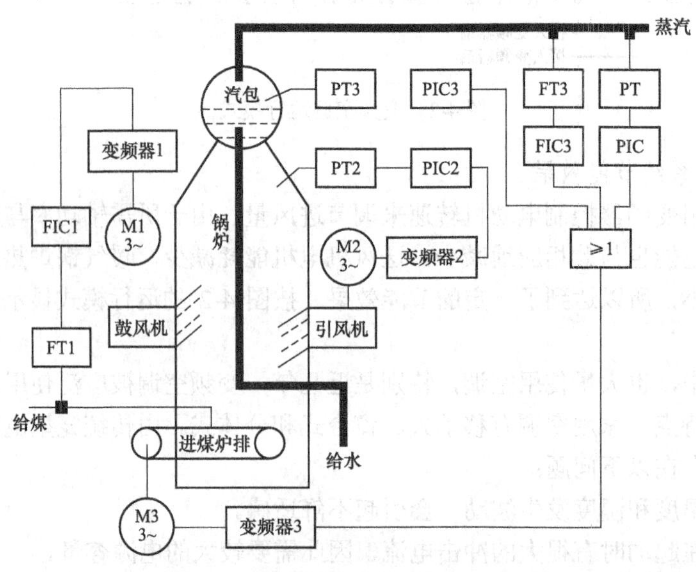

图 4-3 燃煤锅炉燃烧过程系统原理图

PT、PIC、PT3、PIC3、FT3、FIC3、变频器3组成给煤量控制回路。锅炉运行时，蒸汽压力和蒸汽生产量直接反映了锅炉燃烧发热量。如果煤的进给量改变，在保持最佳燃烧状况的情况下，蒸汽的生产量也会相应改变。所以通过变频器3调节给煤机的转速，就可调节煤的进给量，从而达到控制蒸汽生产量的目的。

根据图4-3可得锅炉燃烧控制系统框图，如图4-4所示。系统工作原理：当负载蒸汽量变化时，主调节器接收蒸汽压力信号p，输入给煤量调节器，及时调节给煤量，以适应负载的变化。同时，给煤量调节器将负载变化的信号输送给送风量调节器，以保持适当的煤风比例。由于送风量调节器与引风负压调节器之间有动态补偿信号，此时引风负压调节器也同时动作，这样就保证了燃烧控制系统的协调动作，以保证正确的煤风比例和适当的炉膛负压。

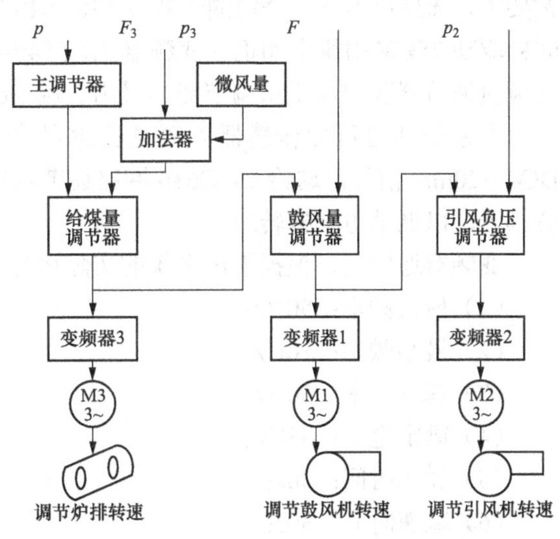

图4-4 锅炉燃烧控制系统框图

p—蒸汽母管压力；p_3—汽包压力；

p_2—炉膛压力；F_3—蒸汽流量；F—鼓风量

2. 变频调速系统接线原理

变频调速系统接线原理图如4-5所示。该系统送风电动机为380V、30kW交流电动机，引

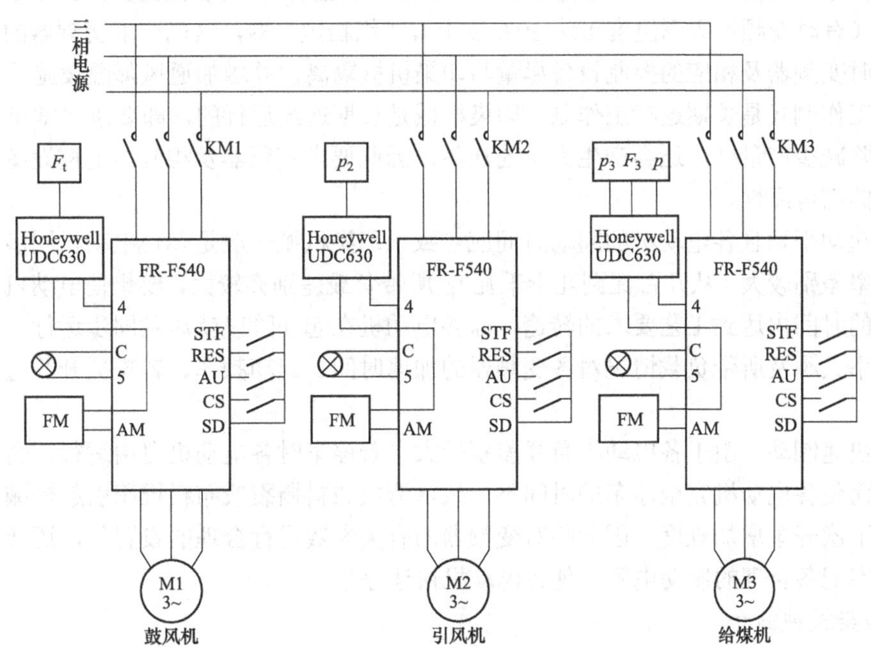

图4-5 变频调速系统图

4—频率给定；5—模拟量公共端；STF—反转；A—故障继电器动合触点；

RES—复位端子；AM—频率输出显示；F_t—蒸汽流量；SD—开关量公共端；

p—锅炉炉膛压力；p_3—锅炉汽包压力；p_2—锅炉蒸汽压力

风电动机为380V、75kW交流电动机，给煤电动机为380V、3.0kW交流电动机。根据现场工艺要求，选择日本三菱公司的变频器FR-F540-37K驱动30kW送风电动机，变频器FR-F540-90K驱动75kW引风电动机，变频器FR-F540-3.7K驱动3.0kW给煤电动机。给煤量调节器、送风量调节器和引风负压调节器均采用美国Honeywell公司的UDC630回路调节器。

本系统通过压力传感器和流量传感器将锅炉的蒸汽压力、蒸汽流量、风量等转换成DC4～20mA信号，送给UDC630回路调节器进行PID调节，然后输出DC4～20mA信号送变频器，以调节电动机转速。

变频器通电后，根据锅炉系统的实际运行要求，对变频器的功能进行以下设定：

（1）最大频率：50Hz；

（2）最小频率：10Hz；

（3）基本频率：50Hz；

（4）额定电压：380V；

（5）加速时间：30s；

（6）减速时间：30s；

（7）瞬时停电再起动时间：0.5s。

其他功能设定遵照变频器出厂设定值。

4.3 变频器在印染控制系统的应用

1. 变频调速在印染行业中应用的特点

（1）运行环境差。印染设备运行环境一般很差，潮湿度大（相对湿度可达90%以上），环境温度高（有时变频器周围温度可达50℃以上），“织物尘”多，这就要求变频器的防护等级要高，同时变频器及相应的控制设备尽量与印染机械隔离，并增加通风降温设施。

（2）工作制式是长期连续工作制。印染机械是长期连续运行的，即要求“常年不停机”，每次停机除减少产量外，还会产生大量的次品，因此要求变频器及相应的电控设备具有长期不出故障的高可靠性。

（3）起动平稳且各电动机的起动时间应一致。印染机械一般是多台电动机同步运行，各电动机功率差别较大（从几百瓦到几十千瓦），所带负载差别亦较大，要想使电动机同时起动并在相同的时间内达到工艺要求的转速，即各电动机在起动阶段就达到同步运行，就要根据电动机功率大小及所带负载情况对各变频器的加速时间、起动频率、转矩提升等进行合理的设置。

（4）快速制动。由于各电动机负载差别较大，若停车时各电动机自由运行，会由于惯性差别较大而使各电动机完全停车的时间不一致，造成布料撕裂或布料堆积引起机械故障，同时还会对下次开车增加难度。因此除对变频器的有关参数进行合理的设置外，还要根据各变频器的功率配备合理的制动电阻，使各电动机快速停车。

2. 印染机械简介

印染机械有烧毛机、退浆机、退煮漂联合机、打底机、显色皂洗机、水洗机、印花机、布铗丝光机、烘干机等多种，品种千差万别，功能各不相同，电动机数量及功率差别较大（电动机功率一般在0.6～40kW范围内），但就其电气传动原理而言，却是大同小异。现以比较简单的LMH101烘干机为例来说明，如图4-6所示。

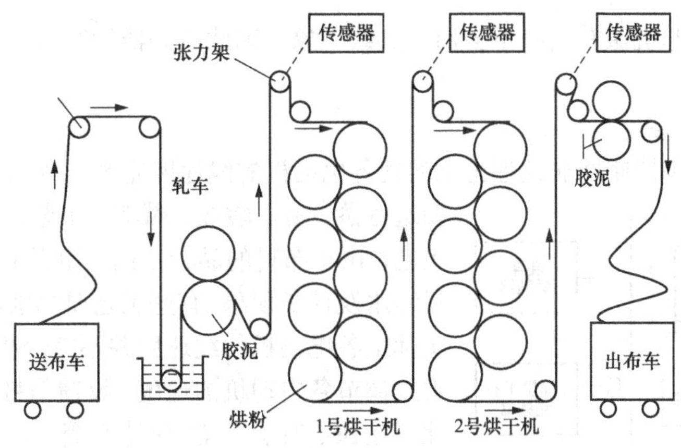

图 4-6　烘干机示意图

布料经上浆槽由轧车电动机拖进 1 号烘干机，在进行烘干之前，先经过张力架（也叫松紧架），布料从 1 号烘干机出来之后再经张力架进入 2 号烘干机，从 2 号烘干机出来之后经张力架和落布架落入出布车，整个工作过程结束。

在烘干机中，通常将轧车电动机作为主令单元，而其他电动机全部作为从动单元，主令单元没有张力架，是全机速度的基准，各从动单元都有各自的张力架，要根据布张力的大小调整相应电动机变频器的给定频率，使之与主令机同步运行。张力架可以上下活动，布料太紧时，张力加大，张力架向下移动，需要使张力架后面的电动机变慢或张力架前面的电动机变快；布料松时张力减小，张力架向上移动，需要使后面的电动机变快或使前面的电动机变慢。

应当注意，不一定将第一台电动机作为主令机。哪台电动机作为主令机应根据电机功率和工艺要求由印染机械制造厂决定，张力架是控制前面的电动机还是控制后面的电动机应根据主令机的位置及张力架的位置决定。

要用张力架的上下移动来直接控制变频器是不可能的，必须用传感器来将张力架的上下移动变成相应的物理量变化，如电阻、电压或电流的变化。用于印染机械的传感器可根据是否与张力架有机械连接分为接触式与非接触式两大类。接触式传感器是由张力架的上下移动而带动旋转的电位器、旋转变压器及各类专用的传感器等。优点是稳定性好，线性度较高；缺点是除旋转变压器外，多数都是由张力架带动线绕电位器旋转，不同的传感器只是对电阻信号的处理方式不同（可处理成正负电压信号或正负电流信号），电位器体积小，机械强度差，再加上每日 24h 连续工作，很容易损坏，故障率较高，并且电位器长期放在潮湿且含有酸碱蒸气的环境中，也是容易损坏的原因之一。非接触式传感器主要有超声波传感器、涡流式线位移传感器等，靠非接触式来探测张力架的位置，变成相应的电压信号输出，一般将传感器整体用环氧树脂密封在塑料容器中，与外界彻底隔离，又没有机械接触，故障率很低，被广泛采用。缺点是对温度比较敏感，温度变化对参数影响较大，因此应尽量避免在温差较大的场合使用。

为了保证设备的安全，在张力太大或太小时应全机停车，停车由限位开关来完成。除了主令电动机外，其他电动机的拖动系统都安装张力架，限位开关和传感器安装在一起。限位开关动作时，发出停车信号，使全机停车。非接触式传感器也可以不装限位开关，根据传感器信号的大小由模拟电子线路驱动中间继电器，再由中间继电器的触点控制停车。

电动机容量由印染机械厂提供，为便于同步，一般选用容量较大的电动机，即存在着大马拉小车现象，除非机械有故障不会出现过载现象，因此变频器的容量只需与各单元的电动机容量相符即可。

3. 同步控制电路

印染机械的同步控制并非纯理论上的使各电动机的线速度完全一致。布料在加工过程中，要进行蒸、煮、酸洗、碱洗、上浆、水洗、上色等多种工艺。由于布料的品种不同，加工工艺不同，存在着布料缩水及伸长现象。有些工艺要缩水，有些工艺要伸长，实际上各电动机的线速度并不完全相同，要根据布的张力来调节各电动机的速度。反馈信号是不断变化的。因此，在稳定时除了 U_g 保持不变外，其他各变频器的频率给定信号（U_{g1}、U_{g2}、U_{g3}、U_{g4}）也是不断变化的。整个系统维持动态平衡，达到所谓的同步运行。

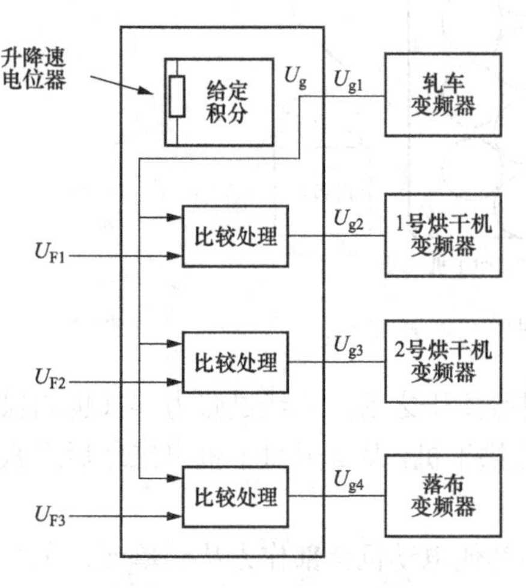

图 4-7 同步控制示意图

布料的张力可以从张力架的位置反映出来，然后通过传感器得到偏差信号 U_F，反馈到控制中心，控制中心将反馈信号 U_F 与标准给定信号 U_g 比较后给出各变频器的频率给定信号，控制各变频器运行。同步控制示意图如图 4-7 所示。

反馈信号 U_F 可以是电阻、电流或电压信号，信号的种类及大小随传感器品种不同而异，同步控制中心的任务是根据反馈信号 U_F 提供各变频器的给定信号，对于不同的反馈信号，控制中心对信号的处理方式有区别，但最终都是处理成变频器能接收的直流电压信号（例如 0～10V）或直流电流信号（例如 4～20mA）。

另外，也可以用专用的同步控制器来完成，但当实际的反馈信号与同步控制器所要求的反馈信号不一致时，需要先对反馈信号进行处理。

4. 控制电路

LMH101 轧水烘干机电控柜控制电路的接线图如图 4-8 所示。

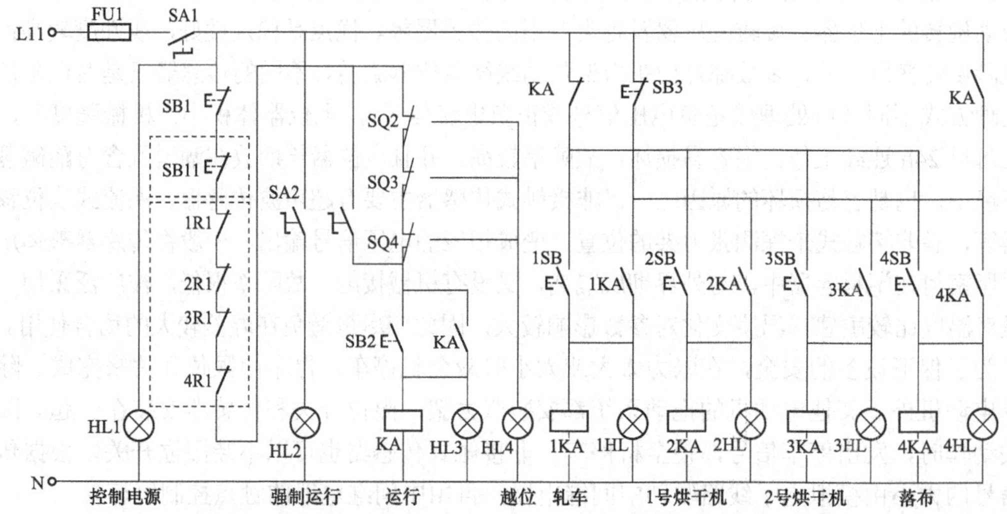

图 4-8 LMH101 烘干机同步调速系统的控制电路

图中按钮 SB11 为外部停车按钮，SQ2～SQ4 为限位开关。控制电路的工作过程读者自行分析。

在电动机数量较多的同步调速控制系统中，一般采用 PLC 的输出控制中间继电器，再用中间继电器的触点控制变频器和信号灯。以上电路使用施耐德 PLC 控制后，在图中，1SB～4SB 为各电动机的预选按钮。PLC 编程设计时，增加了电动机全选按钮 SB5，在系统正常运行与停车时，SB5 用得较多。SB3 为外部停车按钮，当外部停车按钮较多时，各停车按钮可以串联，也可以全部都接在 PLC 的输入端，并相应修改程序。

学习任务五　可编程序控制器编程学习

子任务一　可编程序控制器基础知识

任务要求

1. 掌握可编程序控制器工作原理和结构。
2. 会画出西门子 S7-200 基本指令的时序图。
3. 掌握基本的编程方法。

5.1　PLC 基础知识

5.1.1　PLC 分类与应用

可编程序控制器（Programmable Logic Controller，PLC），又称可编程控制器，在 1987 年国际电工委员会（International Electrical Committee）颁布的 PLC 标准草案中对 PLC 做了如下定义：PLC 是一种专门为在工业环境下应用而设计的数字运算操作的电子装置。它采用可以编制程序的存储器，用来在其内部存储执行逻辑运算、顺序运算、计时、计数和算术运算等操作的指令，并能通过数字式或模拟式的输入和输出，控制各种类型的机械或生产过程。PLC 及其有关的外围设备都应该按易于与工业控制系统形成一个整体，易于扩展其功能的原则而设计。

1. PLC 的分类

（1）按产地不同，PLC 可分为日、欧美、韩台、大陆等系列。其中日系具有代表性的为三菱、欧姆龙、松下、光洋等；欧美系列具有代表性的为西门子、A-B、通用电气、德州仪器等；韩台系列具有代表性的为 LG、台达等；大陆系列具有代表性的为和利时、浙江中控等。

（2）按点数不同，PLC 可分为大型机、中型机及小型机等。大型机 I/O 点数一般大于 2048 点，多 CPU，16/32 位处理器，用户存储器容量 8～16KB，具有代表性的为西门子 S7-400 系列、通用公司的 GE-Ⅳ系列等；中型机 I/O 点数一般为 256～2048 点，单/双 CPU，用户存储器容量 2～8KB，具有代表性的为西门子 S7-300 系列、三菱 Q 系列等；小型机 I/O 点数一般小于 256 点，单 CPU，8/16 位处理器，用户存储器容量 4KB 字以下，具有代表性的为西门子 S7-200 系列、三菱 FX 系列等。

（3）按结构不同，PLC 可分为整体式和模块式。整体式 PLC 是将电源、CPU、I/O 接口等部件都集中装在一个机箱内，具有结构紧凑、体积小、价格低的特点；小型 PLC 一般采用这种整体式结构。模块式 PLC 由不同 I/O 点数的基本单元（又称主机）和扩展单元组成。基本单元内有 CPU、I/O 接口、与 I/O 扩展单元相连的扩展口，以及与编程器或 EPROM 写入器相连的接口等；扩展单元内只有 I/O 模块和电源等，没有 CPU；基本单元和扩展单元之间一般用扁平电缆连接；整体式 PLC 一般还可配备特殊功能单元，如模拟量单元、位置控制单元等，使其功能得以扩展。这种模块式PLC的特点是配置灵活，可根据需要选配不同规模的系统，而且装配方便，便于扩展和维修。大、中型PLC一般采用模块式结构；另外还有一些PLC将整体式和模块式的特点结合起来，构成所谓叠装式PLC。

（4）按功能不同，PLC可分为低档、中档、高档三类。低档PLC具有逻辑运算、定时、计数、移位以及自诊断、监控等基本功能；还可有少量模拟量输入/输出、算术运算、数据传送和比较、通信等功能；主要用于逻辑控制、顺序控制或少量模拟量控制的单机控制系统。中档PLC除具有低档PLC的功能外，还具有较强的模拟量输入/输出、算术运算、数据传送和比较、数制转换、远程I/O、子程序、通信联网等功能；有些还可增设中断控制、PID控制等功能，适用于复杂控制系统。高档PLC除具有中档机的功能外，还增加了带符号算术运算、矩阵运算、位逻辑运算、平方根运算及其他特殊功能函数的运算、制表及表格传送功能等；高档PLC机具有更强的通信联网功能，可用于大规模过程控制或构成分布式网络控制系统，实现工厂自动化。

2. PLC的特点

（1）可靠性高，抗干扰能力强。高可靠性是电气控制设备的关键性能。PLC由于采用现代大规模集成电路技术，采用严格的生产工艺制造，内部电路采取了先进的抗干扰技术，具有很高的可靠性。一些使用冗余CPU的PLC的平均无故障工作时间则更长。使用PLC构成控制系统，和同等规模的继电器—接触器系统相比，电气接线及开关接点已减少到数百甚至数千分之一，故障也就大大降低。此外，PLC带有硬件故障自我检测功能，出现故障时可及时发出警报信息。在应用软件中，应用者还可以编入外围器件的故障自诊断程序，使系统中除PLC以外的电路及设备也获得故障自诊断保护。因此，整个系统具有极高的可靠性。

（2）配套齐全，功能完善，适用性强。PLC发展到今天，已经形成了大、中、小规模的系列化产品，可以用于各种规模的工业控制场合。除了逻辑处理功能以外，现代PLC大多具有完善的数据运算能力，可用于各种数字控制领域。近年来PLC的功能单元大量涌现，使PLC渗透到了位置控制、温度控制、CNC等各种工业控制中。加上PLC通信能力的增强及人机界面技术的发展，使用PLC组成各种控制系统变得非常容易。

（3）易学易用。PLC作为通用工业控制计算机，是面向工矿企业的工控设备。它接口容易，编程语言易于为工程技术人员接受。梯形图语言的图形符号与表达方式和继电器电路图相当接近，只用PLC的少量开关量逻辑控制指令就可以方便地实现继电器电路的功能。

（4）系统的设计、建造工作量小，维护方便，容易改造。PLC用存储逻辑代替接线逻辑，大大减少了控制设备外部的接线，使控制系统设计及建造的周期大为缩短，同时维护也变得容易起来。更重要的是，使同一设备经过改变程序改变生产过程成为可能。这很适合多品种、小批量的生产场合。

（5）体积小，质量轻，能耗低。以超小型PLC为例，新近出产的品种底部尺寸小于100mm，质量小于150g，功耗仅数瓦。由于体积小，很容易装入机械内部，因此是实现机电一体化的理想控制设备。

3. PLC的应用领域

目前，PLC在国内外已广泛应用于钢铁、石油、化工、电力、建材、机械制造、汽车、轻纺、交通运输、环保及文化娱乐等各个行业，使用情况大致可归纳为如下几类：

（1）开关量控制。这是PLC最基本、最广泛的应用领域，它取代传统的继电器电路，实现逻辑控制、顺序控制，既可用于单台设备的控制，也可用于多机群控及自动化流水线，如注塑机、印刷机、订书机械、组合机床、磨床、包装生产线、电镀流水线等。

（2）模拟量控制。在工业生产过程当中，有许多连续变化的量，如温度、压力、流量、液位和速度等都是模拟量。为了使可编程控制器处理模拟量，必须实现模拟量（Analog）和数字量（Digital）之间的 A/D 转换及 D/A 转换。PLC 厂家都生产配套的 A/D 和 D/A 转换模块，使可编程控制器用于模拟量控制。

（3）运动控制。PLC 可以用于圆周运动或直线运动的控制。对控制机构配置而言，早期 PLC 直接用于开关量 I/O 模块连接位置传感器和执行机构，现在一般使用专用的运动控制模块，如可驱动步进电机或伺服电机的单轴或多轴位置控制模块。世界上各主要 PLC 厂家的产品几乎都有运动控制功能，广泛用于各种机械、机床、机器人、电梯等场合。

（4）过程控制。过程控制是指对温度、压力、流量等模拟量的闭环控制。作为工业控制计算机，PLC 能编制各种各样的控制算法程序，完成闭环控制。PID 调节是一般闭环控制系统中用得较多的调节方法。大中型 PLC 都有 PID 模块，目前许多小型 PLC 也具有此功能模块。PID 处理一般是运行专用的 PID 子程序。过程控制在冶金、化工、热处理、锅炉控制等场合有非常广泛的应用。

（5）数据处理。现代 PLC 具有数学运算（含矩阵运算、函数运算、逻辑运算）、数据传送、数据转换、排序、查表、位操作等功能，可以完成数据的采集、分析及处理。这些数据可以与存储器中的参考值比较，完成一定的控制操作，也可以利用通信功能传送到别的智能装置，或将它们打印制表。数据处理一般用于大型控制系统，如无人控制的柔性制造系统；也可用于过程控制系统，如造纸、冶金、食品工业中的一些大型控制系统。

（6）通信及联网。PLC 通信含 PLC 间的通信及 PLC 与其他智能设备间的通信。随着计算机控制的发展，工厂自动化网络发展得很快，各 PLC 厂商都十分重视 PLC 的通信功能，纷纷推出各自的网络系统。新近生产的 PLC 都具有通信接口，通信非常方便。

5.1.2 PLC 的结构与工作原理

1. PLC 的结构

PLC 的类型繁多，功能和指令系统也不尽相同，但结构与工作原理则大同小异。如图 5-1 所示，PLC 通常由主机、输入/输出接口、电源、编程器扩展器接口和外部设备接口等几个主要部分组成。

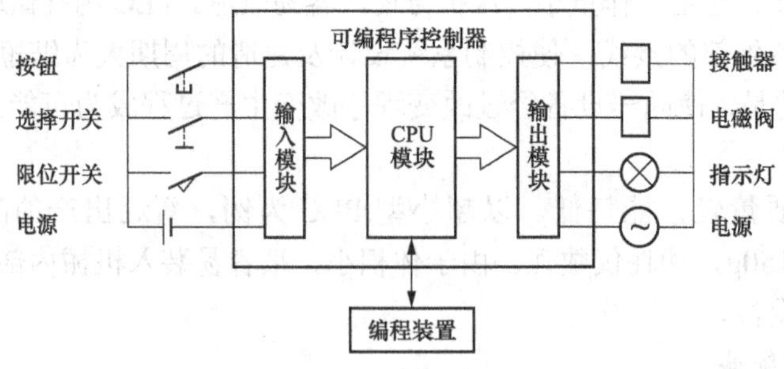

图 5-1 PLC 结构图

（1）主机。主机部分包括中央处理器（CPU）、系统程序存储器和用户程序及数据存储器。CPU 是 PLC 的核心，用以运行用户程序、监控输入/输出接口状态、作出逻辑判断和进行数据处理，即读取输入变量、完成用户指令规定的各种操作，将结果送到输出端，并响应外部设备（如编程器、电脑、打印机等）的请求以及进行各种内部判断等。PLC 的内部存储器有两类：一类是系统程序存储器，主要存放系统管理和监控程序及对用户程序作编译处理的程序，系统程序已由厂家固定，用户不能更改；另一类是用户程序及数据存储器，主要存放用户编制的应用程序及各种暂存数据和中间结果。

（2）输入/输出（I/O）接口。I/O 接口是 PLC 与输入/输出设备连接的部件。输入接口接收输入设备（如按钮、传感器、触点、行程开关等）的控制信号。输出接口是将主机经处理后的结果通过功放电路去驱动输出设备（如接触器、电磁阀、指示灯等）。I/O 接口一般采用光电耦合电路，以减少电磁干扰，从而提高了可靠性。I/O 点数即输入/输出端子数是 PLC 的一项主要技术指标，通常小型机有几十个点，中型机有几百个点，大型机将超过千点。

（3）电源。图 5-1 中电源是指为 CPU、存储器、I/O 接口等内部电子电路工作所配置的直流开关稳压电源，通常也为输入设备提供直流电源。

（4）编程器。编程器是 PLC 的一种主要的外部设备，用于手持编程，用户可用以输入、检查、修改、调试程序或监示 PLC 的工作情况。除手持编程器外，还可通过适配器和专用电缆线将 PLC 与电脑连接，并利用专用的工具软件进行电脑编程和监控。

（5）输入/输出扩展接口。I/O 扩展接口用于连接扩充外部输入/输出端子数的扩展单元与基本单元（即主机）。

（6）外部设备接口。此接口可将编程器、打印机、条码扫描仪等外部设备与主机相连，以完成相应的操作。

2. PLC 的工作原理

PLC 是采用“顺序扫描，不断循环”方式进行工作的。即在 PLC 运行时，CPU 根据用户按控制要求编制好并存于用户存储器中的程序，按指令步序号（或地址号）从第一条指令开始逐条顺序执行用户程序作周期性循环扫描，如无跳转指令，则直至程序结束。然后重新返回第一条指令，开始下一轮新的扫描。在每次扫描过程中，还要完成对输入信号的采样和对输出状态的刷新等工作。

PLC 的一个扫描周期必经输入采样、程序执行和输出刷新三个阶段。

（1）输入采样阶段：首先以扫描方式按顺序将所有暂存在输入锁存器中的输入端子的通断状态或输入数据读入，并将其写入各对应的输入状态寄存器中，即刷新输入。随即关闭输入端口，进入程序执行阶段。

（2）程序执行阶段：按用户程序指令存放的先后顺序扫描执行每条指令，执行的结果再写入输出状态寄存器中，输出状态寄存器中所有的内容随着程序的执行而改变。

（3）输出刷新阶段：当所有指令执行完毕，输出状态寄存器的通断状态在输出刷新阶段送至输出锁存器中，并通过一定的方式（继电器、晶体管或晶闸管）输出，驱动相应输出设备工作。

5.1.3 S7-200 系列 PLC 基本硬件组成与外形结构

1. S7-200 系列 PLC 的基本硬件组成

S7-200 系列 PLC 可提供 4 种不同的基本单元和 6 种型号的扩展单元，其系统构成包括基本单元、扩展单元、编程器、程序存储卡、写入器、文本显示器等。

（1）基本单元。S7-200 系列 PLC 中可以提供 4 种不同的基本型号的 8 种 CPU 供选择使用，其输入/输出点数的分配见表 5-1。S7-200 的 CPU 模块共有两个系列：CPU21X 和 CPU22X。CPU21X 系列包括 CPU212、CPU214、CPU215 和 CPU216；CPU22X 系列包括 CPU221、CPU222、CPU224、CPU226 和 CPU224XP。其中，在本教材技能训练中选用的型号是 S7-200 CPU224。

表 5-1　S7-200 系列 PLC 中 CPU22X 的基本单元

型号	输入点	输出点	可带扩展模块数
S7-200 CPU221	6	4	—
S7-200 CPU222	8	6	2 个扩展模块 78 路数字量 I/O 点或 10 路模拟量 I/O 点
S7-200 CPU224	14	10	7 个扩展模块 168 路数字量 I/O 点或 35 路模拟量 I/O 点
S7-200 CPU224XP	14	10	7 个扩展模块 168 路数字量 I/O 点或 38 路模拟量 I/O 点
S7-200 CPU226	24	16	7 个扩展模块 248 路数字量 I/O 点或 35 路模拟量 I/O 点

CPU224 具有 24 输入 10 个输出共 24 个数字量 I/O 点，可连接 7 个扩展模板单元，最大可扩展至 168 个数字量 I/O 或 35 路模拟量 I/O，组成的 I/O 端子排可以很容易整体拆卸；具有 32KB 的程序和数据存储区空间、6 个独立的 30kHz 的高速计数器、2 路独立的 20kHz 的高速脉冲数出、PID 控制器、1 个 RS-485 通信/编程口、点对点接口 PPI 通信协议、多点接口 MPI 通信协议和自由通信口。

（2）扩展单元。S7-200 系列 PLC 主要有 6 种扩展单元，它本身没有 CPU，只能与基本单元相连使用，用于扩展 I/O 点数。S7-200 系列 PLC 扩展单元型号及输入/输出点数的分配见表 5-2。

表 5-2　S7-200 系列 PLC 扩展单元型号及输入/输出点数

类别	型号	输入点	输出点
数字量扩展模块	EM221	8	无
	EM222	无	8
	EM223	4/8/16	4/8/16
模拟量扩展模块	EM231	3	无
	EM231	无	2
	EM235	3	1

（3）编程器。PLC 在正式运行时，不需要编程器，编程器主要用来进行用户程序的编制、存储和管理等，并将用户程序送入 PLC 中，在调试过程中进行监控和故障检测。S7-200 系列 PLC 可采用多种编程器，一般分为简易型和智能型。

简易型编程器是袖珍型的，简单实用，价格低廉，是一种很好的现场编程及监测工具，但是显示功能差，只能用指令表方式输入，实用不够方便。智能型编程器采用计算机进行编程操作，将专用的编程软件装入计算机内，可直接采用梯形图语言编程，实现在线监测、非常直观，且功能强大。S7-200 系列 PLC 专用的编程软件为 STEP7-Micro/WIN。

（4）程序存储卡。为了保证程序及重要参数的安全，一般小型 PLC 外接 EEPROM 卡盒接口。通过该接口可以将卡盒的内容写入 PLC，也可将 PLC 内的程序及重要参数传到外界

EEPROM 卡盒内作为备份。程序存储卡 EEPROM 有 6ES7291-8GC00-0XA0 两种，程序容量分别为 8KB 和 16KB。

（5）写入器。写入器的功能是实现 PLC 和 EPROM 之间的程序传送，是将 PLC 中 RAM 区的程序通过写入器固化到程序存储卡中，或将 PLC 中存储卡的程序通过写入器传送到 RAM 中。

（6）文本显示器。文本显示器 TD200 不仅是一个用于显示系统信息的显示设备，还可以作为控制单元对某个量的数值进行修改，或直接设置输入/输出量。文本信息的显示用选择/确认的方法，最多可以显示 80 条信息，每条信息最多 4 个变量的状态。过程参数可在显示器上显示，并可以随时修正。TD200 面板上的 8 个可编程序的功能键，每个都分配了一个存储器位，这些功能键在启动和测试系统时，可以进行参数设置和诊断。

2. S7-200 系列 PLC 的外部结构

西门子 S7-200 系列 PLC 外部结构如图 5-2 所示，主要由状态显示灯（LED）、存储卡接口、I/O 指示灯、通信接口、输入/输出接线端子等部分组成，具体功能如下：

（1）状态显示灯（LED）。状态显示灯显示 CPU 所处的工作状态。各指示灯含义如下：SF—系统错误；RUN—运行；STOP—停止。

（2）存储卡接口。存储卡接口可以插入存储卡。

（3）通信接口。通信接口可以连接 RS-485 总线的通信电缆。

（4）输出接线端子和 PLC 供电电源端子。该类端子在 PLC 顶部端子盖下边，输出端子的运行状态可以由顶部端子盖下方一排指示灯显示，ON 状态对应指示灯亮，OFF 状态对应指示灯灭。

（5）输入接线端子和传感器电源端子。该类端子在 PLC 底部端子盖下边，输入端子的运行状态可以由底部端子盖上方的一排指示灯显示，ON 状态对应的指示灯亮，OFF 状态对应的指示灯灭。

（6）前盖。前盖下面有运行、停止开关和接口模块插座。将开关拨向停止位置时，PLC 处于停止状态，此时可以对其编写程序，将开关拨向运行位置时，PLC 处于运行状态，此时不能对其编写程序。将开关拨向监控（Term）状态，可以运行程序，同时还可以监视程序运行的状态。接口插座用于连接扩展模块，实现 I/O 扩展。

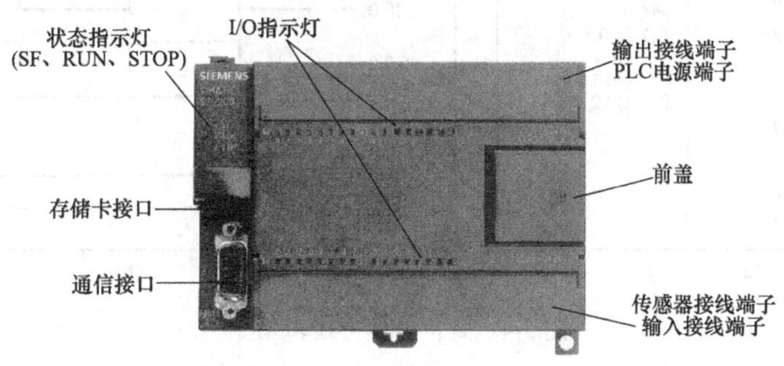

图 5-2　西门子 S7-200 系列 PLC 外部结构

5.1.4　S7-200 系列 PLC 的基本指令

1. 位逻辑指令

S7-200 系列的主要基本逻辑指令见表 5-3。

表 5-3　　S7-200 系列的主要基本逻辑指令

指令名称	指令符	功　　能
取	LD	读入逻辑行或电路块的第一个动合触点
取反	LDN	读入逻辑行或电路块的第一个动断触点
与	A	串联一个动合触点
与非	AN	串联一个动断触点
或	O	并联一个动合触点
或非	ON	并联一个动断触点
输出	=	输出逻辑行的运算结果
置位	S	置继电器状态为接通

梯形图(LAD)	指令表(STL)
网络1 I0.0　I0.1　Q0.0	网络1 LD　I0.0 A　I0.1 =　Q0.0
网络2 I0.0　NOT　Q0.1	网络2 LD　I0.0 NOT =　Q0.1

（a）

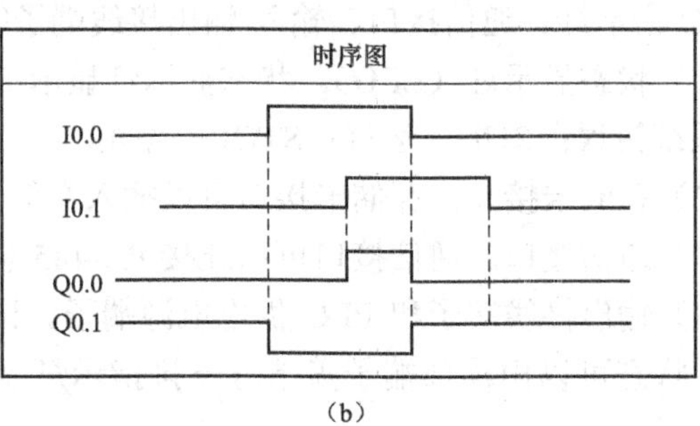

（b）

图 5-3　取、与、非逻辑指令

（a）梯形图、指令表；（b）时序图

梯形图以网络分段，每个网络只允许有一个输出线圈（并联的除外）。图 5-3 以取指令、与指令、非指令为例，其中图 5-3（a）为这些基本指令的梯形图和指令表，图 5-3（b）为时序图。置位、复位指令如图 5-4 所示。

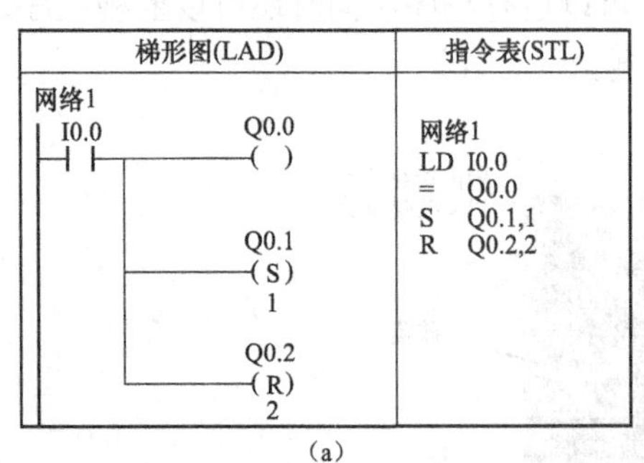

（a）

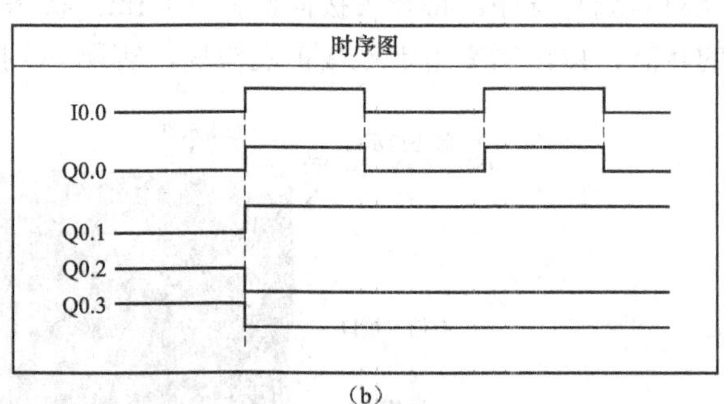

（b）

图 5-4　置位、复位逻辑指令

（a）置位/复位指令梯形图、指令表；（b）置为/复位指令时序图

2. 定时器指令

定时器是根据预先设定的定时值，按一定的时间单位进行计时的 PLC 内部装置。在运行过程中，当定时器的输入条件满足时，当前值从 0 开始按一定的单位增加。当定时器的当前值到达设定值时，定时器发生动作，从而满足各种定时逻辑控制的需要。

S7-200 系列 PLC 提供了三种类型共 256 个（编号为 T0～T255）的定时器。定时器分为接通延时定时器（TON）、有记忆接通延时定时器（TONR）、断开延时定时器（TOF）三种类型。其分辨率（也可以成为时基）分为 1、10、100ms。其不同的定时器编号对应着相应的分辨率、定时器类型，具体见表 5-4。

表 5-4　定时器分辨率

定时器类型	分辨率（ms）	最大当前值（s）	定时器编号
TONR	1	32.767	T0，T64
	10	327.67	T1～T4，T65～T68
	100	3276.7	T5～T31，T69～T95
TON，TOF	1	32.767	T32，T96
	10	327.67	T33～T36，T97～T100
	100	3276.7	T37～T63，T101～T255

定时器指令格式由设定值（PT）、始能端（IN）、当前值、定时器状态（位）等组成，如图 5-5 所示。

定时器的定时时间=时基×预置值（PT）。在这里值得注意的是：由于定时器的计时间隔与程序的扫描周期并不同步，定时器可能在其时基（1、10、100ms）内任何时间起动，所以为避免计时时间丢失，一般要求设置预置值（PT）必须大于最小需要的时间间隔。例如，使用 10ms 时基定时器实现 150ms 延时（时间间隔），则 PT 应设置为 15（10ms×15=150ms）。

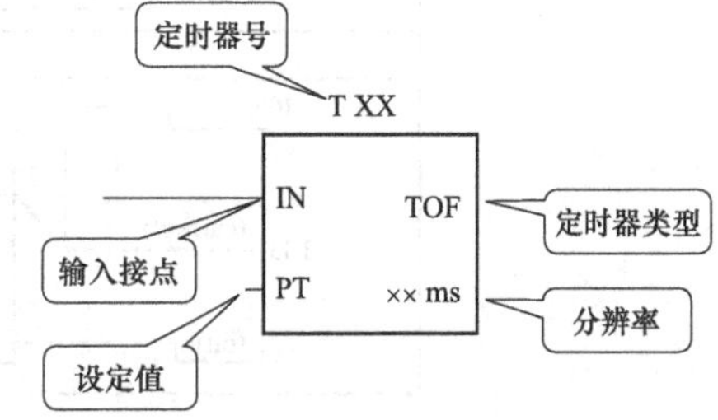

图 5-5　定时器指令格式

（1）通电延时定时器（TON），一般用于单一时间间隔的定时。

指令格式：见图 5-6，编号与分辨率及定时器类型有关。

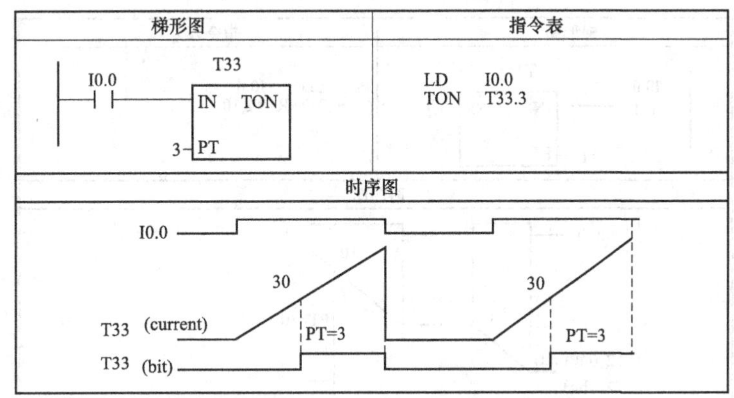

图 5-6　通电延时定时器使用

使能（IN）：I0.0=“1”。

当前值（current）：T33，当在线（online）时，显示当前值。

预置值：PT=3，即定时时间=10ms×3=30ms。

复位（IN）：I0.0=“0”。

定时器状态位（bit）：“1”或“0”。

（2）断开延时定时器（TOF），一般用于关断或故障后的延时。

指令格式：见图 5-7，编号与分辨率及定时器类型有关。

使能（IN）：I0.0=“1”。

当前值（current）：T33，当在线（online）时，显示当前值。

预置值：PT=3，即定时时间=10ms×3=30ms。

复位：定时器状态（位）=“1”（置位）时，定时器的当前值为 0，计时开始是与使能 I0.0 从“1”→“0”（断开）同步。与通电延时定时器不同的是，且当计时时间到而使能仍=“0”时，当前值保持。

定时器状态位（bit）：“1”或“0”。

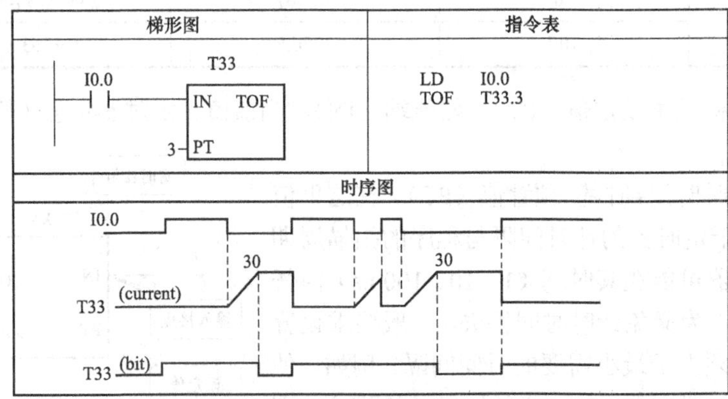

图 5-7　断电延时定时器时序图和指令

（3）有记忆接通延时定时器（TONR），一般用于累计多个时间间隔。

指令格式：见图 5-8，编号与分辨率及定时器类型有关。

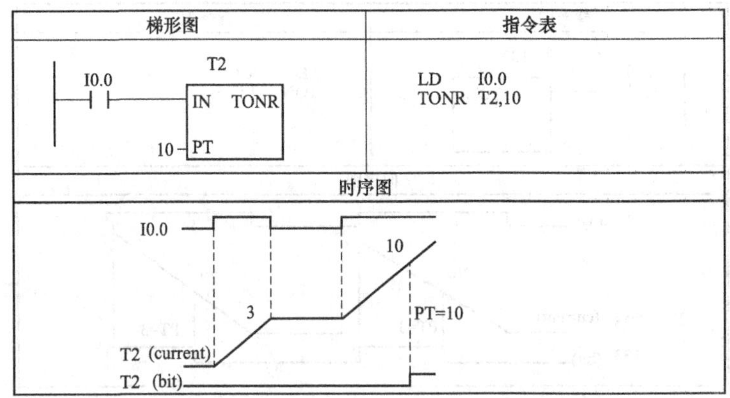

图 5-8　有记忆的通电延时定时器的指令和时序图

使能（IN）：I0.0=“1”。

当前值（current）：T2，当在线（online）时，显示当前值。

预置值：PT=10，即定时时间=10ms×10=100ms。

复位：由图 5-8 可见，当输入（使能）I0.0 从“1”→“0”时，定时器并不复位而是保持，必须通过复位指令，才能使 TONR 定时器复位。

定时器状态位（bit）：“1”或“0”。

3. 计数器指令

S7-200 PLC 提供了三种类型的计数器，共 256 个（编号为 C0～C255）。计数器类型分为增计数器（CTU）、减计数器（CTD）、增减计数器（CTUD）三种类型。计数器指令格式主要由预置值（PV）、始能端（CU、CD）、复位（R、LD）以及当前值和计数器状态（位）构成，其构成与定时器类似。

图 5-9 所示为一个增减计数器的应用示例。

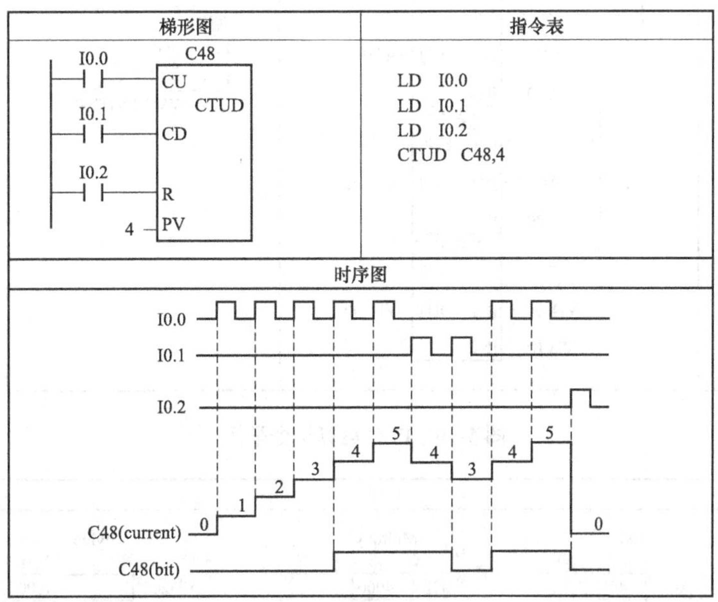

图 5-9　增减计数器的指令和时序图

4. 数学运算指令

（1）加法指令。

1）整数加法。使能输入有效时，将两个单字长（16 位）的符号整数 IN1 和 IN2 相加，产生一个 16 位整数结果输出。

2）双整数加法。使能输入有效时，将两个双字长（32 位）的符号双整数 IN1 和 IN2 相加，产生一个 32 位双整数结果输出。

3）实数加法。使能输入有效时，将两个双字长（32 位）的实数 IN1 和 IN2 相加，产生一个 32 位实数结果输出。

（2）减法指令。该指令对有符号数进行相减操作，包括整数减法、双整数减法和实数减法。这三种减法指令与所对应的加法指令除运算法则不同之外，其他方面基本相同。

（3）乘法指令。

1）完全整数乘法指令。使能输入有效时，将两个单字长（16 位）的符号整数 IN1 和 IN2 相乘，产生一个 32 位双整数结果输出。

2）双整数乘法指令。使能输入有效时，将两个双字长（32 位）的符号整数 IN1 和 IN2 相乘，产生一个 32 位双整数结果输出。

3）实数乘法指令。使能输入有效时，将两个双字长（32 位）的实数 IN1 和 IN2 相乘，产生一个 32 位实数结果输出。

（4）除法指令。该指令对有符号数进行除法操作，包括整数除法、双整数除法和实数除法等。这几种除法指令与所对应的乘法指令相比，除运算法则不同之外，其他方面基本相同。上述运算指令应用的梯形图、指令表如图 5-10 所示，其运算结果如图 5-11 所示。

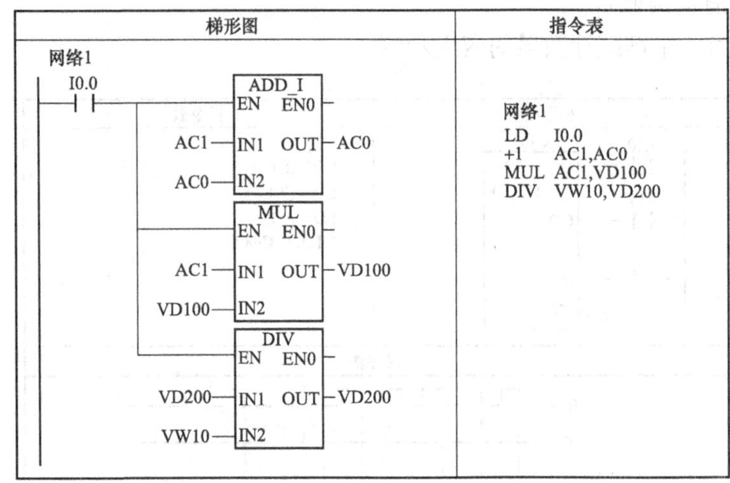

图 5-10 PLC 运算指令举例

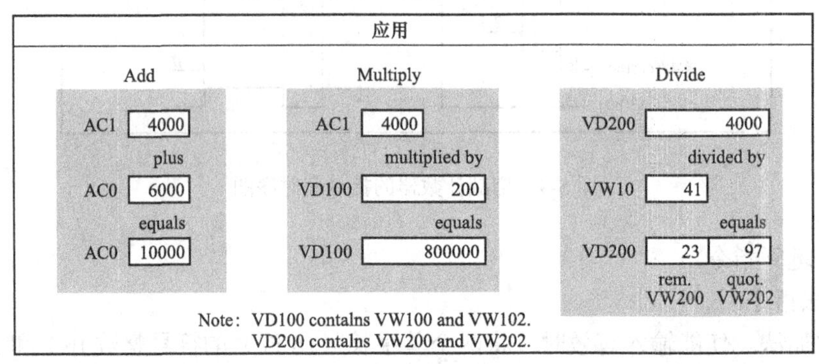

图 5-11 运算结果

需要强调是：乘法指令应用时，常将输出单元的低 16 位用作乘数（IN2）；除法指令应用时，常将输出单元的低 16 位用作被除数赋给输入（IN1）。例如：“整数乘法产生双整数”指令的输出单元为“VD100（32 位）”，即低 16 位为 VW102 和高 16 位为 VW100，将 VW102 中的数据作为乘数赋给输入“IN2”；“整数除法产生双整数”指令的输出单元为“VD200（32 位）”，即低 16 位为 VW202 和高 16 位为 VW200，将 VW202 中的数据作为被除数赋给输入“IN1”。或者说，将被除数所在单元用作输出单元的低 16 位，目的是为了节省存储器单元。

5. 比较指令

（1）字节比较。字节比较用于比较两个字节型整数值 IN1 和 IN2 的大小，字节比较是无符号的。比较式可以是 LDB、AB 或 OB 后直接加比较运算符构成，如 LDB=、AB<>、OB>=等。

（2）整数比较。整数比较用于比较两个一字长整数值 IN1 和 IN2 的大小，整数比较是有符号的（整数范围为 16#8000 和 16#7FFF 之间）。比较式可以是 LDW、AW 或 OW 后直接加比较运算符构成，如 LDW=、AW<>、OW>=等。

（3）双字整数比较。双字比较用于比较两个双字长整数值 IN1 和 IN2 的大小，双字整数比较是有符号的（双字整数范围为 16#80000000 和 16#7FFFFFFF 之间）。比较式可以是 LDD、AD 或 OD 后直接加比较运算符构成，如 LDD=、AD<>、OD>=等。

（4）实数比较。实数比较用于比较两个双字长实数值 INl 和 IN2 的大小，实数比较是有符号的（负实数范围为–1.175495E–38 和–3.402823E+38，正实数范围为+1.175495E–38 和+3.402823E+38）。比较式可以是 LDR、AR 或 OR 后直接加比较运算符构成，如 LDR=、AR<>、OR>=等。

比较指令举例如图 5-12 所示。

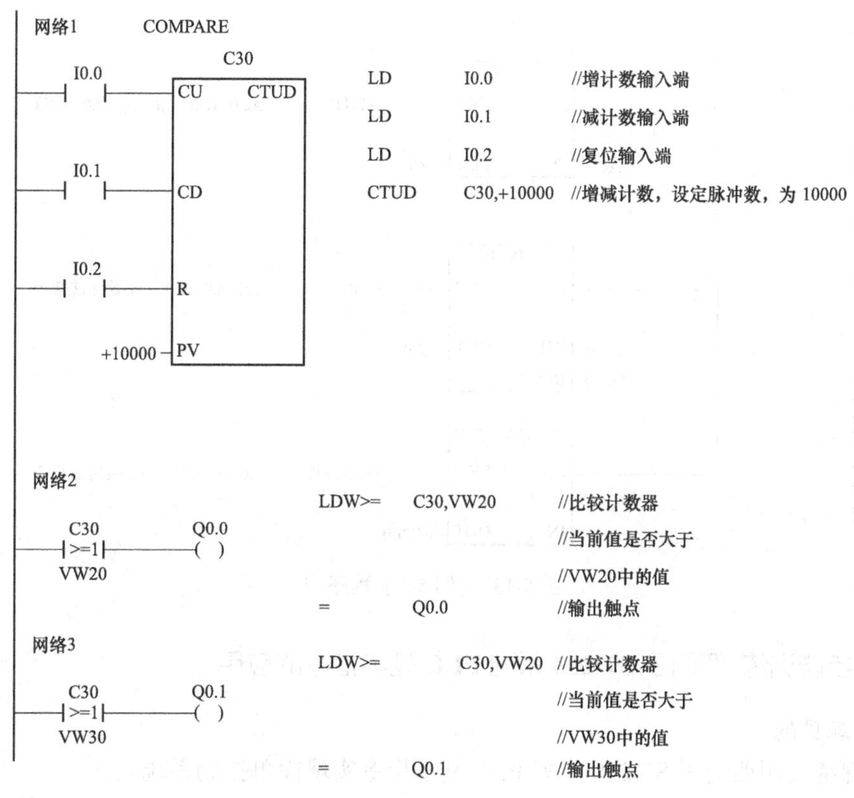

图 5-12　比较指令举例

6. 转换指令

（1）字节转换为整数指令。使能输入有效时，将字节输入数据转换成整数类型，并将结果送到输出。字节型是无符号的，所以没有符号扩展。

（2）整数转换为字节指令。使能输入有效时，将整数输入数据转换成字节类型，并将结果送到输出。输入数据超出字节范围（0～255）则产生溢出。

（3）双整数转换为整数指令。使能输入有效时，将双整数输入数据转换成整数类型，并将结果送到输出。输入数据超出整数范围则产生溢出。

（4）整数转换为双整数指令。使能输入有效时，将整数输入数据转换成双整数类型（符号进行扩展），并将结果送到输出。

（5）双整数转换实数指令。使能输入有效时，将双整数输入数据转换成实数，并将结果送到输出。

【例 5-1】 模拟量控制程序中的数据类型转换。将模拟量输入端采样值由整数转换为双整数，然后由双整数转换为实数，再除以一个比例因子得到 PLC 可以处理的范围内的值。

解： 程序如图 5-13 所示。

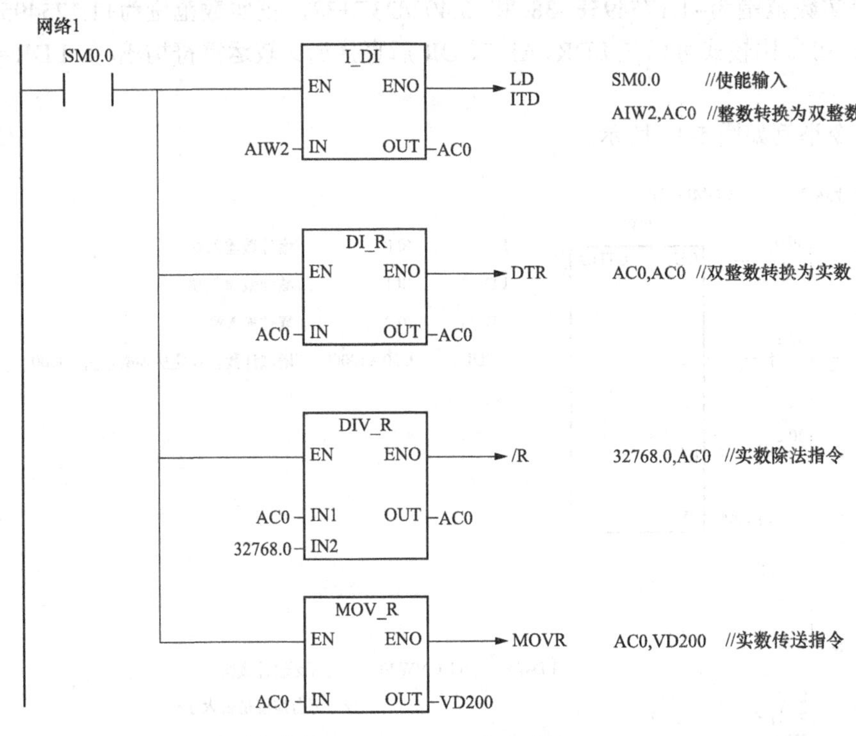

图 5-13 ［例 5-1］程序图

5.2 技能训练 西门子 S7-200 系列 PLC 基本指令的应用

1. 训练目的

（1）熟练使用西门子 S7-200 系列 PLC 基本指令实现简单控制系统。

（2）掌握西门子 S7-200 系列 PLC 编程软件的使用方法。

（3）能分析简单梯形图工作过程，并能完成梯形图的功能调试。

2. 所需设备

PLC 实训装置（S7-200 系列 PLC）、导线若干。

3. 训练任务

（1）分析图 5-14（a）所示取指令、取反指令和非指令的应用，根据给定输入继电器信号在图 5-14（b）中绘制输出继电器状态时序图。

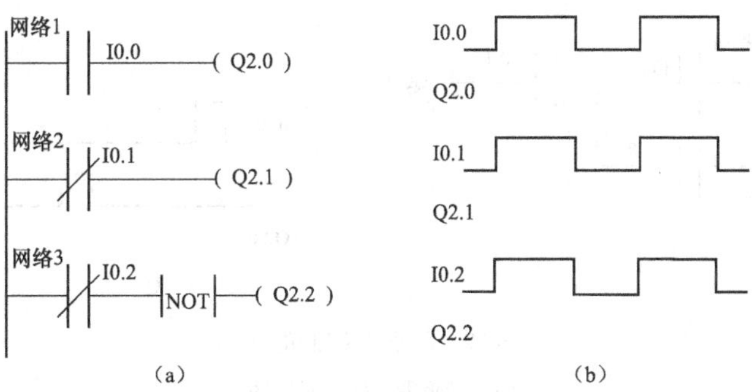

图 5-14　取指令、取反指令和非指令的应用

（a）梯形图；（b）时序图

（2）分析图 5-15（a）所示与指令和与非指令的应用，根据给定输入继电器信号在图 5-15（b）中绘制输出继电器状态时序图。

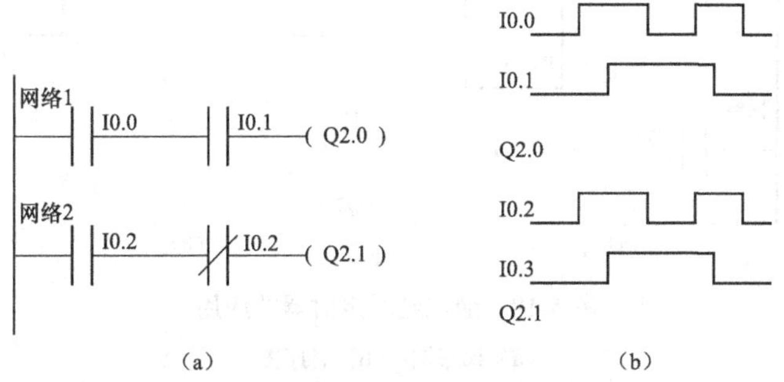

图 5-15　与指令、与非指令的应用

（a）梯形图；（b）时序图

（3）分析图 5-16（a）所示或指令和或非指令的应用，根据给定输入继电器信号在图 5-16（b）中绘制输出继电器状态时序图。

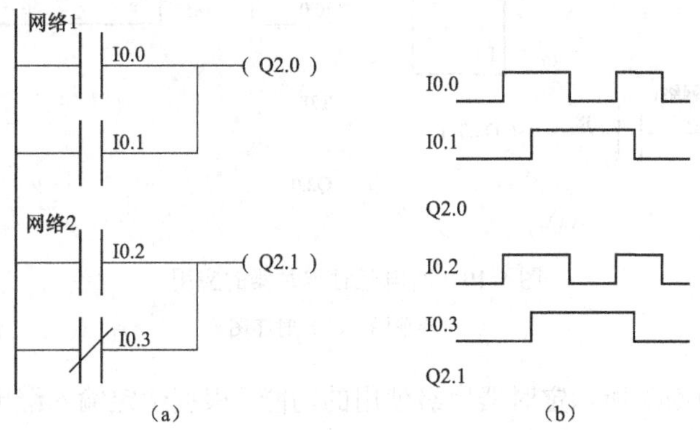

图 5-16　或指令、或非指令的应用

（a）梯形图；（b）时序图

（4）分析图 5-17（a）所示梯形图实现的功能，根据给定输入继电器信号绘制图 5-17（b）

中输出继电器状态时序图。

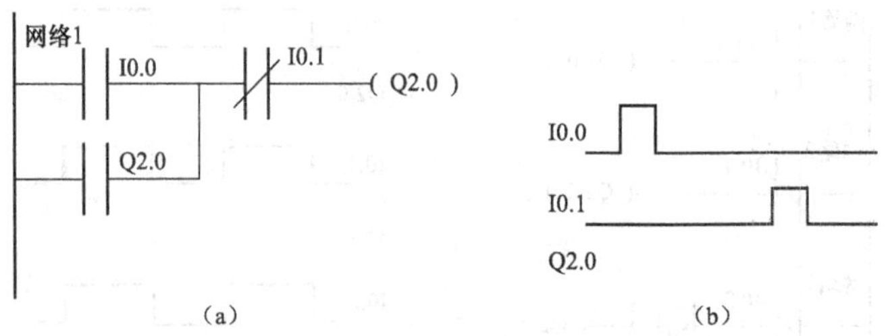

图 5-17 起保停控制的应用

（a）梯形图；（b）时序图

（5）分析图 5-18（a）所示通电延时定时器的应用，根据给定输入继电器信号绘制图 5-18（b）中定时器的状态时序图。

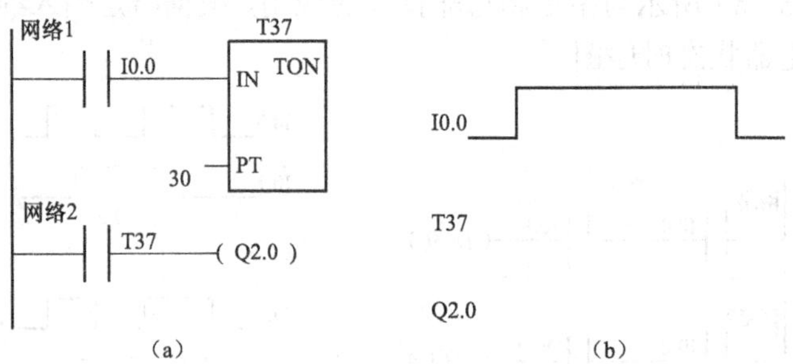

图 5-18 通电延时定时器的应用

（a）梯形图；（b）时序图

（6）分析图 5-19（a）所示断电延时定时器的应用，根据给定输入继电器信号绘制图 5-19（b）中定时器的状态时序图。

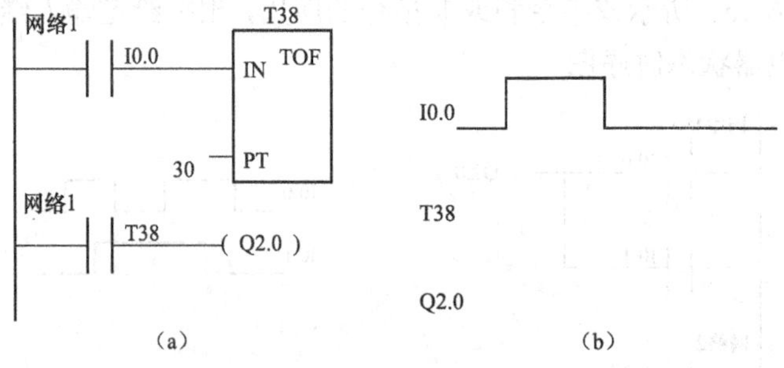

图 5-19 断电延时定时器的应用

（a）梯形图；（b）时序图

（7）分析图 5-20（a）所示定时器串级使用的功能，根据给定输入继电器信号绘制图 5-20（b）中输出继电器的状态时序图。

（8）分析图 5-21（a）梯形图的功能，根据给定输入继电器信号绘制图 5-21（b）中输出继电器的状态时序图。

（9）分析图 5-22（a）所示增计数器的功能，根据给定输入继电器信号绘制图 5-22（b）

中输出继电器的状态时序图。

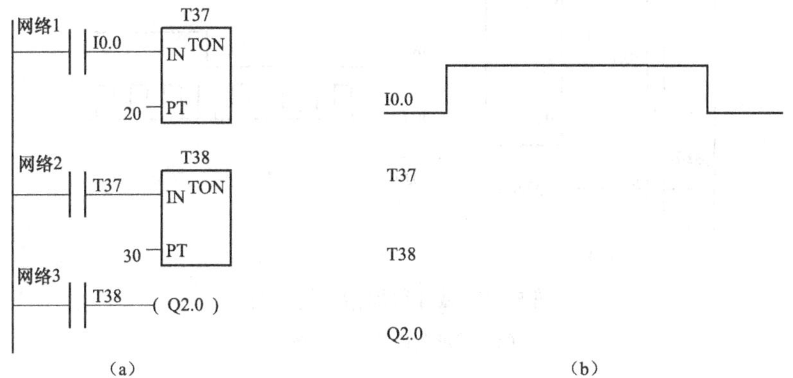

图 5-20　定时器的串级使用

（a）梯形图；（b）时序图

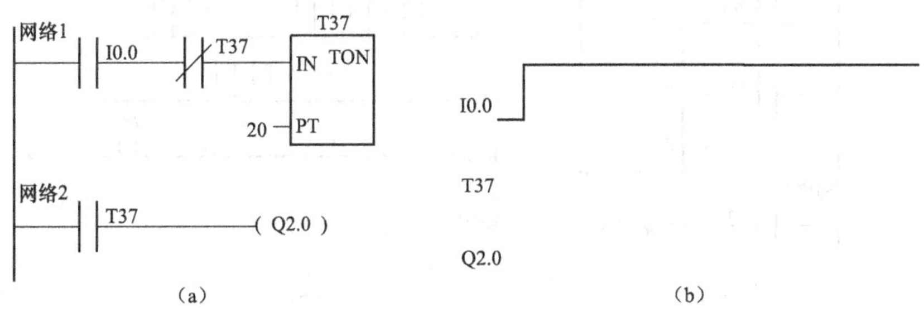

图 5-21　定时器指令实现的自振荡

（a）梯形图；（b）时序图

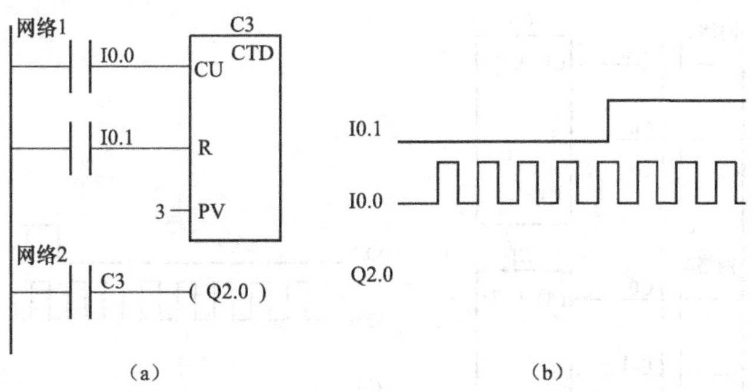

图 5-22　增计数器指令的应用

（a）梯形图；（b）时序图

（10）分析图 5-23（a）所示减计数器的功能，根据给定输入继电器信号绘制图 5-23（b）中输出继电器的状态时序图。

（11）分析图 5-24（a）所示增/减计数器的功能，根据给定输入继电器信号绘制图 5-24（b）中输出继电器的状态时序图。

（12）分析图 5-25（a）所示计数器串级使用的功能，根据给定输入继电器信号绘制图 5-25（b）中输出继电器的状态时序图。

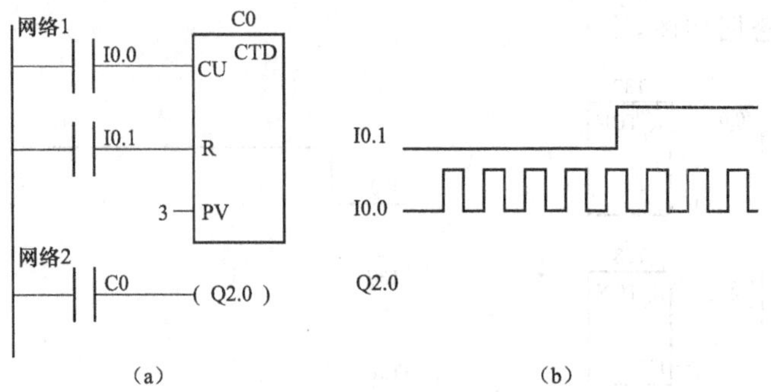

（a）（b）

图 5-23 减计数器指令的应用

（a）梯形图；（b）时序图

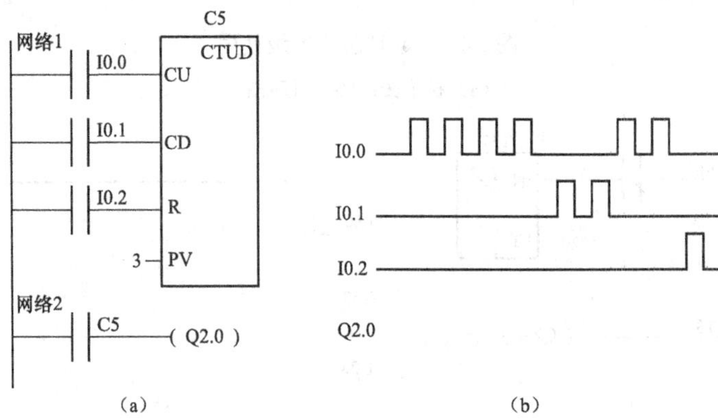

（a）（b）

图 5-24 增/减计数器指令的应用

（a）梯形图；（b）时序图

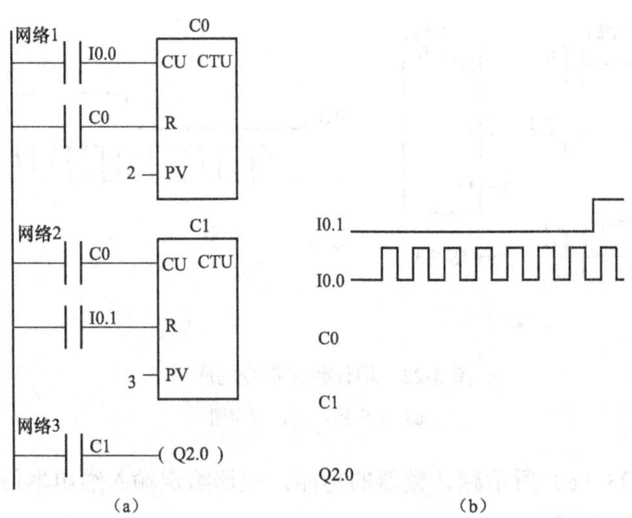

（a）（b）

图 5-25 计数器的串级使用

（a）梯形图；（b）时序图

（13）分析图 5-26（a）所示定时器和计数器串级使用的功能，根据给定输入继电器信号绘制图 5-26（b）中输出继电器的状态时序图。

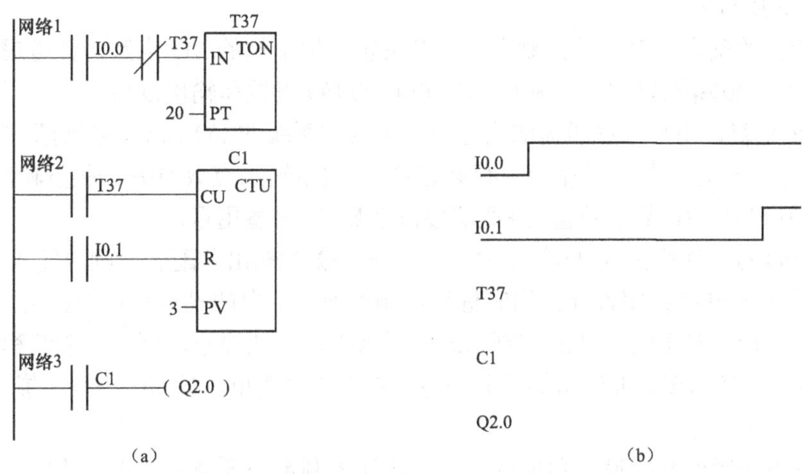

图 5-26　定时器和计数器串级使用功能

(a) 梯形图；(b) 时序图

子任务二　PLC 控制系统的设计

任务要求

1. 掌握 PLC 控制系统设计步骤。
2. 掌握 PLC 控制系统编程方法。

5.3　PLC 控制系统的设计内容及设计步骤

1. PLC 控制系统的设计内容

（1）根据设计任务书，进行工艺分析，并确定控制方案。这是设计的依据。

（2）选择输入设备（如按钮、开关、传感器等）和输出设备（如继电器、接触器、指示灯等执行机构）。

（3）选定 PLC 的型号（包括机型、容量、I/O 模块和电源等）。

（4）分配 PLC 的 I/O 接点，绘制 PLC 的 I/O 硬件接线图。

（5）编写程序并调试。

（6）设计控制系统的操作台、电气控制柜安装接线图等，并选择器件，现场施工。

（7）编写设计说明书和使用说明书。

2. 设计步骤

（1）工艺分析。深入了解控制对象的工艺过程、工作特点、控制要求，并划分控制的各个阶段，归纳各个阶段的特点和各阶段之间的转换条件，画出控制流程图或功能流程图。

（2）选择合适的 PLC 类型。在选择 PLC 机型时，主要考虑下面几点：

1）功能的选择。对于小型的 PLC 主要考虑 I/O 扩展模块、A/D 与 D/A 模块以及指令功能（如中断、PID 等）。

2）I/O 点数的确定。统计被控制系统的开关量、模拟量的 I/O 点数，并考虑以后的扩充（一般加上 10%～20%的备用量），从而选择 PLC 的 I/O 点数和输出规格。

3）内存的估算。用户程序所需的内存容量主要与系统的 I/O 点数、控制要求、程序结构长短等因素有关。一般可按下式估算：存储容量=开关量输入点数×10+开关量输出点数×8+模拟通道数×100+定时器/计数器数量×2+通信接口个数×300+备用量。

4）分配 I/O 点。分配 PLC 的输入/输出点，编写输入/输出分配表或画出输入/输出端子的接线图，然后进行 PLC 程序设计，同时进行控制柜或操作台的设计和现场施工。

（3）程序设计。对于较复杂的控制系统，根据生产工艺要求，画出控制流程图或功能流程图，然后设计出梯形图，再根据梯形图编写语句表程序清单，对程序进行模拟调试和修改，直到满足控制要求为止。

（4）控制柜或操作台的设计和现场施工。设计控制系统各部分的主电路图；设计控制柜及操作台的电器布置图及安装接线图；根据图纸进行现场接线，并检查。

（5）应用系统整体调试。如果控制系统由几个部分组成，则应先作局部调试，然后再进行整体调试；如果控制程序的步序较多，则可先进行分段调试，然后连接起来总体调试。

（6）编制技术文件。技术文件应包括可编程控制器的外部接线图等电气图纸，电器布置图，电器元件明细表，顺序功能图，带注释的梯形图和说明。

3. PLC 的硬件设计和软件设计及调试

（1）PLC 的硬件设计。硬件设计包括 PLC 及外围线路的设计、电气线路的设计和抗干扰措施的设计等。

选定 PLC 的机型和分配 I/O 点后，硬件设计的主要内容就是电气控制系统的原理图的设计，电气控制元器件的选择和控制柜的设计。电气控制系统的原理图包括主电路和控制电路。控制电路中包括 PLC 的 I/O 接线和自动、手动部分的详细连接等。电器元件的选择主要是根据控制要求选择按钮、开关、传感器、保护电器、接触器、指示灯、电磁阀等。

（2）PLC 的软件设计。软件设计包括系统初始化程序、主程序、子程序、中断程序、故障应急措施和辅助程序的设计，小型开关量控制一般只有主程序。首先应根据总体要求和控制系统的具体情况，确定程序的基本结构，画出控制流程图或功能流程图，简单的可以用经验法设计，复杂的系统一般用顺序控制设计法设计。

（3）软硬件的调试。

1）仿真软件调试：PLC、输入设备、输出设备都是仿真软件中的假器件，不需要任何一个硬件，在计算机上模拟操作来检验程序编写是否正确。

2）硬件调试：手边有 PLC 实物，再准备一些按钮等开关电器也就是输入设备，完成输入设备与 PLC 的连线，再进行编写程序的调试，通过输出端信号灯的状态显示，检验程序编写是否正确。

5.4 PLC 程序设计常用的方法

PLC 程序设计常用的方法主要有经验设计法、继电器—接触器控制电路转换为梯形图法、逻辑设计法、顺序控制设计法等。

1. 经验设计法

经验设计法在一些典型的控制电路程序的基础上，根据被控制对象的具体要求，进行选择组合，并多次反复调试和修改梯形图，有时需增加一些辅助触点和中间编程环节以达到控制要求的设计方法。这种方法没有规律可遵循，设计所用的时间和设计质量与设计者的经验有很大的关系，所以称为经验设计法。经验设计法用于较简单的梯形图设计。应用经验设计法必须熟记一些典型的控制电路，如起保停电路、脉冲发生电路等，这些电路在前面的章节中已经介绍过。

2. 继电器控制电路转换为梯形图法

继电器—接触器控制系统经过长期使用，已有一套能完成系统要求的控制功能并经过验证的控制电路图，而 PLC 控制的梯形图和继电器—接触器控制电路图很相似，因此可以直接将经过验证的继电器—接触器控制电路图转换成梯形图。主要步骤如下：

（1）熟悉现有的继电器—接触器控制电路。

（2）对照 PLC 的 I/O 端子接线图，将继电器—接触器控制电路图上的被控器件（如接触器线圈、指示灯、电磁阀等）换成接线图上对应的输出点的编号，将电路图上的输入装置（如传感器、按钮开关、行程开关等）的触点都换成对应的输入点的编号。

（3）将继电器电路图中的中间继电器、定时器，用 PLC 的辅助继电器、定时器来代替。

（4）画出全部梯形图，并予以简化和修改。

这种方法对简单的控制系统是可行的，比较方便，但还适用较复杂的控制电路。

【例 5-2】 图 5-27 为继电器控制电动机 Y/△减压起动控制与主电路图。试用 PLC 对该系统进行改造。

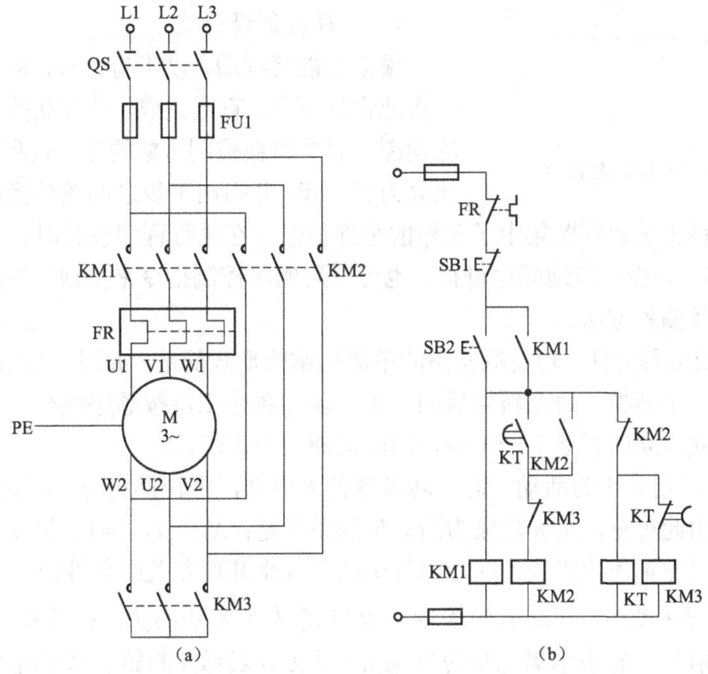

图 5-27　电动机 Y/△减压起动控制主电路和控制电路

（a）主电路；（b）控制电路

解：（1）首先先分析工作原理：按下起动按钮 SB2，KM1、KM3、KT 通电并自保，电动机接成星形起动，2s 后，KT 动作，使 KM3 断电，KM2 通电吸合，电动机接成三角形运行。按下停止按钮 SB1，电动机停止运行。

（2）I/O 分配。根据控制要求可得到 I/O 地址分配表，见表 5-5。

表 5-5　电动机Y/△减压起动 I/O 地址分配表

名称	初始状态	地址	输出	地址
停止按钮 SB1	动断触点	I0.0	KM1	Q0.0
起动按钮 SB2	动合触点	I0.1	KM2	Q0.1
过载保护 FR	动断触点	I0.2	KM3	Q0.2

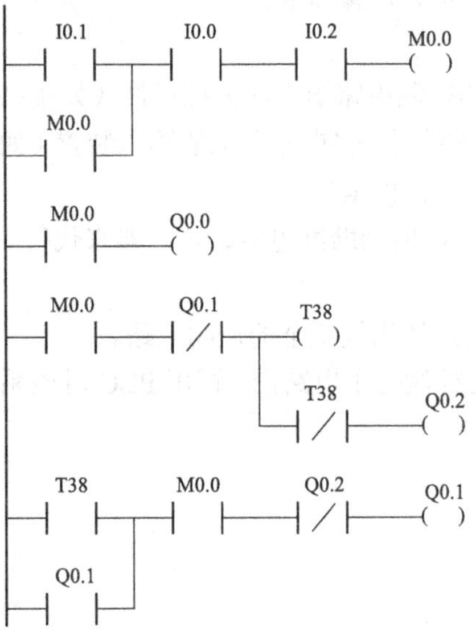

I0.1　I0.0　I0.2　M0.0
M0.0
M0.0　Q0.0
M0.0　Q0.1　T38
T38　Q0.2
T38　M0.0　Q0.2　Q0.1
Q0.1

图 5-28 ［例 5-2］梯形图程序

（3）梯形图程序。程序如图 5-28 所示。

3. 逻辑设计法

逻辑设计法是以布尔代数为理论基础，根据生产过程中各工步之间的各个检测元件（如行程开关、传感器等）状态的变化，列出检测元件的状态表，确定所需的中间记忆元件，再列出各执行元件的工序表，然后写出检测元件、中间记忆元件和执行元件的逻辑表达式，再转换成梯形图。该方法在单一条件的控制系统中，非常好用，相当于组合逻辑电路，但和时间有关的控制系统中，就很复杂。

4. 顺序控制设计法

根据功能流程图，以步为核心，从起始步开始一步一步地设计下去，直至完成。该方法的关键是画出功能流程图。首先将被控制对象的工作过程按输出状态的变化分为若干步，并指出工步之间的转换条件和每个工步的控制对象。这种工艺流程图集中了工作的全部信息。在进行程序设计时，可以用中间继电器 M 来记忆工步，一步一步地顺序进行，也可以用顺序控制指令来实现。下面将详细介绍功能流程图的种类及编程方法。

（1）单流程及编程方法。功能流程图的单流程结构形式简单，如图 5-29 所示。其特点是，每一步后面只有一个转换，每个转换后面只有一步。各个工步按顺序执行，上一工步执行结束，转换条件成立，立即开通下一工步，同时关断上一工步。

在图 5-29 中，当 $n-1$ 为活动步时，转换条件 b 成立，则转换实现，n 步变为活动步，同时 $n-1$ 步关断。由此可见，第 n 步成为活动步的条件是：$X_{n-1}=1$，$b=1$；第 n 步关断的条件只有一个 $X_{n+1}=1$。用逻辑表达式表示功能流程图的第 n 步开通和关断条件为：

$X_n=(X_{n-1}\cdot b+X_n)\cdot\overline{X}_{n+1}$ 式中等号左边的 X_n 为第 n 步的状态；等号右边，$X_{n-1}\cdot$b 表示第几步的起动信号，X_n 表示第几步的自保信号，X_{n+1} 表示关断第 n 步的条件。该等式即为起保停控制逻辑表达式。

［**例 5-3**］ 根据图 5-30 所示的功能流程图，设计出梯形图程序。

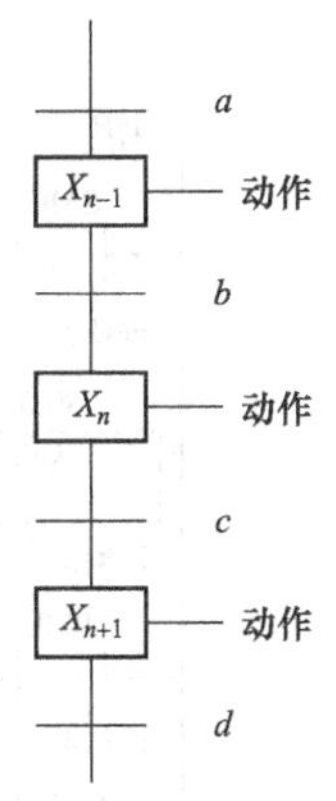

图 5-29　单流程结构

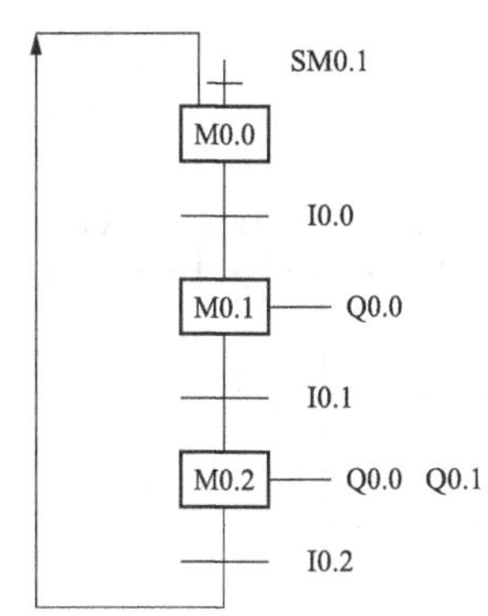

图 5-30 ［例 5-3］图

解：1）使用起保停电路模式的编程方法。首先用中间继电器 M 替代功能流程图中的步，如 M0.1、M0.2 和 M0.3，然后确定每个中间继电器的起动信号和停止关断信号，再根据起保停电路模式列写 M0.1、M0.2 和 M0.3 的逻辑方程或直接绘制梯形图。

对于输出电路的处理应注意：Q0.0 输出继电器在 M0.1、M0.2 步中都被接通，应将 M0.1 和 M0.2 的动合点并联去驱动 Q0.0；Q0.1 输出继电器只在 M0.2 步为活动步时才接通，所以用 M0.2 的动合点驱动 Q0.1。

使用起保停电路模式编制的梯形图程序如图 5-31 所示。

2）使用顺序控制指令的编程方法。使用顺序控制指令编程，必须使用 S 状态元件代表各步，如图 5-32 所示。其对应的梯形图如图 5-33 所示。

（2）选择分支及编程方法。选择分支分为两种，如图 5-34 为选择分支开始，图 5-35 为选择分支结束。

选择分支开始是指：一个前级步后面紧接着若干个后续步可供选择，各分支都有各自的转换条件，在图中则表示为代表转换条件的短划线在各自分支中。

选择分支结束，又称选择分支合并，是指几个选择分支在各自的转换条件成立时转换到一个公共步上。

在图 5-34 中，假设 2 为活动步，若转换条件 a=1，则执行工步 3；如果转换条件 b=1，则执行工步 4；转换条件 c=1，则执行工步 5。即哪个条件满足，则选择相应的分支，同时关断上一步 2。一般只允许选择其中一个分支。在编程时，若图 5-34 中的工步 2、3、4、5 分别用 M0.0、M0.1、M0.2、M0.3 表示，则当 M0.1、M0.2、M0.3 之一为活动步时，都将导致 M0.0=0，所以在梯形图中应将 M0.1、M0.2 和 M0.3 的动断触点与 M0.0 的线圈串联，作为关断 M0.0 步的条件。

在图 5-35 中，如果步 6 为活动步，转换条件 d=1，则工步 6 向工步 9 转换；如果步 7 为活动步，转换条件 e=1，则工步 7 向工步 9 转换；如果步 8 为活动步，转换条件 f=1，则工步 8 向工步 9 转换。若图 7-15 中的工步 6、7、8、9 分别用 M0.4、M0.5、M0.6、M0.7 表示，则 M0.7（工步 9）的起动条件为 M0.4 • d+M0.5 • e+M0.6 • f。在梯形图中，M0.4 的动合触点串联与 d 转换条件对应的触点、M0.5 的动合触点串联与 e 转换条件对应的触点、M0.6 的动合触点串联与 f 转换条件对应的触点，三条支路并联后作为 M0.7 线圈的起动条件。

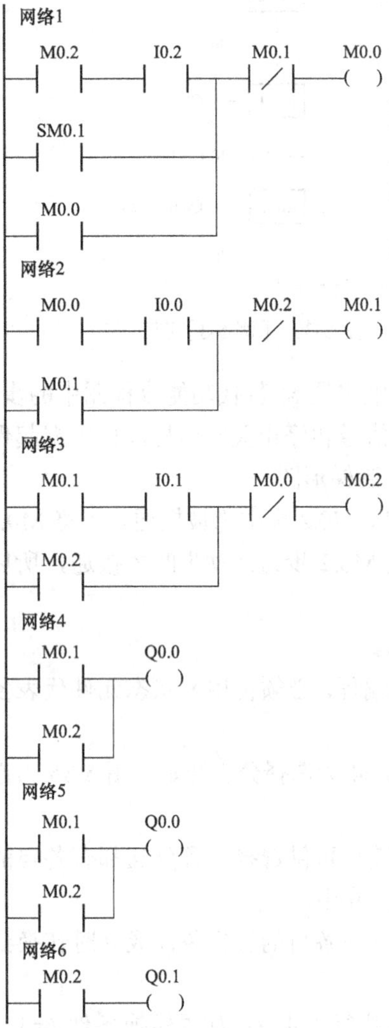

```
网络1
M0.2  I0.2  M0.1  M0.0
SM0.1
M0.0
网络2
M0.0  I0.0  M0.2  M0.1
M0.1
网络3
M0.1  I0.1  M0.0  M0.2
M0.2
网络4
M0.1  Q0.0
M0.2
网络5
M0.1  Q0.0
M0.2
网络6
M0.2  Q0.1
```

图 5-31 ［例 5-3］梯形图程序

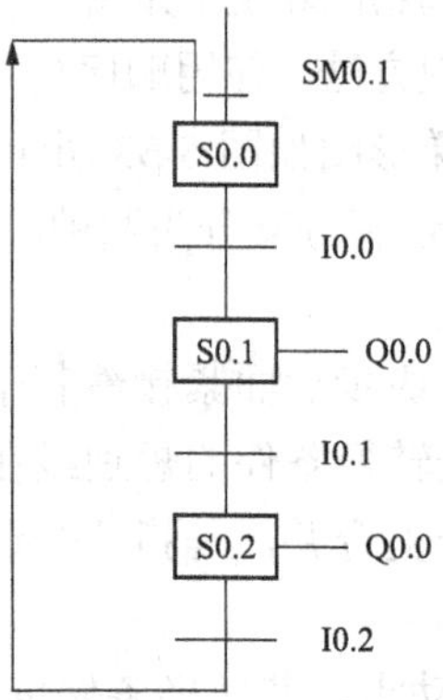

```
SM0.1
S0.0
I0.0
S0.1 — Q0.0
I0.1
S0.2 — Q0.0
I0.2
```

图 5-32 用 S 状态元件代表各步

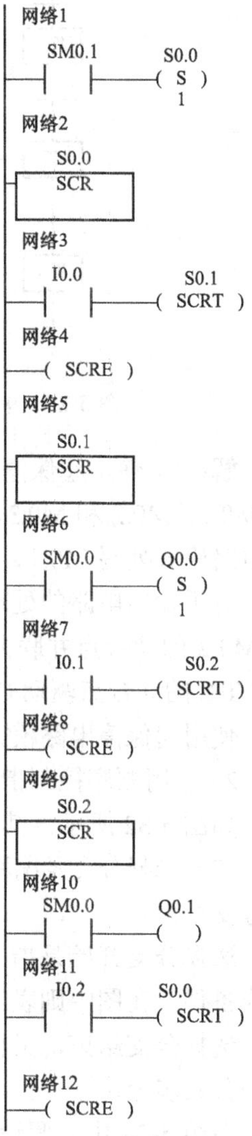

```
网络1
SM0.1  S0.0 ( S ) 1
网络2
S0.0 SCR
网络3
I0.0  S0.1 ( SCRT )
网络4
( SCRE )
网络5
S0.1 SCR
网络6
SM0.0  Q0.0 ( S ) 1
网络7
I0.1  S0.2 ( SCRT )
网络8
( SCRE )
网络9
S0.2 SCR
网络10
SM0.0  Q0.1 ( )
网络11
I0.2  S0.0 ( SCRT )
网络12
( SCRE )
```

图 5-33 用顺序控制指令编程

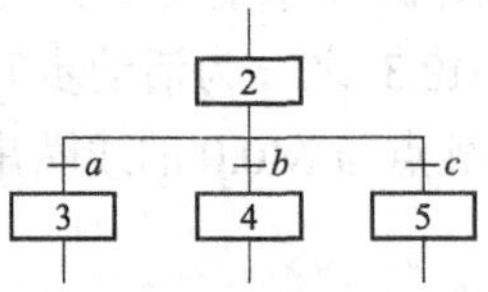

图 5-34 选择分支开始

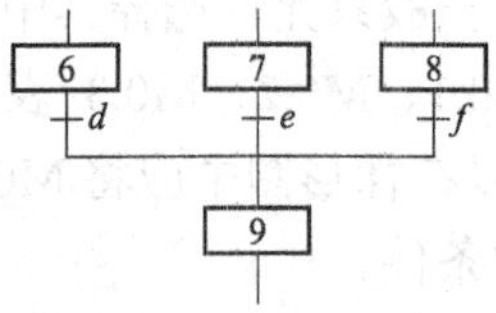

图 5-35 选择分支结束

（3）并行分支及编程方法。并行分支也分两种，图 5-36 为并行分支的开始，图 5-37 为并行分支的结束，也称为合并。并行分支的开始是指当转换条件实现后，同时使多个后续步激活。为了强调转换的同步实现，水平连线用双线表示。在图 5-36 中，当工步 2 处于激活状态，若转换条件 e=1，则工步 3、4、5 同时起动，工步 2 必须在工步 3、4、5 都开启后，才能关断。并行分支的合并是指，当前级步 6、7、8 都为活动步，且转换条件 f 成立时，开通步 9，同时关断步 6、7、8。

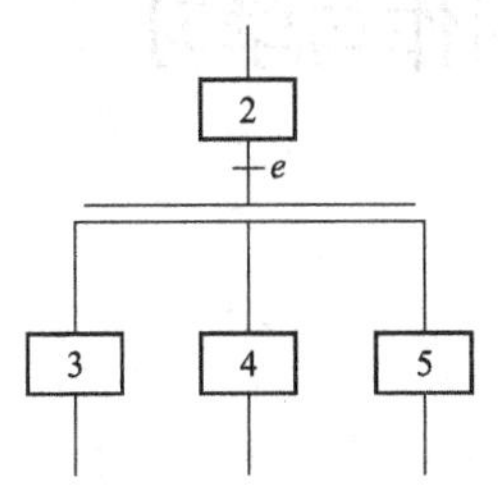

图 5-36　并行分支开始

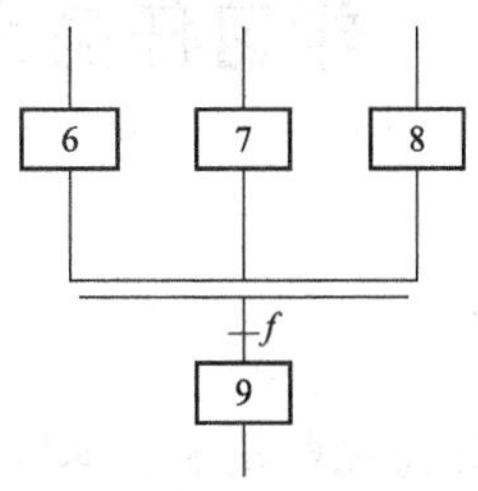

图 5-37　并行分支结束

学习任务六 组态工程的制作与学习

任务要求

1. 了解组态控制技术基本概念。
2. 了解组态王控制软件的优点。
3. 掌握组态王控制软件的基本功能。
4. 掌握使用组态王制作简单工程。

6.1 组态控制技术基本概念

在使用工控软件中，经常提到组态一词，组态英文是“Configuration”，其意义究竟是什么呢？简单地讲，组态就是用应用软件中提供的工具、方法、完成工程中某一具体任务的过程。

与硬件生产相对照，组态与组装类似。如要组装一台电脑，事先提供了各种型号的主板、机箱、电源、CPU、显示器、硬盘、光驱等，然后将这些部件拼凑成自己需要的电脑。当然软件中的组态要比硬件的组装有更大的发挥空间，因为它一般要比硬件中的“部件”更多，而且每个“部件”都很灵活，因为软部件都有内部属性，通过改变属性可以改变其规格（如大小、性状、颜色等）。

在组态概念出现之前，要实现某一任务，都是通过编写程序（如使用 BASIC，C，FORTRAN 等）来实现的。编写程序不但工作量大、周期长，而且容易出错，不能保证工期。组态软件的出现，解决了这个问题。对于过去需要几个月的工作，通过组态几天就可以完成。

组态软件是有专业性的。一种组态软件只能适合某种领域的应用。组态的概念最早出现在工业计算机控制中。如 DCS（集散控制系统）组态，PLC（可编程控制器）梯形图组态。人机界面生成软件就叫工控组态软件。其实在其他行业也有组态的概念，如 AutoCAD、PhotoShop、办公软件（PowerPoint）都存在相似的操作，即用软件提供的工具来形成自己的作品，并以数据文件保存作品，而不是执行程序。组态形成的数据只有其制造工具或其他专用工具才能识别。但是不同之处在于，工业控制中形成的组态结果是用在实时监控的。组态工具的解释引擎，要根据这些组态结果实时运行。从表面上看，组态工具的运行程序就是执行自己特定的任务。

虽然组态不需要编写程序就能完成特定的应用。但是为了提供一些灵活性，组态软件也提供了编程手段，一般都是内置编译系统，提供类 BASIC 语言，有的甚至支持 VB。

1. 组态软件总的发展趋势

组态软件是工业应用软件的一个组成部分，其发展受到很多因素的制约。归根结底，应用的带动对其发展起着最为关键的推动作用。

未来的传感器、数据采集装置、控制器的智能化程度越来越高，实时数据浏览和管理的需求日益高涨，有的用户甚至要求在自己的办公室里监督所订货物的制造过程。有的装置直接内嵌“Web Server”，通过以太网就可以直接访问过程实时数据。即使这样，也不能认为不再需要组态软件了。

用户要求的多样化，决定了不可能有哪一种产品囊括全部用户的所有要求，直接用户对监控系统人机界面的需求不可能固定为单一的模式，因此直接用户的监控系统是始终需要“组态”和“定制”的。这导致组态软件不可能退出市场，因为需求是存在的。

类似OPC这样的组织的出现，以及现场总线，尤其是工业以太网的快速发展，大大简化了异种设备间互连、开发I/O设备驱动软件的工作量。I/O驱动软件也逐渐会朝标准化的方向发展。

2. 组态软件功能的变迁

由单一的人机界面朝数据处理机方向发展，管理的数据量越来越大。最早的组态软件用来支撑自动化系统的硬件。那时，硬件系统如果没有组态软件的支撑就很难发挥作用，甚至不能正常工作。现在的情况有了很大改观，软件部分地与硬件发生分离，大部分自动化系统的硬件和软件现在不是由同一个厂商提供，这样就为自动化软件的发展提供了可以充分发挥作用的舞台。

实时数据库的作用将进一步加强。实时数据库存储和检索的是连续变化的过程数据，它的发展离不开高性能计算机和大容量硬盘，现在越来越多的用户通过实时数据库来分析生产情况、汇总和统计生产数据，作为指挥、决策的依据。

在最终用户的眼里，组态软件在一个自动化系统中发挥的作用逐渐增大，甚至有的系统就根本不能缺少组态软件。这其中的主要原因是软件的功能强大，用户也存在普遍的需求，广大用户在厂家强大的宣传攻势面前逐渐认清了软件的价值所在。

3. 推动组态软件发展的动力

需求是推动其发展的第一动力，市场会逐步扩大。组态软件市场的崛起一方面为最终用户节省了系统投资，另外也为用户解决了实际问题。现在用户购买组态软件虽然也需要一定的投资，但是和以前相比，投资大大降低。使用组态软件，用户可以做到“花了少量的钱，办成了大事情”。

我国的现代化建设正处于上升期，新项目的建设、基础设施的改造大量需要组态软件，另一方面，传统产业的改造、原有系统的升级和扩容也需要组态软件的支撑。

社会信息化的加速是组态软件市场增长的强大推动力。随着经济发展水平的提升，信息化社会将为组态软件带来更多的市场机会。

4. 用户对组态软件的需求变化

专用系统所占比例日益提高。组态软件的灵活程度和使用效率是一对矛盾，虽然组态软件提供了很多灵活的技术手段，但是在多数情况下，用户只使用其中的一小部分，而使用方法的复杂化又给用户熟悉和掌握软件带来的很多不必要的麻烦。这也是现在仍然有很多用户还在自己用VB编写自动化监控系统的主要原因。在有些应用领域，自动监控的目标及其特性比较单一（或可枚举，或可通过某种模板自主定义、添加、删除、编辑）且数量较多，用户希望自动生成大部分自动监控系统，例如在电梯自动监控、动力设备监控、铁路信号监控等应用系统。这种应用系统具有一些“傻瓜”型软件的特征，用户只需用组态软件做一些系统硬件及其参数的配置，就可以自动生成某种特定模式的自动监控系统，如果用户对自动生成的监控系统的图形界面不满意，还可以进行任意修改和编辑，这样既满足了用户对简便性的要求，又同时配备比较完善的编辑工具。

组态软件应该向更多的应用领域拓展和渗透。目前的组态软件均产生于过程工业自动化，很多功能没有考虑其他应用领域的需求。例如：化验分析（色谱仪、红外仪等，包括在线分析）、虚拟仪器（例如 LabView 的口号是 The Software is the Instrument）、测试（如测井、机械性能试验、碰撞试验等的数据记录与回放等）、信号处理（如记录和显示轮船的航行数据：雷达信号、GPS 数据、舵角、风速等）。这些领域大量地使用实时数据处理软件，而且需要人机界面，但是由于现有组态软件为这些应用领域考虑得太少，不能充分满足系统的要求，因而目前这些领域仍然是专用软件占统治地位。随着计算机技术的飞速发展，组态软件应该更多地总结这些领域的需求，设计出符合应用要求的开发工具，更好地满足这些行业对软件的需求，进一步减少这些行业在自动测试、数据分析方面的软件成本，提高系统的开放程度。

嵌入式应用进一步发展，在过去的十年间，工业 PC 及其相关的数据采集、监控系统硬件的销售额一直保持高额增长。工业 PC 的成长是因为软件开发工具丰富，比较容易上手，而用户接受工业 PC 的主要原因是一次性硬件成本得到了降低，但是后续的维护和升级费用明显高昂，经常带来一些间接损失。商品化嵌入式组态软件可以有效地解决工业 PC 监控系统的工作效率、维护和升级等问题，彻底摆脱个人行为的束缚，使工业 PC 监控系统大踏步走入自动化系统高端市场。

5. 影响组态软件发展的因素

软件质量是影响产品发展的主要因素。在竞争不断加剧的今天，企业规模、科研开发的投入量、质量体系建设情况等对组态软件的质量影响甚大。

6. 组态软件未来技术走势

很多新的技术将不断地被应用到组态软件当中，组态软件装机总量的提高会促进在某些专业领域专用版软件的诞生，市场被自动地细分了。为此，一种称为“软总线”的技术将被广泛采用。在这种体系结构下，应用软件以中间件或插件的方式被“安装”在总线上，并支持热插拔和即插即用。这样做的优点是：所有插件遵从统一标准，插件的专用性强，每个插件开发人员之间不需要协调，一个插件出现故障不会影响其他插件的运行。XML 技术将被组态软件厂商善加利用，来改变现有的体系结构，它的推广也将改变现有组态软件的某些使用模式，满足更为灵活的应用需求。

7. 国际化及入世对组态软件的影响

长期以来，中国的组态软件市场都是由国外的产品占主角，中国本土的组态软件进入国际市场还有很长的路要走，需要具有综合优势。中国的工程公司、自动化设备生产商在国际市场取得优势对组态软件进入国际市场也具有一定的推动作用。相信民族组态软件的崛起是迟早的事情。

与其他软件产品相比，组态软件和 IT 类软件不同，有自己的特殊性，具有系统的概念，使用范围也不是很广，面临的国际竞争没有其他类似办公软件或操作系统那样激烈，因此我国的本土软件很容易崛起。但是毕竟我们是跟在国外产品的后面发展起来的，要想全面超过国外的竞争对手，就必须坚持走好自己的道路，尽量减少效仿，突出特色，以客户需求为中心，积极创新。只有这样，本土的软件才能够具有稳固的根基。

6.2　组态王软件基本概念

组态王软件是一种通用的工业监控软件，它融过程控制设计、现场操作以及工厂资源管理于一体，将一个企业内部的各种生产系统和应用以及信息交流汇集在一起，实现最优化管理。它基于 Microsoft Windows XP/NT/2000 操作系统，用户可以在企业网络的所有层次的各个位置上都可以及时获得系统的实时信息。采用组态王软件开发工业监控工程，可以极大地增强用户生产控制能力、提高工厂的生产力和效率、提高产品的质量、减少成本及原材料的消耗。它适用于从单一设备的生产运营管理和故障诊断，到网络结构分布式大型集中监控管理系统的开发。

组态王软件结构由工程管理器、工程浏览器及运行系统三部分构成。

（1）工程管理器：工程管理器用于新工程的创建和已有工程的管理，对已有工程进行搜索、添加、备份、恢复以及实现数据词典的导入和导出等功能。

（2）工程浏览器：工程浏览器是一个工程开发设计工具，用于创建监控画面、监控的设备及相关变量、动画链接、命令语言以及设定运行系统配置等的系统组态工具。

（3）运行系统：工程运行界面，从采集设备中获得通讯数据，并依据工程浏览器的动画设计显示动态画面，实现人与控制设备的交互操作。

其中组态王 6.5 是亚控科技在组态王 6.0x 系列版本成功应用后，广泛征询数千家用户的需求和使用经验，采取先进软件开发模式和流程，由十多位资深软件开发工程师历时一年多的开发，及四十多位试用户一年多的实际现场考验。使用更方便，功能更强大，性能更优异，软件更稳定，质量更可靠。

1. 组态王 6.5 的特点

（1）Internet 时代的杰作。随着 Internet 科技日益渗透到生产、生活的各个领域，自动化软件的 e 趋势已发展成为整合 IT 与工厂自动化的关键。亚控科技一直是这个领域的开拓者，组态王 6.5 的 Internet 版本立足于门户概念，采用最新的 JAVA 2 核心技术，功能更丰富，操作更简单。整个企业的自动化监控将以一个门户网站的形式呈现给使用者，并且不同工作职责的使用者使用各自的授权口令完成各自的操作，这包括现场的操作者可以完成设备的起停、中控室的工程师可以完成工艺参数的整定、办公室的决策者可以实时掌握生产成本、设备利用率及产量等数据。组态王 6.5 的 Internet 功能逼真再现现场画面，使用户在任何时间任何地点均可实时掌控企业每一个生产细节得以实现，现场的流程画面、过程数据、趋势曲线、生产报表（支持报表打印和数据下载）、操作记录和报警等均轻松浏览。当然必须要有授权口令才能完成这些。用户还可以自己编辑发布的网站首页信息和图标，成为真正企业信息化的 Internet 门户。

（2）性能卓越的分布式高速历史库——柔性结构，按需配置。过程数据的存储功能对于任何一个工业自动化系统来说都是至关重要的，随着自动化程度的进一步普及和提高，用户对重要数据的存储和使用的要求也越来越高。面对大批量实时数据的存储，必须解决同步存储速度响应慢、数据易丢失、存储时间短、存储占用空间大、数据读取访问速度慢等用户最关心的问题。因为用户需要一个实时的、记录准确地、高效的、可节约用户硬件成本的工业过程数据存储方案。组态王 6.5 顺应这种用户的期望，提供支持毫秒级高速历史数据的存储和查询功能的工业过程数据库。真正的企业级生产过程数据仓库。采用最新数据压缩和搜索引擎技术，数据压缩比优于20%，节约用户硬件成本；一个月内数据（单点，记录间隔10s）按照每小时间隔，在百毫秒内即可完成查询。真正实现历史库数据的数据追记、数据合并。可以将特殊设备中存储的历史数据片段通过组态王驱动程序完整的合并到历史数据服务器中；也可以将远程站点上的组态王历史数据片段合并到历史数据服务器上。

（3）创造服务新理念——基于组态王的分布式多媒体报警应用系统。对于一个工厂自动化系统来说，关键参数的实时状态跟踪是至关重要的，报警功能作为实现的手段是必不可少的。如何能及时准确地获取报警信息对工程人员来讲存在很大的挑战，因为不能时刻守在一刻不停不知疲倦的运行的设备周围等待报警的出现。综合用户需求，提出解决即时通知报警的一揽子系统。可以通过视频，记录现场实时生产过程画面，支持本地或远程实时播放、保存、多画面、回放。同时可以对云台和摄像头进行远程控制。超视距的现场监控得以实现。通过短信息设置报警项目，如报警对象、短消息的发送时间、接收对象、发送内容等，发送给指定人员。在第一时间将最关键的信息发送给最关心的人。电子邮件：进行电子邮件报警项目，如报警对象、电子邮件地址、邮件服务器地址、发送内容等，发送给指定人员。通过无所不在的网络，可以随时了解现场设备的运行情况，一切仅在掌握。语音：也可以通过电话，当报警产生时呼叫事前设置好的电话号码，报告您最关心的内容，您还可以进行报警确认和报警状态查询，简约查询现场设备的运行情况。

（4）精益求精，追求细节的最好体现、画面改进。

1）支持大画面、导航图：用户可以制作任意大小的画面，利用滚动条和导航图控制画面显示内容；绘制、移动、选择图素时，画面自动跟踪滚动。

2）方便的变量替换：可以单独替换某个画面中的变量，也可以在画面中任意选中的图素范围内进行变量替换。

3）自定义菜单：支持二级子菜单。

4）丰富的提示文本：系统提供丰富的图素提示条文本，包括简单图素和组合图素。

5）任意选择画面中的图素：在画面中使用键盘和鼠标结合可以任意选择多个图素进行组合、排列等操作。

（5）变量。

1）定义结构成员时可以定义基本属性，例如变量属性、报警属性和记录属性等。

2）定义结构变量时自动继承结构成员的属性。

3）结构变量可整体赋值。

4）结构变量可作为自定义函数的参数。

5）在数据词典中可以任意选择多个变量集中修改变量共有属性。

（6）非线性表。非线性表新增导入导出功能，能导出为逗号分隔文件（*.csv），可在文本状态编辑或传送，编辑完成后还可导入，据此可实现不同工程中的非线性表重复利用。网络状态的控制和显示通过引用网络上计算机的“$网络状态”变量得到网络通信的状态。同时，能够对网络的通信状态进行控制。对于定义“网络节点”的网络通信方式，是在网络设备上建立commerr寄存器来完成网络状态的显示和控制。

2. 其他常见组态软件简介

（1）InTouch。InTouch HMI为用户提供了今天的HMI和监控应用所需的能力和通用性。Wonderware在研究与开发中进行了大量投入，保证为用户提供新型的、强大的、创新的产品。

其结果是：各种公司可以把他们的精力集中于业务的运转方面，而工程师可以利用最新的软件技术。

InTouch 软件适合于部署在独立机械中、在分布式的服务器/客户机体系结构中、在利用 FactorySuite 工业应用服务器的应用中，也可以作为使用终端业务的瘦客户机应用。InTouch 还是实现了微软公司的“支持 WindowsXP”认证的第一个 HMI 产品，可以从工作站、个人数字助理（PDA）和浏览器观看显示内容。

（2）MCGS。MCGS（Monitor and Control Generated System）是由北京昆仑通态自动化软件公司开发的一套基于 Windows 平台，用于快速构造和生成上位机监控系统的组态软件系统。

MCGS5.5 通用版是北京昆仑通态数十位软件开发精英，历时整整一年时间，辛勤耕耘的结晶，MCGS5.5 通用版无论在界面的友好性、内部功能的强大性、系统的可扩充性、用户的使用性以及设计理念上都有一个质的飞跃，是国内组态软件行业划时代的产品，必将带领国内的组态软件上一个新的台阶。MCGS 能够完成现场数据采集、实时和历史数据处理、报警和安全机制、流程控制、动画显示、趋势曲线和报表输出以及企业监控网络等功能。

（3）WinCC。WinCC 运行于个人计算机环境，可以与多种自动化设备及控制软件集成，具有丰富的设置项目、可视窗口和菜单选项，使用方式灵活，功能齐全。用户在其友好的界面下进行组态、编程和数据管理，可形成所需的操作画面、监视画面、控制画面、报警画面、实时趋势曲线、历史趋势曲线和打印报表等。它为操作者提供了图文并茂、形象直观的操作环境，不仅缩短了软件设计周期，而且提高了工作效率。WinCC，这一运行于 Microsoft Windows 2000 和 XP 下的 Windows 控制中心，已发展成为欧洲市场中的领导者，乃至业界遵循的标准。如果你想使设备和机器最优化运行，如果你想最大程度地提高工厂的可用性和生产效率，WinCC 当是上乘之选。

（4）ForceControl（力控）。大庆三维公司的 ForceControl（力控）从时间概念上来说，力控也是国内较早就已经出现的组态软件之一。只是因为早期力控一直没有作为正式商品广泛推广，所以并不为大多数人所知。大约在 1993 年，力控就已形成了第一个版本，只是那时还是一个基于 DOS 和 VMS 的版本。后来随着 Windows 3.1 的流行，又开发出了 16 位 Windows 版的力控。但直至 Windows 95 版本的力控诞生之前，他主要用于公司内部的一些项目。32 位下的 1.0 版的力控，在体系结构上就已经具备了较为明显的先进性，其最大的特征之一就是其基于真正意义的分布式实时数据库的三层结构，而且其实时数据库结构可为可组态的活结构。在 1999 到 2000 年期间，力控得到了长足的发展，最新推出的 2.0 版在功能的丰富特性、易用性、开放性和 I/O 驱动数量，都得到了很大的提高。在很多环节的设计上，力控都能从国内用户的角度出发，即注重实用性，又不失大软件的规范。另外，公司在产品的培训、用户技术支持等方面投入了较大人力，相信在较短时间内，力控软件产品将在工控软件界形成巨大的冲击。

其他常见的组态软件还有 GE 的 Cimplicity，Rockwell 的 RsView，NI 的 LookOut，PCSoft 的 Wizcon 以及国内一些组态软件通态软件公司等，也都各有特色。

6.3 技能训练一　如何新建一个工程

1. 工程管理器的使用

组态王工程管理器是用来建立新工程，对添加到工程管理器的工程做统一的管理。工程管理器的主要功能包括新建、删除工程，对工程重命名，搜索组态王工程，修改工程属性，工程备份、恢复，数据词典的导入、导出，切换到组态王开发或运行环境等。假设已经正确安装了“组态王 6.52”，则可以通过以下方式启动工程管理器：

点击“开始”→“程序”→“组态王 6.52”→“组态王 6.52”（或直接双击桌面上组态王的快捷方式），启动后的工程管理窗口如图 6-1 所示。

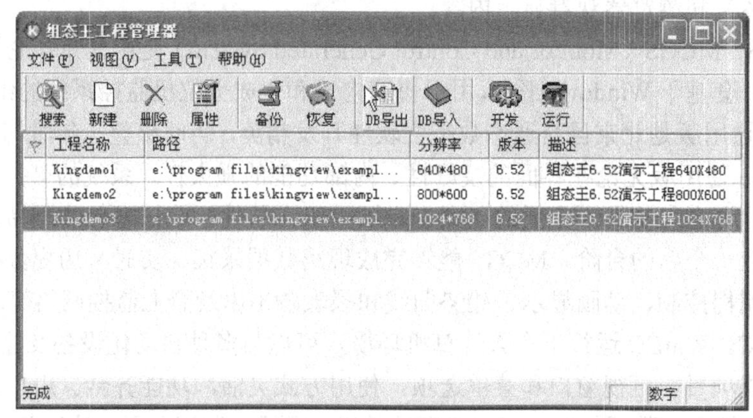

图 6-1 工程管理窗口

2. 建立组态王新工程的步骤

要建立新的组态王工程，首先为工程指定工作目录（或称“工程路径”）。“组态王”用工作目录标识工程，不同的工程应置于不同的目录。工作目录下的文件由“组态王”自动管理。

创建工程路径：

（1）启动“组态王”工程管理器（ProjManager），选择菜单“文件\新建工程”或单击“新建”按钮，弹出如图 6-2 所示。

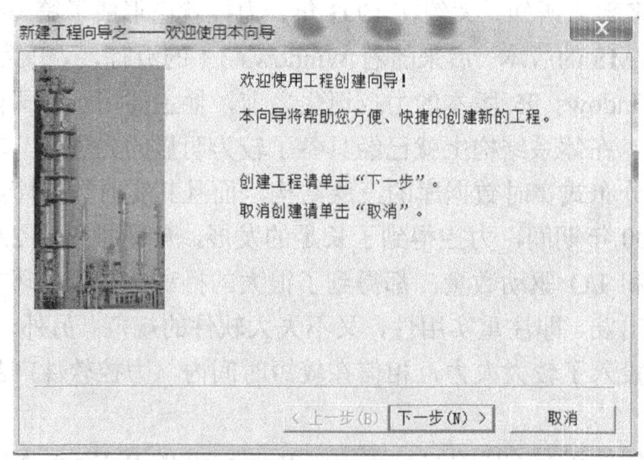

图 6-2 新建工程向导一

（2）单击“下一步”，弹出“新建工程向导之二对话框”，如图 6-3 所示。

（3）在工程路径文本框中输入一个有效的工程路径，或单击“浏览…”按钮，在弹出的路径选择对话框中选择一个有效的路径。单击“下一步”，弹出“新建工程向导之三对话框”，如图 6-4 所示。

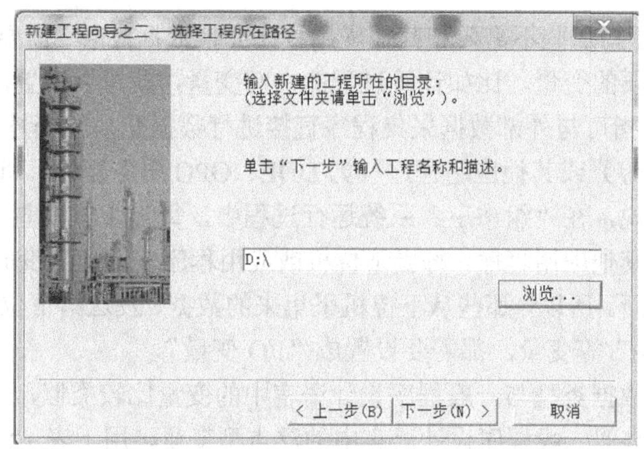

图 6-3　新建工程向导二

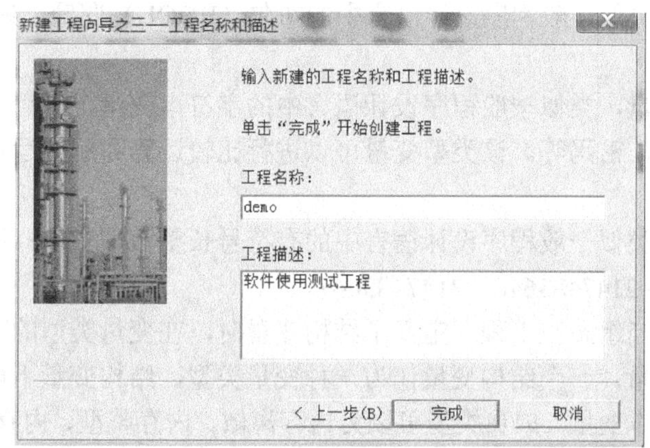

图 6-4　新建工程向导三

（4）在工程名称文本框中输入工程的名称，该工程名称同时将被作为当前工程的路径名称。在工程描述文本框中输入对该工程的描述文字。工程名称长度应小于 32 个字符，工程描述长度应小于 40 个字符。单击“完成”完成工程的新建。系统会弹出对话框，询问用户是否将新建工程设为当前工程，如图 6-5 所示。

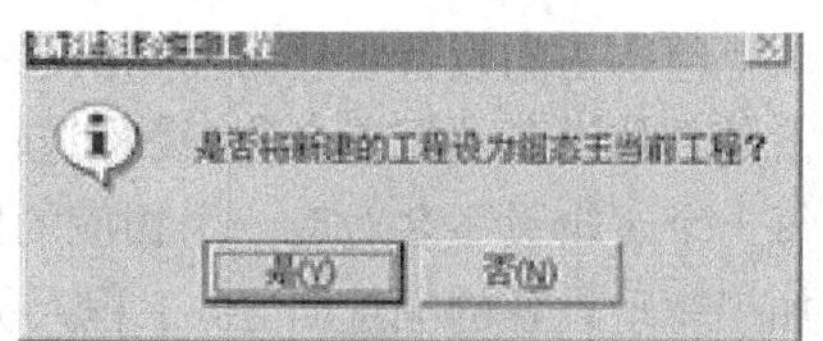

图 6-5　是否设为当前工程对话框

6.4　技能训练二　组态王工程变量的建立及 I/O 设备管理

数据库是“组态王”软件的核心部分，工业现场的生产状况要以动画的形式反映在屏幕上，操作者在计算机前发布的指令也要迅速送达生产现场，所有这一切都是以实时数据库为中介环节，所以数据库是联系上位机和下位机的桥梁。在 TouchVew 运行时，它含有全部数据变量的当前值。变量在画面制作系统组态王画面开发系统中定义，定义时要指定变量名和变量类型，某些类型的变量还需要一些附加信息。数据库中变量的集合形象地称为“数据词典”，数据词典记录了所有用户可使用的数据变量的详细信息。

1. 基本变量类型

变量的基本类型共有两类：内存变量、I/O 变量。

（1）内存变量，是指那些不需要和其他应用程序交换数据，也不需要从下位机得到数据，只在“组态王”内需要的变量，比如计算过程的中间变量，就可以设置成“内存变量”。

（2）I/O 变量，是指可与外部数据采集程序直接进行数据交换的变量，如下位机数据采集设备（如 PLC、仪表等）或其他应用程序（如 DDE、OPC 服务器等）。这种数据交换是双向的、动态的，也就是说，在“组态王”系统运行过程中，每当 I/O 变量的值改变时，该值就会自动写入下位机或其他应用程序；每当下位机或应用程序中的值改变时，“组态王”系统中的变量值也会自动更新。所以，那些从下位机采集来的数据、发送给下位机的指令，比如“反应罐液位”“电源开关”等变量，都需要设置成“I/O 变量”。

组态王中变量的数据类型与一般程序设计语言中的变量比较类似，主要有以下几种：

（1）实型变量，类似一般程序设计语言中的浮点型变量，用于表示浮点（float）型数据，取值范围–3.40E+38～+3.40E+38，有效值 7 位。

（2）离散变量，类似一般程序设计语言中的布尔（BOOL）变量，只有 0、1 两种取值，用于表示一些开关量。

（3）字符串型变量，类似一般程序设计语言中的字符串变量，可用于记录一些有特定含义的字符串，如名称，密码等。该类型变量可以进行比较运算和赋值运算。字符串长度最大值为 128 个字符。

（4）整数变量，类似一般程序设计语言中的有符号长整数型变量，用于表示带符号的整型数据，取值范围为–2147483648～2147483647。

（5）结构变量，当组态王工程中定义了结构变量时，在变量类型的下拉列表框中会自动列出已定义的结构变量，一个结构变量作为一种变量类型，结构变量下可包含多个成员，每一个成员就是一个基本变量。成员类型可以为内存离散、内存整型、内存实型、内存字符串、I/O 离散、I/O 整型、I/O 实型、I/O 字符串。

2. 组态王工程 I/O 设备管理

组态王的设备管理结构列出已配置的与组态王通信的各种 I/O 设备名，每个设备名实际上是具体设备的逻辑名称（简称逻辑设备名，以此区别 I/O 设备生产厂家提供的实际设备名）。每一个逻辑设备名对应一个相应的驱动程序，以此与实际设备相对应。组态王的设备管理增加了驱动设备的配置向导，工程人员只要按照配置向导的提示进行相应的参数设置，选择 I/O 设备的生产厂家、设备名称、通信方式，指定设备的逻辑名称和通信地址，则组态王自动完成驱动程序的启动和通信，不再需要工程人员人工进行。

组态王采用工程浏览器界面来管理硬件设备，已配置好的设备统一列在工程浏览器界面下的设备分支，如图 6-6 示。

为保证用户对硬件的方便使用，在完成设备配置与连接后，用户在组态王开发环境中即可以对硬件进行测试。对于测试的寄存器可以直接将其加入到变量列表中。当用户选择某个设备后，单击鼠标右键弹出浮动式菜单，除 DDE 外的设备均有菜单项“测试 设备名”。如定义亚控仿真 PLC 设备，在设备名称上单击右键，弹出快捷菜单，如图 6-7 所示。

使用设备测试时，点击“测试…”对于不同类型的硬件设备将弹出不同的对话框。例如，对于串口通信（讯）设备（如串口设备—亚控仿真 PLC）将弹出如图 6-8 所示的对话框。

对话框共分为两个属性界面：通信（讯）参数、设备测试。“通信（讯）参数”属性页中主要定义设备连接的串口的参数、设备的定义等。这些参数的选择请参照本章相关章节或组态王设备帮助。

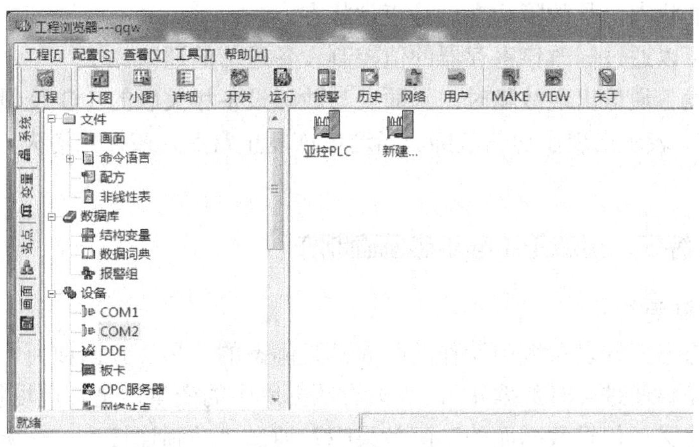

图 6-6　I/O 设备

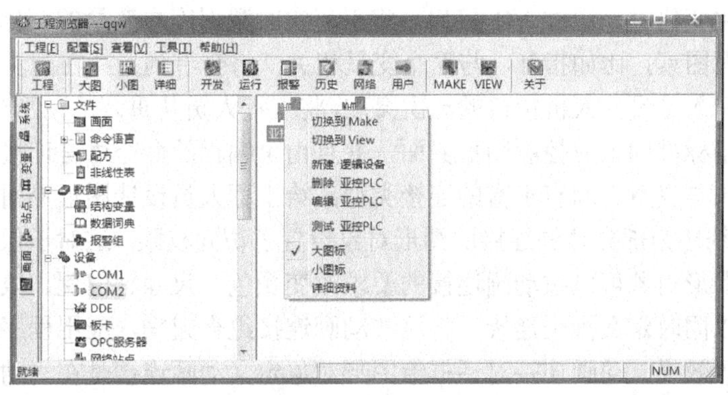

图 6-7　硬件设备测试

设备测试页如图 6-9 所示。选择要进行通信测试的设备的寄存器。判断组态王和设备是否通信成功有三种方法：

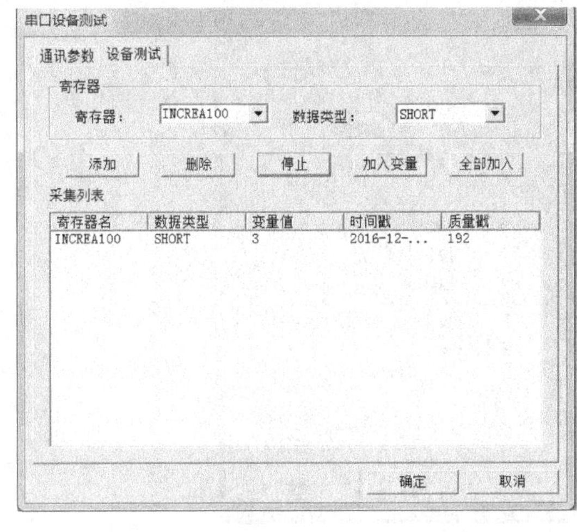

图 6-8　串口设备测试［通信（讯）参数属性］

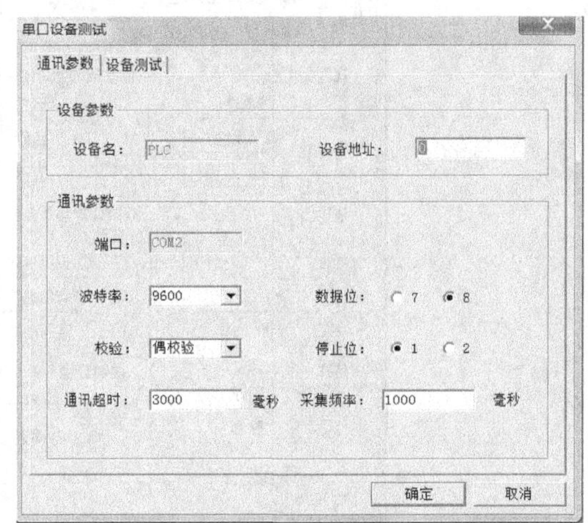

图 6-9　串口设备测试（设备测试属性）

（1）组态王的驱动程序（除 DDE 外）为每一个设备都定义了 CommErr 寄存器，该寄存器表征设备通信的状态，是故障状态还是正常状态。

（2）用户还可以通过修改该寄存器的值控制设备通信的通断。

（3）当某个设备通信出现故障时，画面上与故障设备相关联的 I/O 变量的数值输出显示都变为“？？？”，表示出现了通信故障。当通信恢复正常后，该符号消失，恢复为正常数据显示。

6.5　技能训练三　组态王工程组态画面制作

1. 画面及动画连接

工程人员在组态王开发系统中制作的画面都是静态的，那么画面如何才能反映工业现场的状况呢？这就需要通过实时数据库，因为只有数据库中的变量才是与现场状况同步变化的。数据库变量的变化又如何导致画面的动画效果呢？通过“动画连接”——所谓“动画连接”就是建立画面的图素与数据库变量的对应关系。这样，工业现场的数据，比如温度、液面高度等，当它们发生变化时，通过 I/O 接口，将引起实时数据库中变量的变化。如果设计者曾经定义了一个画面图素，比如指针，与这个变量相关，将会看到指针在同步偏转。

动画连接的引入是设计人机接口的一次突破，将工程人员从重复的图形编程中解放出来，为工程人员提供了标准的工业控制图形界面，并且由可编程的命令语言连接来增强图形界面的功能。图形对象与变量之间有丰富的连接类型，给工程人员设计图形界面提供了极大的方便。“组态王”系统还为部分动画连接的图形对象设置了访问权限，这对于保障系统的安全具有重要的意义。图形对象可以按动画连接的要求改变颜色、尺寸、位置、填充百分数等，一个图形对象又可以同时定义多个连接。将这些动画连接组合起来，应用程序将呈现出令人难以想象的图形动画效果。动画连接对话框给图形对象定义动画连接是在“动画连接”对话框中进行的。在组态王开发系统中双击图形对象（不能有多个图形对象同时被选中），弹出动画连接对话框，如图 6-10 所示。

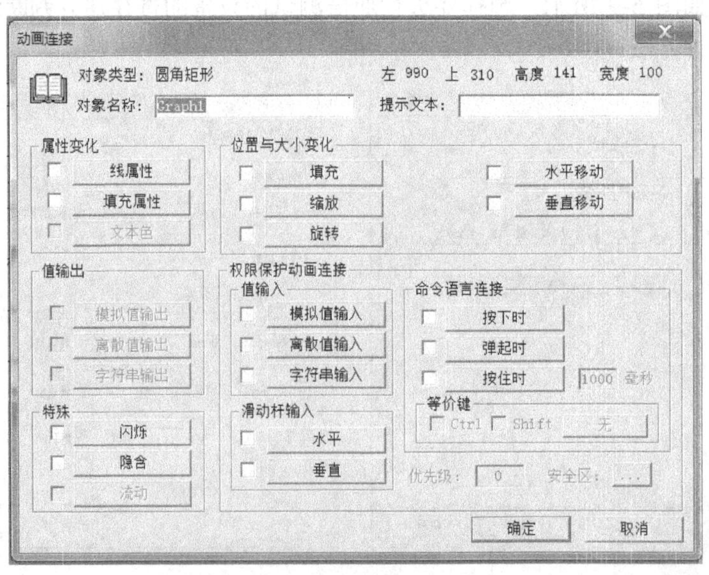

图 6-10　动画连接属性对话框

对话框的第一行标识出被连接对象的名称和左上角在画面中的坐标以及图形对象的宽度和高度。

对话框的第二行提供“对象名称”和“提示文本”编辑框。“对象名称”是为图素提供的唯一的名称，供以后的程序开发使用，暂时不能使用。“提示文本”的含义为：当图形对象定义了动画连接时，在运行的时候，鼠标放在图形对象上，将出现开发中定义的提示文本。

2. 动画连接种类

（1）属性变化：共有三种连接（线属性、填充属性、文本色），它们规定了图形对象的颜色、线型、填充类型等属性如何随变量或连接表达式的值变化而变化。单击任一按钮弹出相应的连接对话框。线类型的图形对象可定义线属性连接，填充形状的图形对象可定义线属性、填充属性连接，文本对象可定义文本色连接。

（2）位置与大小变化：水平移动、垂直移动、缩放、旋转、填充这五种连接规定了图形对象如何随变量值的变化而改变位置或大小。不是所有的图形对象都能定义这五种连接。

1）值输出。只有文本图形对象能定义三种值输出连接中的某一种。这种连接用来在画面上输出文本图形对象的连接表达式的值。运行时文本字符串将被连接表达式的值所替换，输出的字符串的大小、字体和文本对象相同。

2）用户输入。所有的图形对象都可以定义为三种用户输入连接中的一种，输入连接使被连接对象在运行时为触敏对象。当 TouchVew 运行时，触敏对象周围出现反显的矩形框，可由鼠标或键盘选中此触敏对象。按 SPACE 键、ENTER 键或鼠标左键，会弹出输入对话框，可以从键盘键入数据以改变数据库中变量的值。

3）特殊。所有的图形对象都可以定义闪烁、隐含两种特殊连接，这是两种规定图形对象可见性的连接。

4）滑动杆输入。所有的图形对象都可以定义两种滑动杆输入连接中的一种，滑动杆输入连接使被连接对象在运行时为触敏对象。当 TouchVew 运行时，触敏对象周围出现反显的矩形框。鼠标左键拖动有滑动杆输入连接的图形对象可以改变数据库中变量的值。

5）命令语言连接。所有的图形对象都可以定义三种命令语言连接中的一种，命令语言连接使被连接对象在运行时成为触敏对象。当 TouchVew 运行时，触敏对象周围出现反显的矩形框，可由鼠标或键盘选中。按 SPACE 键、ENTER 键或鼠标左键，就会执行定义命令语言连接时用户输入的命令语言程序。按动相应按钮弹出连接的命令语言对话框。

6）等价键。设置被连接的图素在被单击执行命令语言时与鼠标操作相同功能的快捷键。

7）优先级。该编辑框用于输入被连接的图形元素的访问优先级级别。当软件在 TouchVew 中运行时，只有优先级级别不小于此值的操作员才能访问它，这是“组态王”保障系统安全的一个重要功能。

8）安全区。该编辑框用于设置被连接元素的操作安全区。当工程处在运行状态时，只有在设置安全区内的操作员才能访问它，安全区与优先级一样是“组态王”保障系统安全的一个重要功能。

9）图形编辑。图形编辑工具箱是绘图菜单命令的快捷方式。下面介绍动画制作时常用的图形编辑工具箱和其他几个常用工具。

每次打开一个原有画面或建立一个新画面时，图形编辑工具箱都会自动出现，如图 6-11 所示。

在菜单“工具/显示工具箱”的左端有“b”，表示选中菜单；没有“b”，屏幕上的工具箱也同时消失，再一次选择此菜单，“b”出现，工具箱又显示出来。或使用<F10>键来切换工具箱的显示/隐藏。菜单如图 6-12 所示。

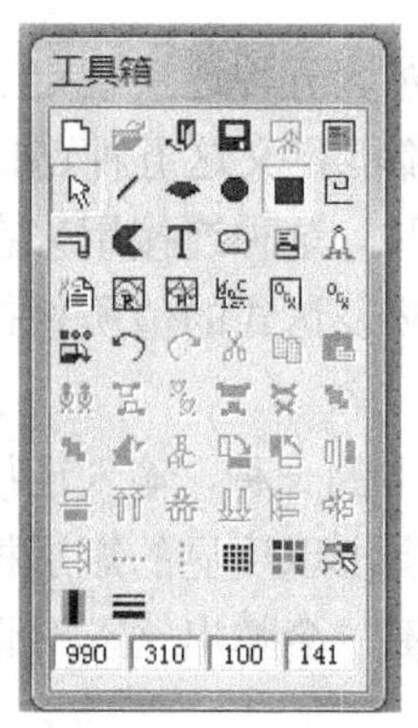

图 6-11 工具箱

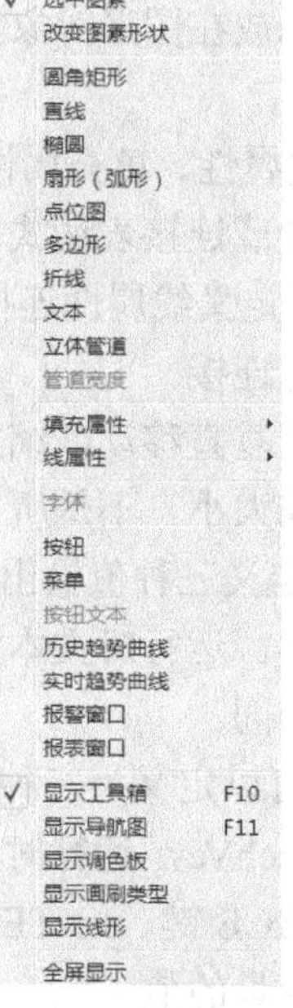

图 6-12 显示工具箱

图 6-13 工具箱提示

工具箱提供了许多常用的菜单命令，也提供了菜单中没有的一些操作。当鼠标放在工具箱任一按钮上时，立刻出现一个提示条标明此工具按钮的功能，如图 6-13 所示。

用户在每次修改工具箱的位置后，组态王会自动记忆工具箱的位置，当用户下次进入组态王时，工具箱返回上次用户使用时的位置。

6.6 技能训练四 图片如何导入组态王工程

（1）准备一张图片。图 6-14 所示为待导入图片。

图 6-14 待导入图片

（2）进入组态王开发系统，单击工具箱中“点位图”图标，移动鼠标，在画面上画出一个矩形方框，如图 6-15 所示。

图 6-15　组态王示例工程

（3）选中该点位图对象，单击鼠标右键，弹出浮动式菜单，如图 6-16 所示。

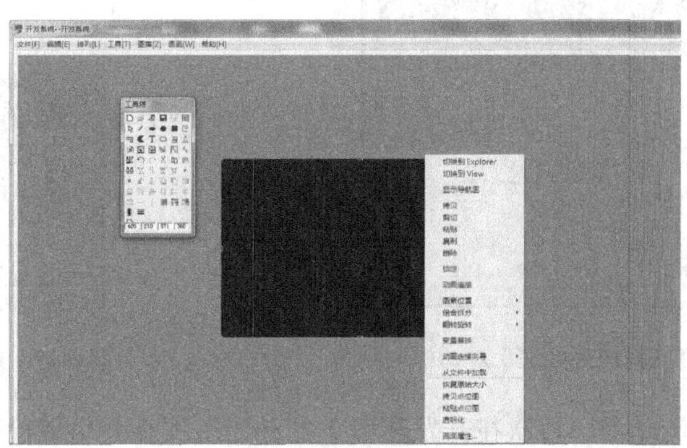

图 6-16　组态王示例工程

（4）选择“从文件中加载”命令即可将事先准备好的图片粘贴过来，如图 6-17 所示。

图 6-17　组态王示例工程

6.7　技能训练五　组态王工程安全管理

1. 开发系统工程加密

为了防止其他人员对工程进行修改，在组态王开发系统中可以分别对多个工程进行加密。当进入一个有密码的工程时，必须正确输入密码方可进入开发系统，否则不能打开该工程进行修改，从而实现了组态王开发系统的安全管理。

新建组态王工程，首次进入组态王浏览器，系统默认没有密码，可直接进入组态王开发系统。如果要对该工程的开发系统进行加密，执行工程浏览器中“工具\工程加密”命令。弹出“工程加密处理”对话框，如图 6-18 所示。

输入密码，密码长度不超过 12 个字节，密码可以是字母（区分字母大小写）、数字、其他符号等。再次输入相同密码进行确认。

单击“取消”按钮可取消对工程实施加密操作；单击“确定”按钮后，系统将对工程进行加密。加密过程中系统会弹出提示信息框，显示对每一个画面分别进行加密处理。当加密操作完成后，系统弹出“操作完成”，如图 6-19 所示。

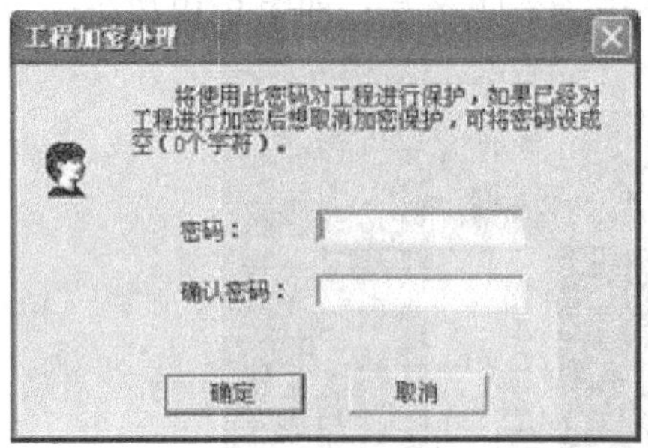

图 6-18　“工程加密处理”对话框

图 6-19　加密操作成功

退出组态王工程浏览器，每次在开发环境下打开该工程都会出现检查文件密码对话框，要求输入工程密码，如图 6-20 所示。

密码输入正确后，将打开该工程，否则出现如图 6-21 所示对话框。

图 6-20　检查文件密码

图 6-21　密码错误对话框

单击“重试”按钮将回到检查文件密码对话框，用户可重新输入密码。单击“取消”按钮，工程将无法打开。

2. 运行系统安全管理

在组态王系统中，为了保证运行系统的安全运行，对画面上的图形对象设置了访问权限，同时给操作者分配了访问优先级和安全区，只有操作者的优先级大于对象的优先级且操作者的安全区在对象的安全区内时才可访问，否则不能访问画面中的图形对象。

3. 设置用户的安全区与权限

优先级分 1～999 级，1 级最低 999 级最高。每个操作者的优先级别只有一个。系统安全区共有 64 个，用户在进行配置时。每个用户可选择除“无”以外的多个安全区，即一个用户可有多个安全区权限。用户安全区及权限设置过程如下：

（1）在工程浏览器窗口左侧“工程目录显示区”中双击“系统配置”中的“用户配置”选项，弹出创建用户和安全区配置对话框，如图 6-22 所示。

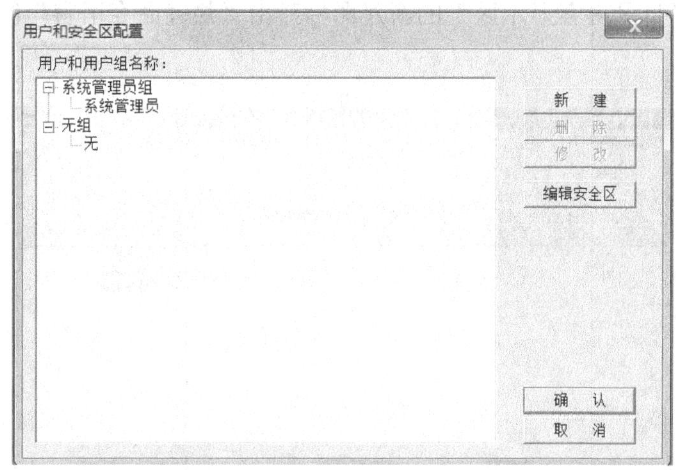

图 6-22　用户和安全区配置对话框

（2）单击“确认”按钮关闭对话框，在“用户和安全区配置”对话框中单击“新建”按钮，在弹出的“定义用户组和用户”对话框中配置用户组，如图 6-23 所示。

对话框设置如下：类型设置为“用户组”，用户姓名为“反应车间组”，安全区设置为“无”。

（3）单击“确认”按钮关闭对话框，回到“用户和安全区配置”对话框后再次单击“新建”按钮，在弹出的“定义用户组和用户”对话框中配置用户。定义用户组和用户的对话框如图 6-24 所示。

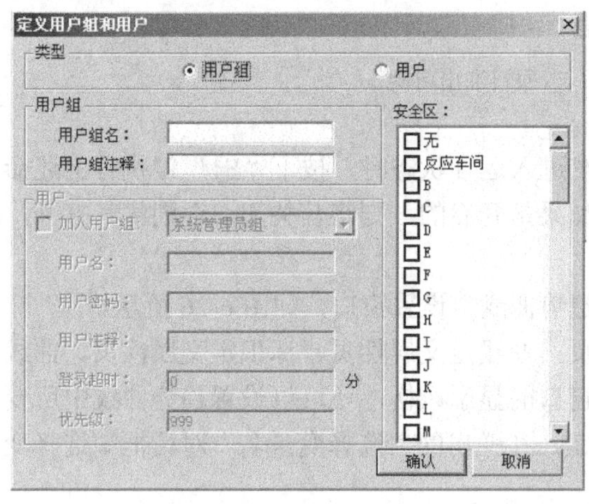

图 6-23　定义用户组对话框

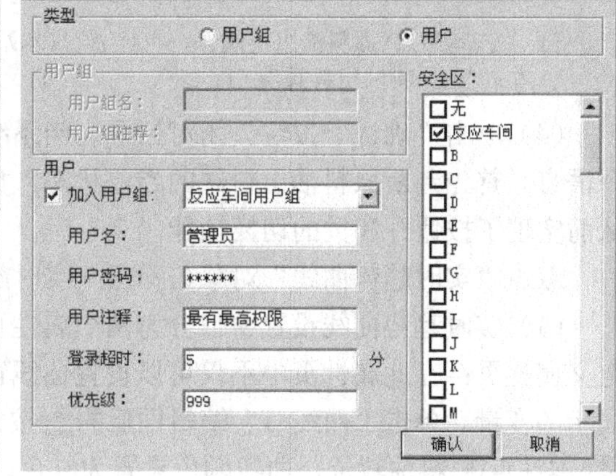

图 6-24　定义用户对话框

6.8 技能训练六 组态王软件常用功能的使用

1. 定义热键

在实际的工业现场，为了操作的需要可能需要定义一些热键，当某键被按下时使系统执行相应的控制命令。例如当按下 F1 键时，使原料油出料阀被开启或关闭。这可以使用命令语言的一种热键命令语言来实现。

（1）在工程浏览器左侧的“工程目录显示区”内选择“命令语言”下的“热键命令语言”选项，双击“目录内容显示区”的新建图标弹出“热键命令语言”编辑对话框，如图 6-25 所示。

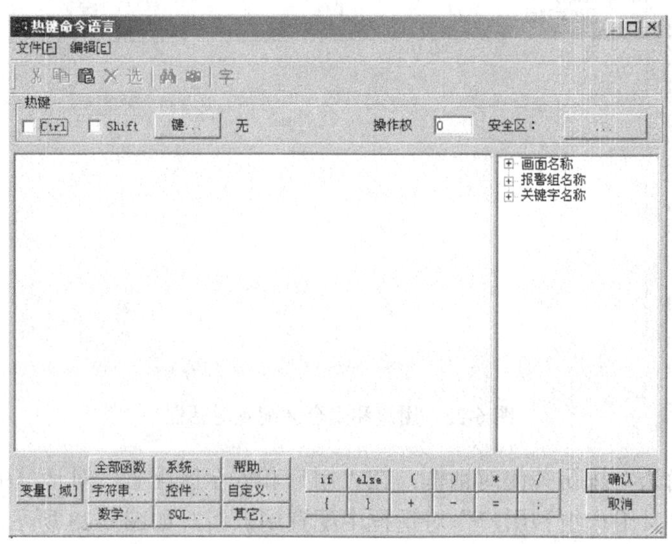

图 6-25 组态王热键命令语言

（2）对话框中单击“键…”按钮，在弹出的“选择键”对话框中选择“F1”键后关闭对话框。

（3）在命令语言编辑区中输入如下命令语言：

```
if (\\本站点\原料油出料阀 = = 1 ) \\本站点\原料油出料阀 = 0;
\\本站点\原料油出料阀 = 1;
```

（4）单击“确认”按钮关闭对话框。当系统进入运行状态时，按下“F1”键执行上述命令语言。首先判断原料油出料阀的当前状态，如果是开启的，则将其关闭，否则将其打开，从而实现了按钮开和关的切换功能。

双击“实时趋势曲线”对象，弹出“实时趋势曲线”设置窗口，如图 6-26 所示。

（1）实时趋势曲线设置窗口分为两个属性页：曲线定义属性页、标识定义属性页。曲线定义属性页：在此属性页中不仅可以设置曲线窗口的显示风格，还可以设置趋势曲线中所要显示的变量。单击“曲线 1”编辑框后的?按钮，在弹出的“选择变量名”对话框中选择变量\\本站点\原料油液位，曲线颜色设置为红色。

（2）标识定义属性页：标识定义属性页，如图 6-27 所示。

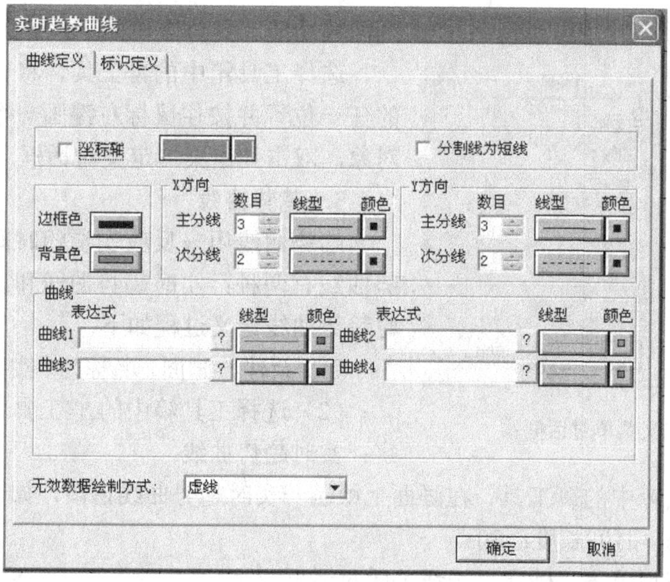

图 6-26　定义实时曲线

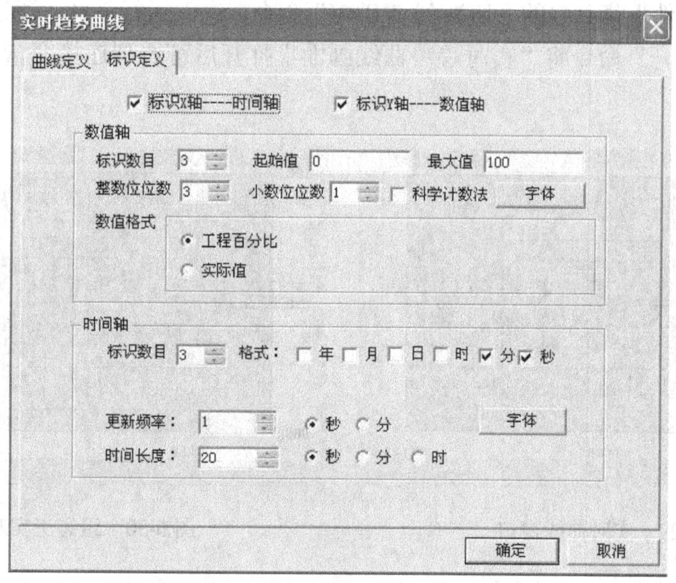

图 6-27　设置实时曲线

在此属性页中可以设置数值轴和时间轴的显示风格。

1）标识 *X* 轴——时间轴：有效。

2）标识 *Y* 轴——数据轴：有效。

3）起始值：0。

4）最大值：100。

5）时间轴：分、秒有效。

2. 实现画面切换功能

利用系统提供的“菜单”工具和 ShowPicture()函数能够实现在主画面中切换到其他任一

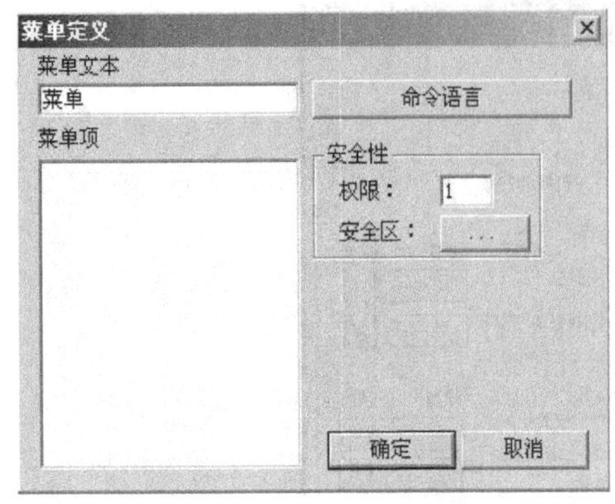

图 6-28　定义菜单对话框

画面的功能。具体操作如下：

选择工具箱中的工具，将鼠标放到监控画面的任一位置并按住鼠标左键画一个按钮大小的菜单对象，双击弹出菜单定义对话框，如图 6-28 所示。

3. 趋势曲线

趋势曲线用来反应变量随时间的变化情况。趋势曲线有两种：实时趋势曲线和历史趋势曲线。实时趋势曲线定义过程如下：

（1）新建一画面，名称为“实时趋势曲线画面”。

（2）选择工具箱中的 T 工具，在画面上输入文字：实时趋势曲线。

（3）选择工具箱中的工具，在画面上绘制一实时趋势曲线窗口，如图 6-29 所示。

更新频率：1s，时间长度：30s。

（4）设置完毕后单击“确定”按钮关闭对话框。

（5）单击“文件”菜单中的“全部存”命令，保存所作的设置。

（6）单击“文件”菜单中的“切换到 VIEW”命令，进入运行系统，通过运行界面中“画面”菜单中的“打开”命令将“实时趋势曲线画面”打开后可看到连接变量的实时趋势曲线，如图 6-30 所示。

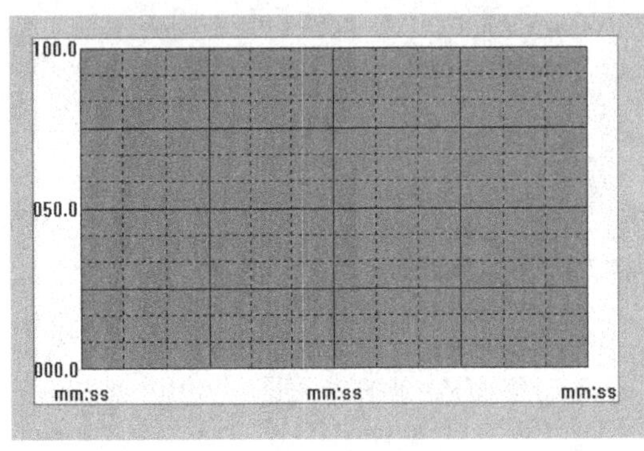

图 6-29　实时曲线窗口

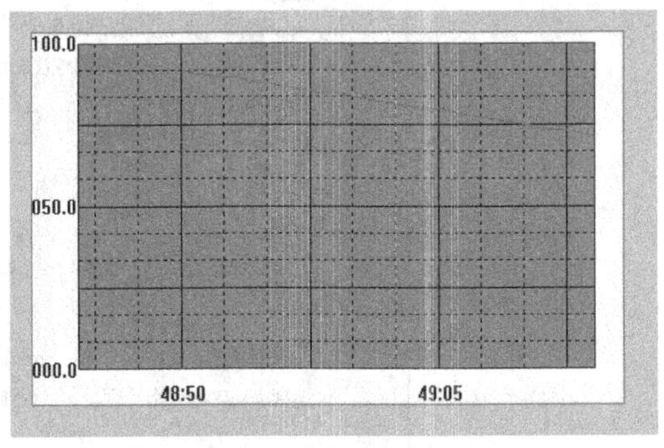

图 6-30　组态王实时曲线

4. 控件的作用

控件可以作为一个相对独立的程序单位被其他应用程序重复调用。控件的接口是标准的，凡是满足这些接口条件的控件，包括第三方软件供应商开发的控件，都可以被组态王直接调用。组态王中提供的控件在外观上类似于组合图素，工程人员只需将它放在画面上，然后配置控件的属性进行相应的函数连接，控件就能完成其复杂的功能。

下面利用 *X–Y* 控件显示原料油液位与原料油罐压力之间的关系曲线，操作过程如下：

（1）新建一画面，名称为：*X–Y* 控件画面。

（2）选择工具箱中的 T 工具，在画面上输入文字：*X–Y* 控件。

（3）单击工具箱中的工具，在弹出的创建控件窗口中双击“趋势曲线”类中的“*X–Y* 轴曲线”控件，在画面上绘制 *X–Y* 曲线窗口，如图 6-31 所示。

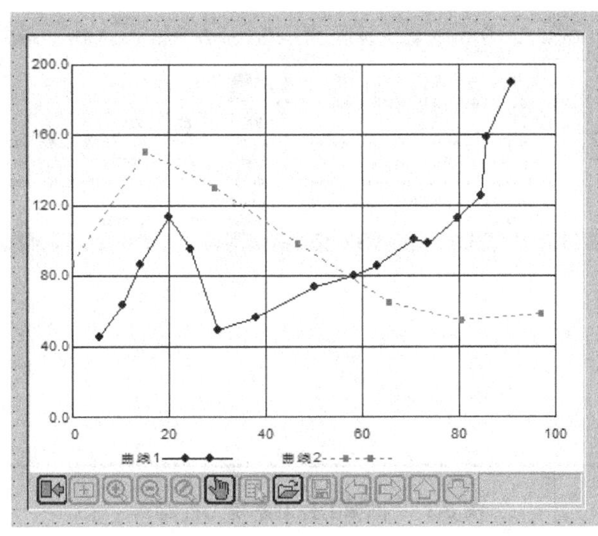

图 6-31　*XY* 趋势曲线

6.9　技能训练七　组态工程制作示例——机械手工程制作与调试

通过本次技能训练进一步了解组态王软件的基本应用与制作方法。在工业现场当中，经常会使用到机械手。组态王软件制作一个关于机械手的工程。为了简单，在本工程中，先不加入任何硬件，比如 PLC 等硬件设备，仅仅通过组态王软件制作一个动画效果，使得大家对组态王软件有一个基本的认识。

在机械手的工作中，一般包括机械手的下降、夹紧、上升、右移（视实际情况而定）、下降、放松、上升、左移等基本动作组成，来完成机械手对工件的位置的改变。

1. 工程的建立

现在开始建立自己的组态王机械手控制系统工程。

单击“开始”⟶“程序”⟶“组态王 6.5”⟶“组态王”，此时出现“组态王工程管理器”窗口。在“组态王工程管理器”窗口中单击“新建”按钮（或者单击“文件”菜单下面的“新建工程”菜单项），出现“新建工程向导之一”窗口。单击“下一步”按钮，在“新建工程向导之二”窗口中的文本框中输入工程目录“d:\”，单击“下一步”按钮，在出现的“新建工程向导之三”窗口中输入“工程名称”为“机械手控制系统”，最后单击“完成”按钮，并在出现的“是否将新建的工程设置为组态王当前工程”对话框中单击“是”按钮，完成工程建立，如图 6-32 所示。此时，组态王在根目录“d:\”下建立一个“机械手控制系统”子目录，而且以后所进行的组态工作的所有数据都将存储在这个目录中。

2. 建立变量

建立变量是在使用组态王软件时十分重要的环节，其中包括使用多少个变量，每个变量的类型是什么，变量的范围是多少等详细内容，是学习的重中之重。下面介绍在“机械手控制系统”工程中，需要采用多少个变量来实现动画呢？

首先，应该建立一个“运行标志”的离散型变量，同时对于机械手和工件，为了描述它们的位置，还应该建立“机械手 *X*”、“机械手 *Y*”、“工件 *X*”、“工件 *Y*”四个整形变量，最后一个变量是大家不太容易理解的变量“次数”，也是一个整形变量。

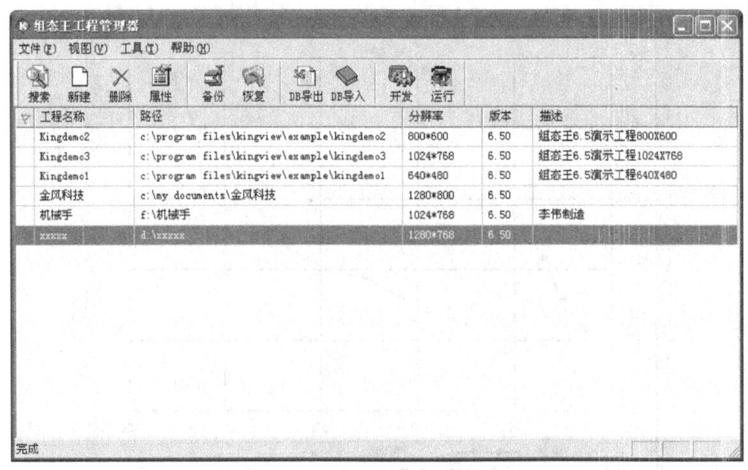

图 6-32 机械手控制系统工程建立

建立变量的方法如图 6-33 所示。

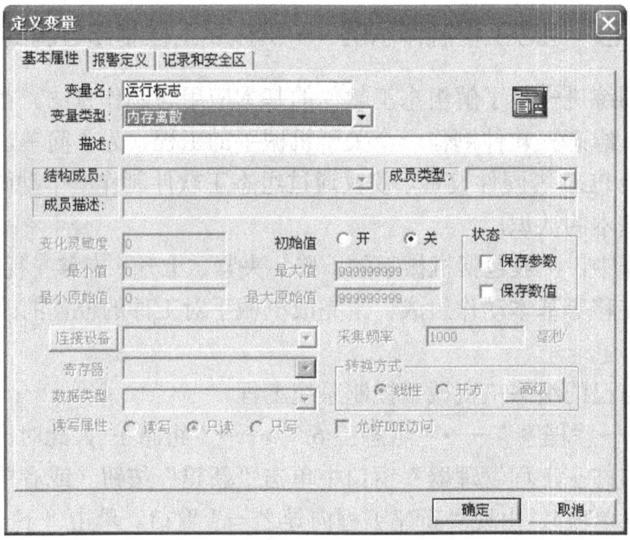

图 6-33 机械手控制系统工程变量建立

3. 简单画面的设计与编辑

画面是用户与计算机进行人机交互、监视控制系统状况、进行生产操作、输入控制命令的界面。设计完善的画面，能够让操作人员形象、直观、正确地掌握整个系统的设备状况，能够及时发出自己的操作命令。

下面开始制作“机械手控制系统”的画面。

在工程浏览器的工程目录显示区中，单击“文件”大纲项向下面的“画面”成员名，然后在目录内容显示区中双击“新建”图标，则工程浏览器会启动组态王的“画面开发系统”程序，并弹出“新画面”窗口。在这个窗口中将画面名称设置为“机械手控制系统”，画面宽度设置为“1024”，高度设置为“768”，如图 6-34 所示。单击“确定”按钮，进入画面开发系统。

在画面开发系统中，使用了 10 个圆角矩形和一个文本工具，构成了如图 6-35 所示的画面。

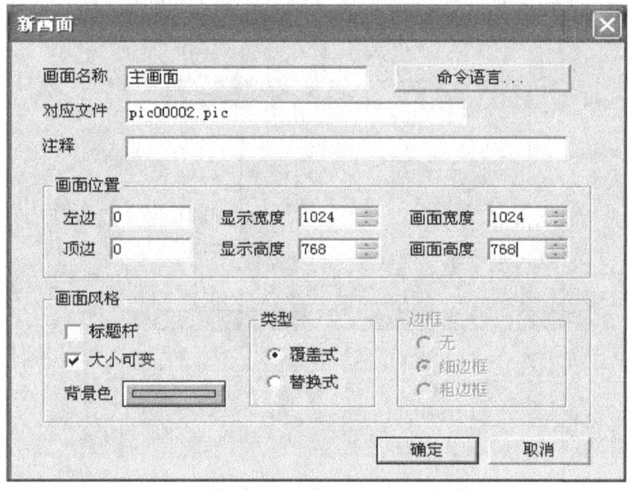

图 6-34　机械手控制系统主画面建立

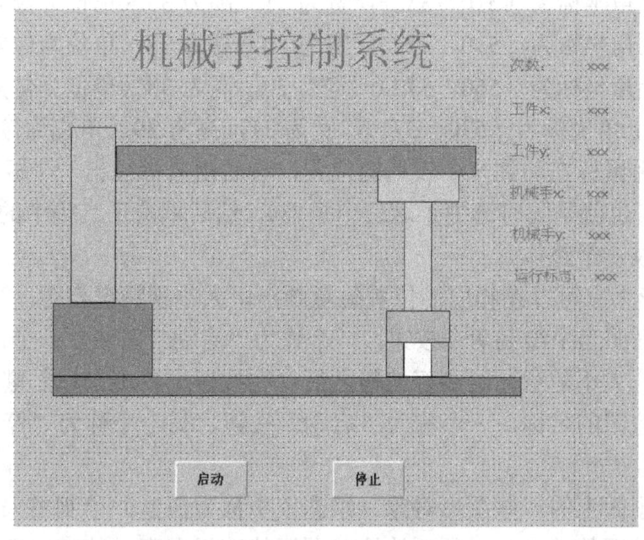

图 6-35　机械手控制系统监控画面

绘制圆角矩形的方法是：在工具相中单击“圆角矩形”按钮，然后在画面上拉出合适大小的矩形即可。

输入文字的方法是：在“工具箱”中单击“文本”按钮，然后再画面上拉出一个矩形区域，再输入文字即可。如果需要修改文字的字体和大小，则在选中文本之后，再单击“工具箱”中的“字体”按钮，然后在弹出的“字体”对话框中设置相应的字体即可。

为了便于叙述，将这 10 个矩形进行了编号，如图 6-36 所示。其中 10 号矩形代表工件，其余各矩形代表机械手的各个部件。

4 号矩形的左上角坐标为（210，160），宽为 400，高为 31（单位为像素）。

5 号举行的左上角坐标为（500，190），宽为 91，高为 31（单位为像素）。

6 号举行的左上角坐标为（530，220），宽为 31，高为 120（单位为像素）。

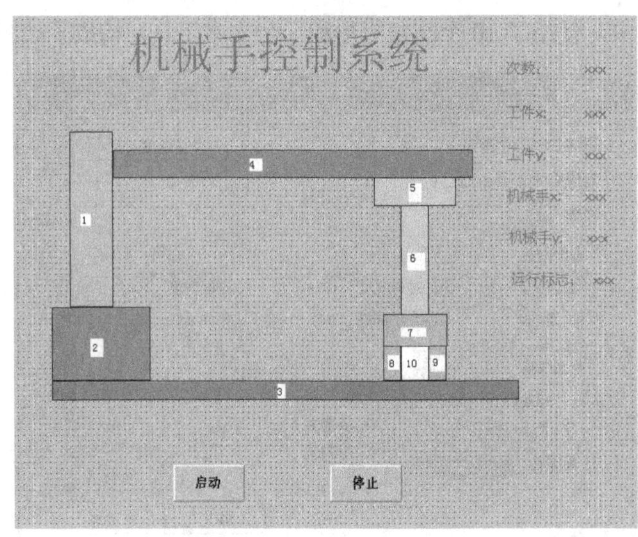

图 6-36　机械手控制系统制作

7 号举行的左上角坐标为（510，338），宽为 71，高为 35（单位为像素）。

8 号举行的左上角坐标为（510，372），宽为 20，高为 38（单位为像素）。

9 号举行的左上角坐标为（560，372），宽为 20，高为 38（单位为像素）。

10 号举行的左上角坐标为（530，371），宽为 31，高为 39（单位为像素）。

将 10 号矩形用鼠标拖动到一个较远的位置，然后用鼠标拉出一个矩形框，将 7、8、9 三个矩形包含在内（也就是同时选中了这三个矩形），然后单击工具箱中的“合成组合元素”，将这三个矩形组合成一个整体。

1、2、3 号矩形大家可以在相应的位置随意画出，大小视情况自定。

同时，还要在画面当中绘制两个按钮，一个作为“启动”按钮，一个作为“停止”按钮。这两个按钮的位置、大小随意。绘制好按钮之后，在按钮上单击鼠标右键，利用“字符串替换”选项改变两个按钮的名称，一个称为“启动”按钮，另一个称为“停止”按钮。

4. 动画连接

前面仅仅是将画面上的一些图形对象（组态王中称为图素）绘制出来。但是，要让这些图素能够反映出机械手的动作，必须要让这些图素能够根据变量的变化而产生一定的动作，比如位置移动、数据显示等。

现在开始对画面中需要进行动画连接的图素进行动画连接。

（1）双击 4 号矩形，出现“动画连接”窗口，再单击“缩放”按钮，出现“缩放连接”窗口，将“表达式”设置为“\\本站点\机械手 *X*”。变化方向设置为“从右向左缩放”，最小时对应值设置为 0，占据百分比设置为 50；最大时对应值设置为 100，占据百分比设置为 100。然后再单击“确定”按钮，回到“动画连接”对话框，再单击“确定”按钮，完成对 4 号矩形的动画连接。

（2）双击 5 号矩形，出现“动画连接”窗口，再单击其中的“水平移动”按钮，出现“水平移动连接”窗口，将其中的表达式设置为“\\本站点\机械手 *X*”。向左移动距离设置为 200，最左移动距离设置为 0，向右移动距离设置为 0，最右边对应值设置为 100，单击“确定”按钮，回到“动画连接”窗口，再单击“确定”按钮，完成对 5 号矩形的动画连接。

（3）双击 6 号矩形，出现“动画连接”窗口，单击其中的“缩放”按钮，则出现“缩放连接”窗口，将“表达式”设置为“\\本站点\机械手 Y”。最小时对应值为 0，占据百分比为 38；最大时对应值为 100，占据百分比为 100。变化方向为底部从下向上缩放。单击“确定”按钮完成缩放连接，返回“动画连接”窗口，再单击“水平移动”按钮，进入“水平移动连接”窗口。将“表达式”设置为“\\本站点\机械手 X”，向左移动距离为 200，最左边对应值为 0；向右移动距离为 0，最右边对应值为 100。然后单击“确定”按钮，返回“动画连接”对话框，再单击“确定”按钮完成对 6 号矩形的动画连接。

（4）双击由 7、8、9 三个矩形组成的复合图素，出现“动画连接”对话框。再单击其中的“水平移动”按钮，出现“水平移动连接”对话框，将其中的“表达式”设置为“\\本站点\机械手 X”。向左移动距离为 200，最左边对应值为 0；向右移动距离为 0，最右边对应值为 100。然后单击“确定”按钮，完成水平移动链接，回到动画连接对话框。

在“动画连接”对话框中单击“垂直移动”按钮，进入“垂直移动连接”对话框，将其中的“表达式”设置为“\\本站点\机械手 Y”。向上移动距离为 80，最上边对应值为 0；向下移动距离为 0，最下边对应值为 100。然后单击“确定”按钮，回到“动画连接”对话框。再单击“确定”按钮，完成对复合图素的动画连接。

（5）双击 10 号矩形（工件），出现“动画连接”对话框，单击其中的“水平移动”按钮，出现“水平移动连接”对话框，将此对话框中的“表达式”设置为“\\本站点\工件 X”。向左移动距离为 200，最左边对应值为 0；向右移动距离为 0，最右边对应值为 100。然后单击“确定”按钮，完成水平移动连接，返回到“动画连接”对话框。

在“动画连接”对话框中单击“垂直移动”按钮，出现“垂直移动连接”对话框，将其中的“表达式”设置为“\\本站点\工件 Y”。向上移动距离为 80，最上边对应值为 0；向下移动距离为 0，最下边对应值为 100。然后单击“确定”按钮，完成垂直移动连接，返回“动画连接”对话框。再单击“确定”按钮，完成对 10 号矩形的动画连接。

（6）还要对两个已经绘制好的按钮做一下动画连接，方法如下：双击“启动”按钮，在动画连接菜单中找到“命令语言链接”选项，单击“按下时”，在出现的菜单中写一句命令语言，如图 6-37 所示。

再用同样的方法对“停止”按钮做一下动画连接，但是要在命令语言中写“\\本站点\运行标志=0;”

5. 命令语言及简单控制程序的编写

画面制作及动画连接全部完成后，可开始编写“命令语言”，控制各个变量的变化，使得画面能够正确反映机械手的移动情况。

命令语言是一种类似 C 语言的程序。软件设计人员可以利用命令语言书写的程序来增强应用程序的灵活性。组态王的命令语言可以分为：应用程序命令语言、热键命令语言、事件命令语言、数据改变命令语言、自定义函数命令语言和画面命令语言。

命令语言的句法与 C 语言很相似，具有完善的语法错误检查功能、丰富的运算符以及各种函数（例如数学函数、系统函数、字符串函数、空间函数等）。

命令语言通过“命令语言编辑器”输入，然后在组态王运行系统中被编译执行。

下面开始编制机械手控制系统的命令语言。

单击工程目录显示区中的“应用程序命令语言”子成员项，然后双击目录内容显示区中

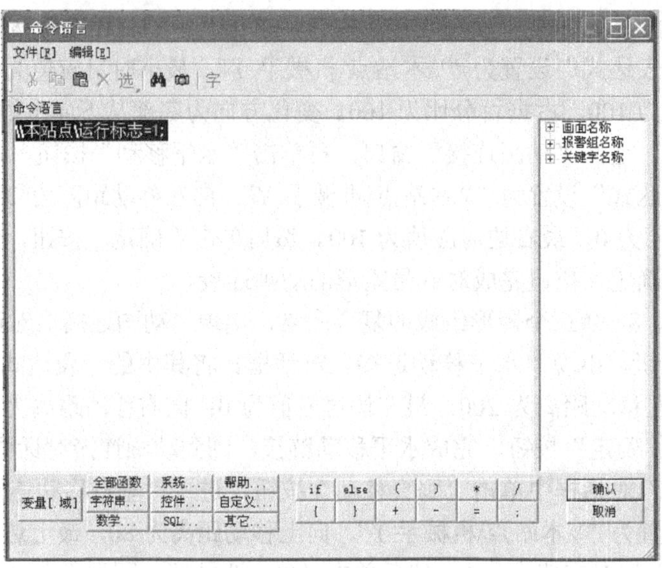

图 6-37　机械手控制工程命令语言

的“请双击这儿进入<应用程序命令语言>对话框”按钮，进入了“应用程序命令语言”对话框。在“启动时”页面中输入如下程序：

```
        机械手 X=0;
        机械手 Y=0;
        工件 X=0;
        工件 Y=100;
```

然后在"运行时"页面中输入以下程序：

```
if(运行标志==1)
{
    if(次数>=0 && 次数<50)          /*下降*/
    {
    机械手 Y=机械手 Y+2;
    次数=次数+1;
    }
    if(次数>=50 && 次数<70)         /*夹紧*/
    {
    次数=次数+1;
    }
    if(次数>=70 && 次数<120)        /*开始上升*/
    {
    机械手 Y=机械手 Y-2;
    工件 Y=工件 Y-2;
    次数=次数+1;
    }
    if(次数>=120 && 次数<220)       /*开始右移*/
    {
    机械手 X=机械手 X+1;
    工件 X=工件 X+1;
    次数=次数+1;
    }
```

```
    if(次数>=220 && 次数<270)     /*开始下降*/
    {
    机械手 Y=机械手 Y+2;
    工件 Y=工件 Y+2;
    次数=次数+1;
    }
    if(次数>=270 && 次数<290)     /*开始放松*/
    次数=次数+1;
    }
    if(次数>=290 && 次数<340)     /*开始上升*/
    {
    机械手 Y=机械手 Y-2;
    次数=次数+1;
    }
    if(次数>=340 && 次数<440)     /*开始左移*/
    {
    机械手 X=机械手 X-1;
    次数=次数+1;
    }
    if(次数==440)                 /*复位*/
    {
    次数=0;
    工件 X=0;
    工件 Y=100;
    }
}
```

将“运行时”命令语言程序的执行周期设置为 100ms。

机械手控制系统的控制程序输入后，可以开始进行程序的运行和调试。

在编写命令语言时，一定要注意对输入法的状态，变量名称尽量在“变量域” 中寻找，而所有的符号应该尽量在命令语言窗口菜单中的下方寻找使用。如果在命令语言窗口菜单中的下方没有找到，也应该将输入法切换到“半角”输入状态下进行输入，否则软件会提示输入有误。

学习任务七　变频器、PLC、组态软件应用篇

任务目标

1. 能对电动机双向运行变频控制系统进行设计与调试。
2. 能对物料分拣系统进行设计与调试。
3. 能对电动机多段速控制系统进行设计与调试。
4. 会对单容水箱液位控制系统进行设计与调试。
5. 能对恒压供水控制系统进行设计与调试。
6. 会使用 PID 模块、EM235 模块，会接线。
7. 会用 PLC 扩展模块进行输入/输出模拟量的采集。
8. 能够根据控制要求进行变频器参数设置。
9. 能够根据控制要求制作控制系统监控画面。
10. 能够根据要求进行组态程序编制。
11. 能分析故障原因并排除故障。

本书前六个学习任务中讲述了变频器工作原理、工作方式、使用、安装、维护与调试，PLC 的基本知识、基本指令和编程方法，组态王软件的使用方法，在学习任务七中例举几个由简单到复杂的实用案例来讲解变频器、PLC 及组态王的应用，使读者从应知到应会，从理论到实际，提高变频器、PLC 及组态控制技术的应用以及解决问题的能力。

7.1　技能训练一　电动机双向运行控制系统的设计与调试

1. 变频器、PLC、组态王在电动机双向运行的应用背景

在生产过程中，往往要求电动机能够实现正反双向两个方向运行，如起重机吊钩的上升与下降，机床工作台的前进与后退，电梯的向上与向下运行，传送带的往返等。

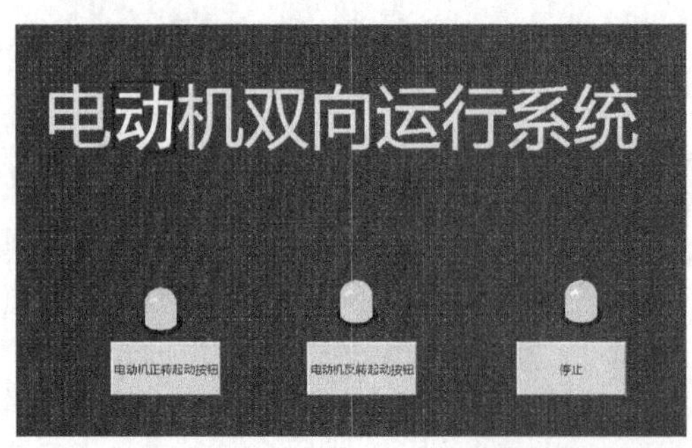

图 7-1　电动机双向运行控制系统监控画面

2. 控制要求

（1）按下正转起动按钮电动机正转；

（2）按下停止按钮后，电动机才能实现正转切换到反转；

（3）电动机的最大运行频率为 50Hz，最低运行频率为 0Hz；

（4）电动机运行的上升时间为 10s，下降时间为 15s；

（5）组态软件的监控画面如图 7-1 所示，可以实现通过上位机实现对电动机正转、停止、反

转的控制。

3. 硬件介绍

在电动机双向运行控制系统中用到的硬件有PLC、三相异步电动机、变频器。该技能训练项目在PLC实训装置设备上完成。其硬件的具体型号见表7-1。

表7-1　电动机双向运行系统硬件型号

序号	名称	型号与规格	数量
1	PLC实训装置	THPFSM-2/S7200系列CPU224	1
2	PC/PPI通信电缆		1
3	变频器实训挂箱	FR-720-0.4kW	1
4	三相异步电动机	WDJ26	1

4. I/O地址分配表

根据控制要求电动机双向控制系统的输入点有三个，输出点有两个。其输入/输出点的个数，是选用CPU型号的重要指标之一。在表7-2中，已经写明PLC的型号为CPU224，其有14个输入点，10个输出点，满足设计要求。I/O地址分配表见表7-2。当一台变频器拖动一台电动机时，由于变频器本身有过电流保护，所以不需要加热继电器。

表7-2　电动机双向运行I/O地址分配表

输入	地址	输出	地址
正转起动	I0.0	电动机正转	Q2.0
停止	I0.2	电动机反转	Q2.1
反转起动	I0.1		

5. 变频器参数设置表及硬件电路接线图

（1）电动机双向运行系统变频器参数设置表。本次技能训练中变频器使用的是三菱D720，其参数设置见表7-3。

表7-3　变频器参数设置表

序号	变频器参数	出厂值	设定值	功能说明
1	P1	120	50	上限频率（50Hz）
2	P2	0	0	下限频率（0Hz）
3	P7	5	10	加速时间（10s）
4	P8	5	15	减速时间（10s）
5	P9	0	0.35	电子过电流保护（0.35A）
6	P160	9999	0	扩张功能显示选择
7	P79	0	3	运行模式选择
8	P179	61	61	STR反向起动信号

（2）电动机双向运行控制系统外部接线图如图7-2所示。

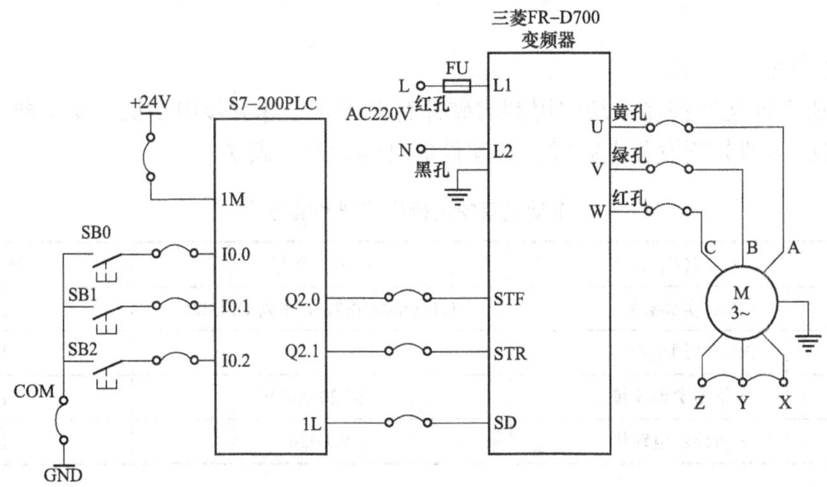

图 7-2 电动机双向运行外部接线图

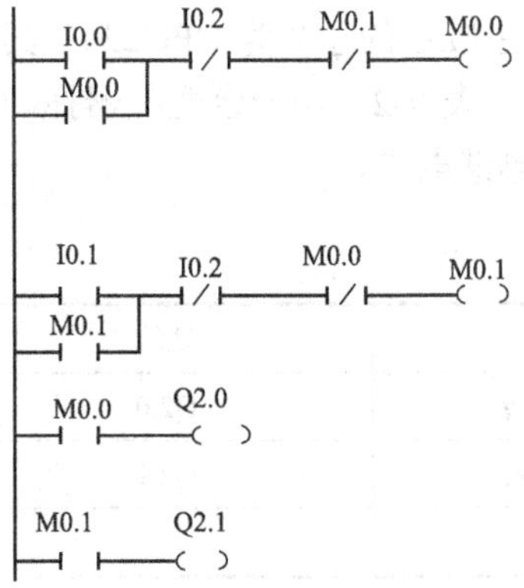

图 7-3 电动机双向运行控制系统程序

6. PLC 程序梯形图

在电动机双向运行控制系统中，PLC 编程程序如图 7-3 所示。

7. 组态工程制作

（1）首先要进行组态王与外围设备 PLC 的通信。先确定 PLC 与组态王的通信参数，PLC 与组态王的通信协议为 RS232，传输速率（即为波特率）为 9600bit/s。具体通信参数如图 7-4 所示。

（2）然后确定 PLC 的型号。本次技能训练中用的 PLC 为西门子 S7-200 系列，CPU 224，PLC 的地址是 2。接着进行 PLC 与组态王的连接，建立连接如图 7-5 所示。

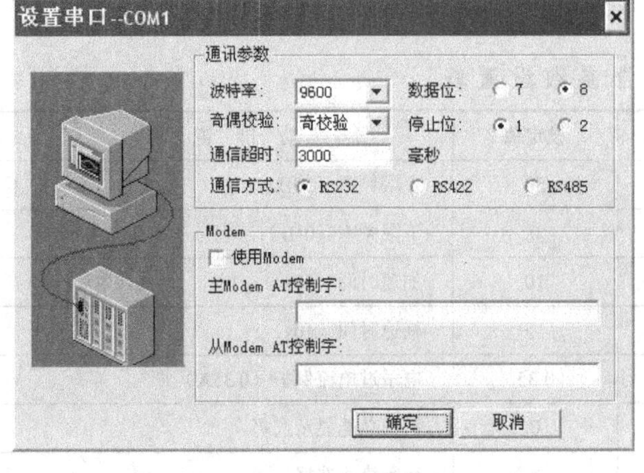

图 7-4 PLC 与组态王通信（讯）参数

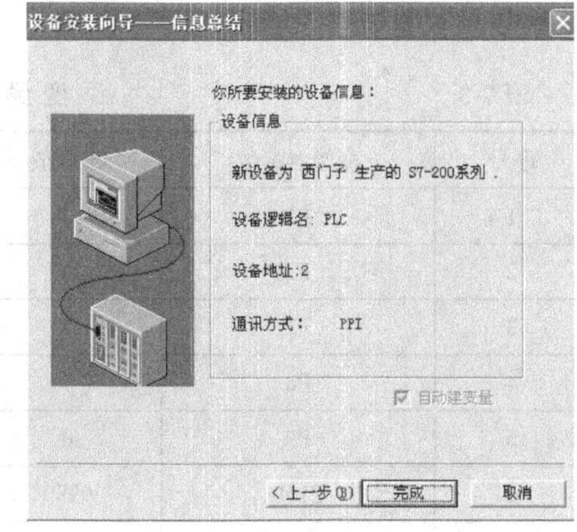

图 7-5 PLC 与组态王连接

（3）根据控制要求进行变量建立。本次技能训练中根据控制要求建立变量表，见表 7-4。

表 7-4　　电动机双向运行系统变量表

变量名称	变量类型	连接设备	寄存器名称	读写类型
电动机正转起动	I/O 离散	PLC	M0.0	读写
电动机反转起动	I/O 离散	PLC	M0.1	读写

（4）监控画面的制作。根据控制要求进行电动机双向运行系统监控画面的制作。

8. 小结

通过本次技能训练的练习，掌握变频器、PLC、组态软件综合应用。

9. 用西门子 MM440 变频器完成控制系统的制作

前面是以三菱 D720 系列变频器为例讲解电动机双向运行控制系统的制作，下面将变频器换为西门子 MM440，控制要求不变，按照表 7-5 所列要求自行完成训练任务。

表 7-5　　电动机双向运行控制系统任务单

<table>
<tr><th>电动机双向运行控制系统任务单</th><th>任务评价</th></tr>
<tr><td>1. 本次任务主要用的设备及具体型号（注：变频器采用西门子 MM440）<table><tr><th>设备名称</th><th>设备型号</th></tr><tr><td></td><td></td></tr></table></td><td>（1）是否写出 PLC 型号
（2）变频器是否采用 MM440</td></tr>
<tr><td>2. 本次任务变频器的参数设置</td><td>是否正确设置变频器参数</td></tr>
<tr><td>3. 本次任务的外部接线图</td><td>（1）变频器和 PLC 是否接线正确
（2）输入信号是否接线正确
（3）输出信号是否接线正确
（4）公共端是否接线正确</td></tr>
<tr><td>4. 本次任务中 PLC 的 I/O 地址分配表<table><tr><th>输入</th><th>地址</th><th>输出</th><th>地址</th></tr><tr><td></td><td></td><td></td><td></td></tr></table></td><td>（1）I/O 地址分配表是否正确
（2）是否多分了和少分了输入/输出点</td></tr>
<tr><td>5. 组态工程</td><td>（1）PLC 与组态通信参数是否设置正确
（2）PLC 与组态通信地址是否设置正确
（3）变量是否正确设置
（4）HMI 是否正确制作</td></tr>
</table>

7.2　技能训练二　物料分拣控制系统的设计与调试

1. 自动分拣系统应用背景

自动分拣是自动化中的一个必不可少的部分，尤其在需要进行物料分拣的企业。以往一直采用人工分拣的方法，生产效率很低，误差多，生产成本高，企业的竞争能力差，阻碍了企业的正常发展。所以分拣装置 PLC 控制系统必然会取代人工的分拣工作。这也正是其能够迅猛发展的根本原因。随着工业的发展，自动化水平的提高，自动分拣装置完全取代人工作业是必须的也是必然的。

现在大部分企业都有自己的生产流水线，而自动分拣装置是流水线上不可少的部分，有的流水线甚至要用到多个分拣装置。PLC 控制是目前工业上最常用的自动化控制方法。其控制方便，能够承受恶劣的环境，能连续、大批量地分拣货物，分拣误差率低且劳动强度大大降低，可显著提高劳动生产率。其设计采用标准化、模块化的组装，具有系统布局灵活，维护、检修方便等特点，受场地原因影响不大。

物料分拣装置的 PLC 控制系统利用了 PLC 技术、位置控制技术、气动技术、传感器技术、电动技术、传动技术等，这些技术都是自动化技术中必要的，可以说是现代工作生产现场生产设备的一个微小的模型。

2. 本次技能训练所用设备

如图 7-6 所示，该模型由光电传感器、电感传感器、电容传感器、磁性传感器、二位五通带手控开关的单控电磁阀、笔型气缸、减压阀、三相交流减速电动机、皮带、安装支架、端子排组成。系统采用 PLC 控制技术实现物料的输送、分拣功能，模拟工业自动化生产线中的供料、检测、输送、分拣过程。

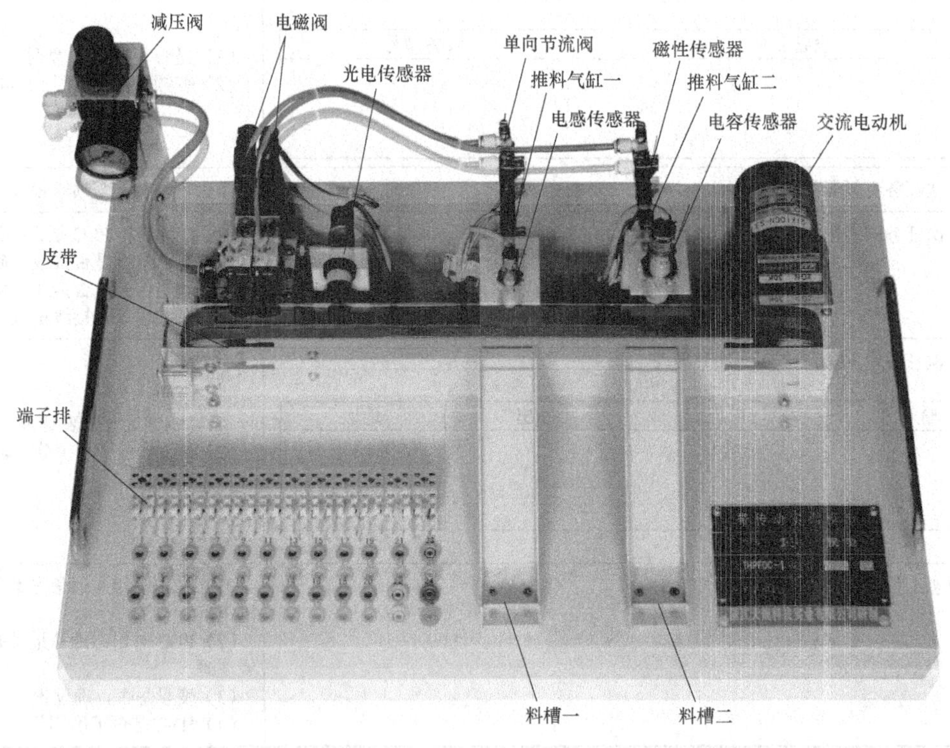

图 7-6 物料分拣系统

（1）光电传感器，用于检测皮带上是否有物料。当检测到皮带入料区有物料时给，控制系统提供输入信号。物料的检测距离可由光电传感器头的旋钮调节，调节检测范围不小于 5cm。为了防止外界干扰，将检测距离调节到最小。

（2）电感传感器，用于检测金属物料，检测距离为 4mm±20%。安装时应注意传感器离物料的距离。当有金属物料输送到传感器下方时给控制系统提供信号，作为推料气缸一的起动信号。

（3）电容传感器，用于检测物料。当有物料输送到传感器下方时给控制系统提供信号，作为推料气缸二的起动信号。物料的检测距离可由电容传感器头的旋钮调节。

（4）磁性传感器，用于气缸的位置检测，当检测到气缸准确到位后给 PLC 发出一个到位信号。

（5）电磁阀，推料气缸一、推料气缸二均用二位五通的带手控开关的单控电磁阀控制，两个单控电磁阀集中安装在带有消声器的汇流板上。当 PLC 给电磁阀一个信号，电磁阀动作，对应气缸动作。

（6）推料气缸一，由单控电磁阀控制。当气动电磁阀得电，气缸伸出，将物料推入料槽一中。

（7）推料气缸二，由单控电磁阀控制。当气动电磁阀得电，气缸伸出，将物料推入料槽二中。

（8）单向节流阀，用于控制气缸的运动速度。调节单向节流阀旋钮，使气缸运动速度适中。减压阀将较高的入口压缩空气的压力降低到符合使用要求的出口压力，并保证调节后出口压力的稳定。该减压阀还包括压力表、油雾分离器。需调节气压时先将旋钮拔出，调整气压后再按下。其原理图如图 7-7 所示。

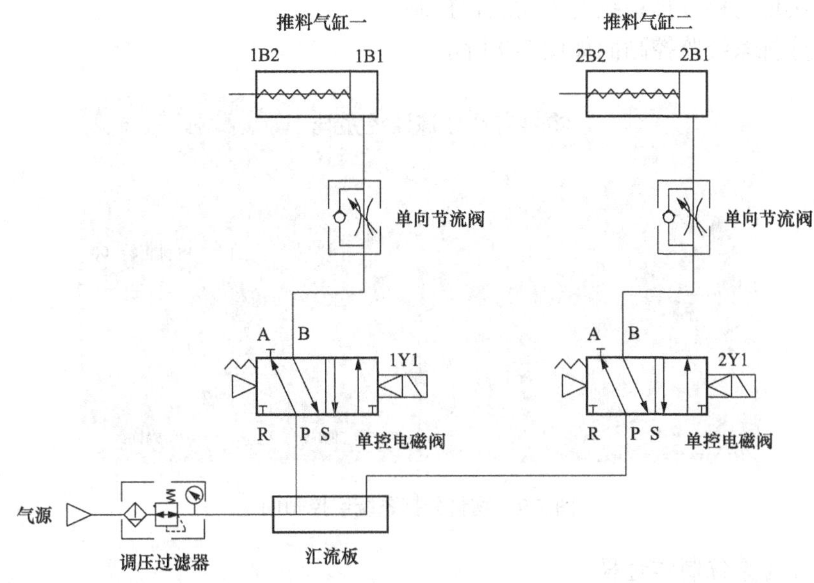

图 7-7　物料分拣系统气动原理图

（9）三相交流减速电动机，用于带动皮带转动。额定电压为 380V，减速比为 1:30。

（10）端子排，各传感器、电磁阀、电动机的电气引线全部接到端子排上，端子排的另一端与护套座相连。端子排的分布如图 7-8 所示。

3. 物料分拣系统控制要求

（1）系统起动，将物料放到光电传感器前的皮带上，当光电传感器检测到有工作进入，即给控制系统发出信号，控制系统给变频器发出起动信号。

（2）变频器驱动三相交流电动机带动皮带转动。当物料为金属时电感传感器检测到信号，变频器停止，退料气缸 1 动作，将物料推入第一个料槽；当物料为非金属时电容传感器检测到型号，变频器停止，退料气缸 2 动作，将物料推入第二个料槽。

图 7-8　物料分拣系统气动端子

（3）电动机的最大运行频率为 15Hz，最低运行频率为 5Hz。

（4）电动机运行的上升时间为 10s，下降时间为 0s。

（5）组态控制要求：

1）可以实现物料分拣系统的手动过程控制；

2）物料分拣系统监控画面如图 7-9 所示。

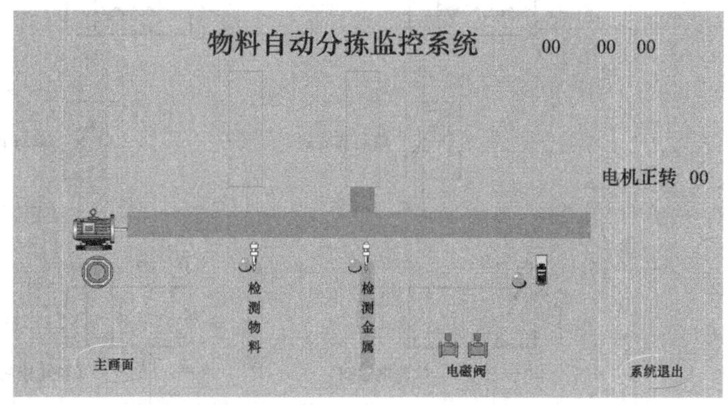

图 7-9　物料分拣系统监控画面

4. 物料分拣系统制作过程

（1）首先分析控制要求确定输入/输出点数和地址，并进行正确接线；

（2）根据控制要求对变频器参数进行正确设置，如变频器选取的是三菱 D720，其参数设置见表 7-6。

表 7-6　　三菱 D720 参数设置表

序号	参数代号	初始值	设置值	功能说明
1	P1	120	50	上限频率（50Hz）
2	P2	0	0	下限频率（0Hz）
3	P3	50	50	基准频率（Hz）

续表

序号	参数代号	初始值	设置值	功能说明
4	P7	5	1	加速时间（s）
5	P8	5	0.5	减速时间（s）
6	P79	0	3	运行模式选择

思考

①西门子变频器参数如何设置？②P79 可以设置成 2 吗？如果设置成 2，I/O 地址分配有变化吗？

（3）根据控制要求进行 PLC 程序的编制，并将程序写在表 7-7 中。

（4）进行物料分拣系统硬件调试，正确无误后，进行软件制作。

5. 物料分拣系统的制作

本次物料分拣系统的制作过程和电动机双向运行系统近似，只是在上一个技能训练的基础上，难度略微提高一点。按照表 7-7 所列要求自行完成训练任务。

表 7-7　　物料分拣系统任务单

<table>
<tr><th>物料自动分拣控制系统任务单</th><th>任务评价</th></tr>
<tr><td>1. 本次任务主要用的设备及具体型号
<table><tr><th>设备名称</th><th>设备型号</th></tr><tr><td></td><td></td></tr></table></td><td>（1）是否写出 PLC 型号
（2）变频器的设备型号
（3）是否写出光电传感器型号
（4）是否写出电容、电感传感器型号</td></tr>
<tr><td>2. 本次任务变频器的参数设置</td><td>是否正确设置变频器参数（不可以直接根据表 7-7 进行设置）</td></tr>
<tr><td>3. 本次任务的外部接线图</td><td>（1）传感器接线是否正确
（2）电磁阀接线是否正确
（3）限位开关接线是否正确</td></tr>
<tr><td>4. 本次任务中 PLC 的 I/O 地址分配表
<table><tr><th>输入</th><th>地址</th><th>输出</th><th>地址</th></tr><tr><td></td><td></td><td></td><td></td></tr></table></td><td>（1）I/0 地址分配表是否正确
（2）是否多分了和少分了输入/输出点</td></tr>
<tr><td>5. 组态工程制作</td><td>（1）PLC 与组态通信参数是否设置正确
（2）PLC 与组态通信地址是否设置正确
（3）变量是否正确设置
（4）HMI 是否正确制作</td></tr>
</table>

7.3 技能训练三 电动机多段速运行控制系统的设计与调试

1. 电动机多段速控制系统介绍和应用背景

现代工业生产中，在不同场合下要求生产机械采用不同的速度进行工作，以保证生产机械的合理运行，并提高产品的质量。如金属切削机械在进行精加工时，为提高工件的表面光洁度而需要提高切削速度。对于鼓风机和泵类负载，用调节转速来调节流量的方法比通过阀门来调节的方法更要节能。

2. 电动机多段速控制系统说明和控制要求

（1）电动机多段速控制系统说明。

在学习任务二中已经学过，电动机的多段速是指三段速、七段速、十五段速。在本次技能训练中，以电动机十五段速为例进行讲解。

（2）电动机多段速控制系统控制要求。

1）按下正转起动按钮电机每过一段时间（时间设置为 8s）自动变换一种输出频率（选择 15 种不同的输出频率），按下停止按钮，电动机停止运行。

2）按下停止按钮后，电动机才能实现正转切换到反转。

3）电动机的最大运行频率为 50Hz，最低运行频率为 5Hz。

4）电动机运行的上升时间为 5s，下降时间为 5s。

5）组态软件的主画面、监控画面如图 7-10 所示。可以实现通过手动控制和自动控制电动机转速。

a）主画面可以完成的功能：①实现与监控画面的跳转；②实现登录、退出等权限。

b）监控画面可以完成的功能：①实现与主画面的跳转；②实现手动控制电动机十五速运行；③实现自动控制电动机十五速运行。

（a）

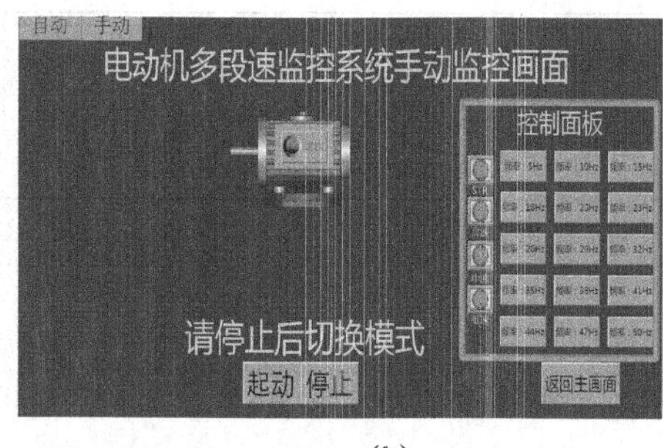

（b）

图 7-10 电动机多段速运行系统组态画面

（a）电动机多段速运行系统主画面；（b）电动机多段速运行系统监控画面

3. 本次技能训练硬件介绍

本次电动机多段速运行控制系统的硬件有 PLC、三相异步电动机、变频器、PLC 实训装置设备。具体的硬件型号见表 7-8。

表 7-8 电动机双向运行系统硬件型号

序号	名　称	型号与规格	数量
1	计算机		1

续表

序号	名　称	型号与规格	数量
2	PLC 实训装置	THPFSM-2	1
3	PC/PPI 通信电缆		1
4	变频器实训挂箱	FR-720-0.4kW	1
5	三相异步电动机	WDJ26	1

4. 变频器参数设置表及外部接线图

（1）本次技能训练中变频器为三菱 D720，具体参数功能表见表 7-9。注意：设置参数前先将变频器参数复位为工厂的默认设定值（将 ALLC 设为 1）。

表 7-9　　变频器多段速控制系统参数设置表

序号	变频器参数	出厂值	设定值	功　能　说　明
1	P1	120	50	上限频率（50Hz）
2	P2	0	0	下限频率（0Hz）
3	P7	5	5	加速时间（5s）
4	P8	5	5	减速时间（5s）
5	P9	0	0.35	电子过电流保护（0.35A）
6	P160	9999	0	扩张功能显示选择
7	P79	0	3	运行模式选择
8	P179	61	8	多段速运行指令
9	P180	0	0	多段速运行指令
10	P181	1	1	多段速运行指令
11	P182	2	2	多段速运行指令
12	P4	50	5	固定频率 1
13	P5	30	10	固定频率 2
14	P6	10	15	固定频率 3
15	P24	9999	18	固定频率 4
16	P25	9999	20	固定频率 5
17	P26	9999	23	固定频率 6
18	P27	9999	26	固定频率 7
19	P232	9999	29	固定频率 8
20	P233	9999	32	固定频率 9
21	P234	9999	35	固定频率 10
22	P235	9999	38	固定频率 11
23	P236	9999	41	固定频率 12
24	P237	9999	44	固定频率 13
25	P238	9999	47	固定频率 14
26	P239	9999	50	固定频率 15

（2）外部端子二进制组合得到 15 种频率。由图 7-11 可知变频器控制电动机十五段速运行。根据其外部端子 RH、RM、RL、STR，进行二进制组合可以出十五段速。其具体得到的频率见表 7-10。

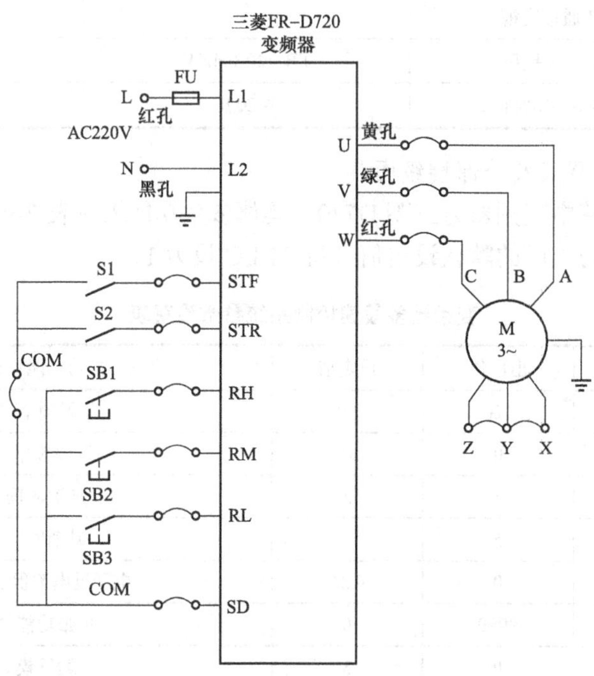

图 7-11 变频器控制电动机多段速运行接线图

表 7-10　　变 频 器 十 五 段 速 表

STR	RH	RM	RL	时间	频率（Hz）
1	0	0	0	0～10	29
0	1	0	0	10～20	5
0	0	1	0	20～30	10
0	0	0	1	30～40	15
1	1	0	0	40～50	41
1	0	1	0	50～60	35
1	0	0	1	60～70	32
0	1	1	0	70～80	23
0	1	0	1	80～90	20
0	0	1	1	90～100	18
1	1	1	0	100～110	47
1	1	0	1	110～120	44
1	0	1	1	120～130	38
0	1	1	1	130～140	26
1	1	1	1	140～150	50

（3）电动机多段速运行控制系统 I/O 地址分配表。由控制要求可以得到电动机多段速控制系统的 I/O 地址分表见表 7-11。

表 7-11　　电动机多段速运行系统 I/O 地址分配表

功能说明	输入	地址	输出	地址
起动按钮	SB1	I0.1	STF	Q2.5
停止按钮	SB2	I0.2	STR	Q2.0
			RH	Q2.1
			RM	Q2.2
			RL	Q2.3

（4）电动机多段速运行控制系统硬件电路设计及接线。电动机多段速系统控制系统的外部接线如图 7-12 所示。

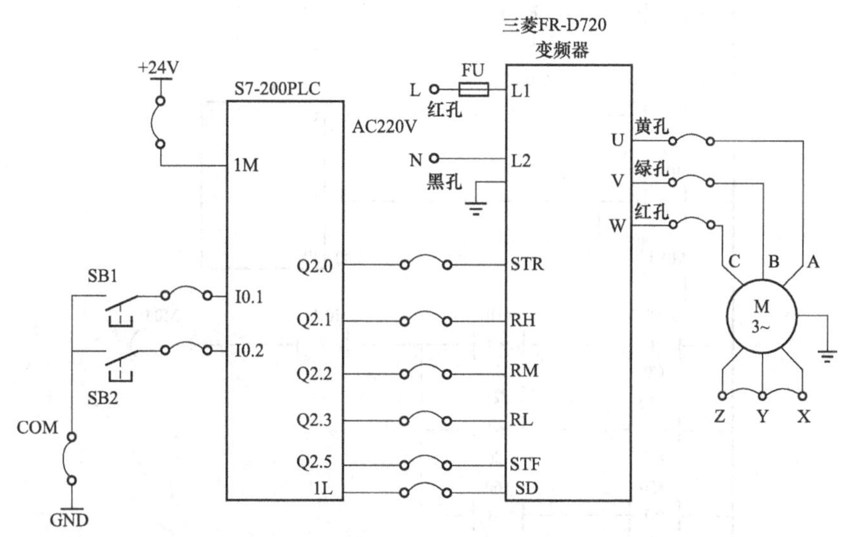

图 7-12　电动机多段速控制系统外部接线图

5. 电动机多段速控制系统 PLC 程序梯形

电动机多段速控制系统编程方法采用的是经验法，指令用的是比较指令，其梯形图如图 7-13 所示。

6. 组态工程制作

（1）根据控制要求进行变量建立其具体变量见表 7-12。

表 7-12　　变频器十五段速组态工程变量表

变量名称	变量类型	连接设备	寄存器
请先登录 1	内存离散	无	无
电动机起动	I/O 离散	PLC	M0.7

续表

变量名称	变量类型	连接设备	寄存器
手动	I/O 离散	PLC	M0.4
自动	I/O 离散	PLC	M0.6
STR	I/O 离散	PLC	M0.0
高速	I/O 离散	PLC	M0.1
中速	I/O 离散	PLC	M0.2
低速	I/O 离散	PLC	M0.3
频率 1	内存整型	无	无
时间	内存整型	无	无

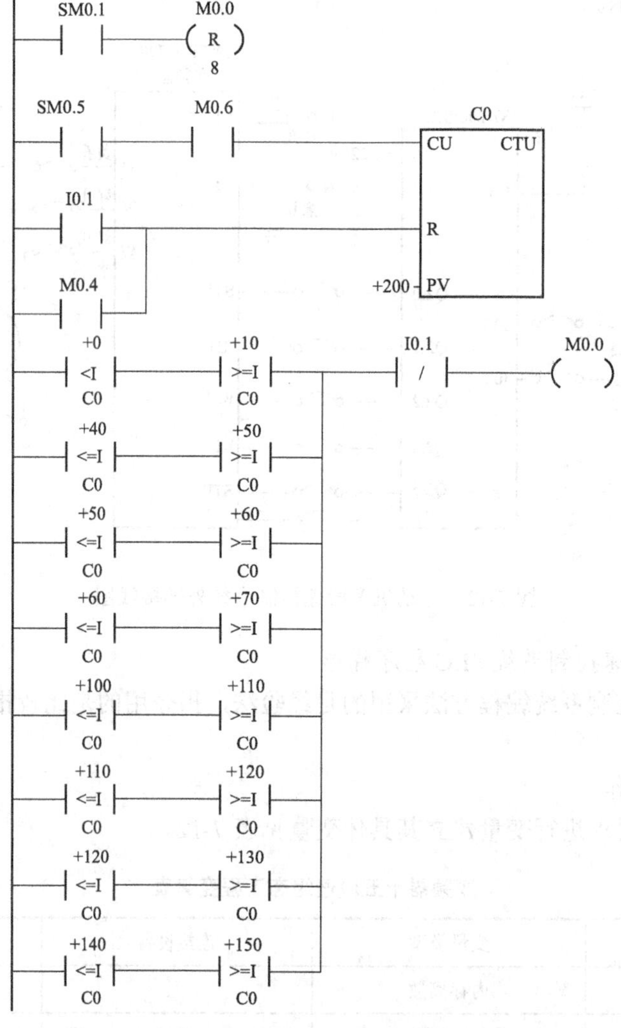

图 7-13 电动机多段速控制系统梯形图（一）

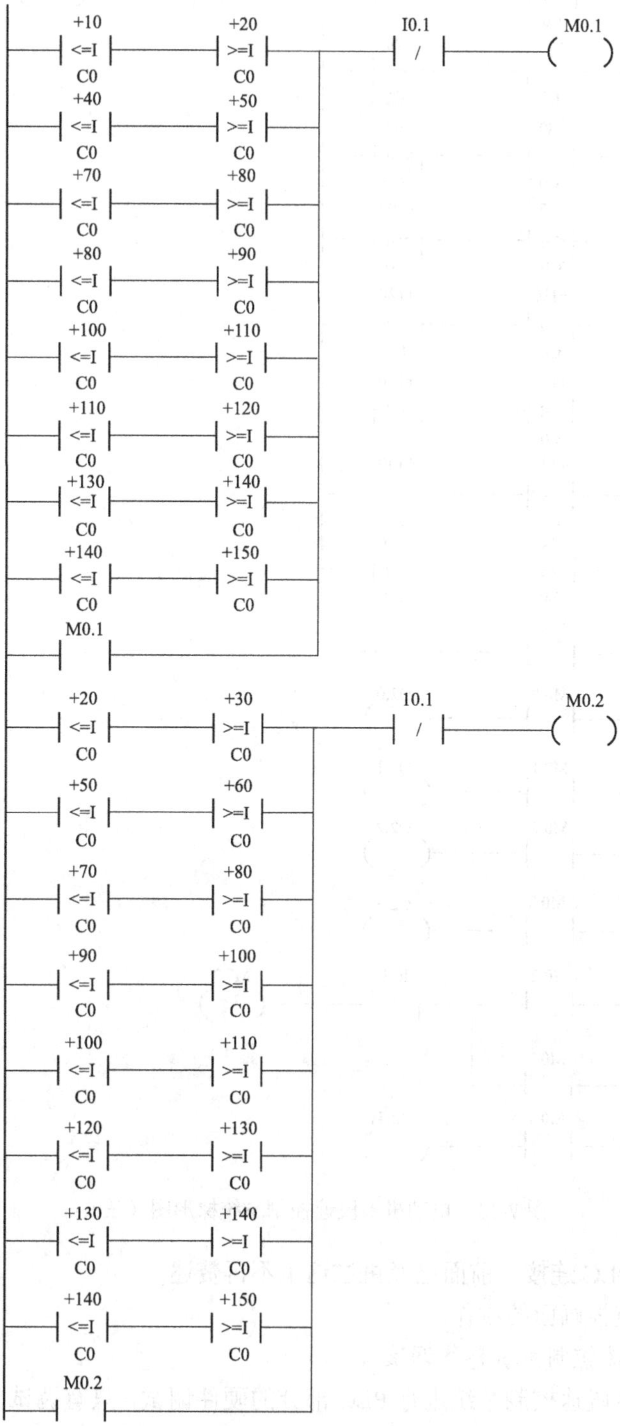

+10 <=I C0　+20 >=I C0　I0.1 /　M0.1 ( )
+40 <=I C0　+50 >=I C0
+70 <=I C0　+80 >=I C0
+80 <=I C0　+90 >=I C0
+100 <=I C0　+110 >=I C0
+110 <=I C0　+120 >=I C0
+130 <=I C0　+140 >=I C0
+140 <=I C0　+150 >=I C0
M0.1

+20 <=I C0　+30 >=I C0　10.1 /　M0.2 ( )
+50 <=I C0　+60 >=I C0
+70 <=I C0　+80 >=I C0
+90 <=I C0　+100 >=I C0
+100 <=I C0　+110 >=I C0
+120 <=I C0　+130 >=I C0
+130 <=I C0　+140 >=I C0
+140 <=I C0　+150 >=I C0
M0.2

图 7-13　电动机多段速控制系统梯形图（二）

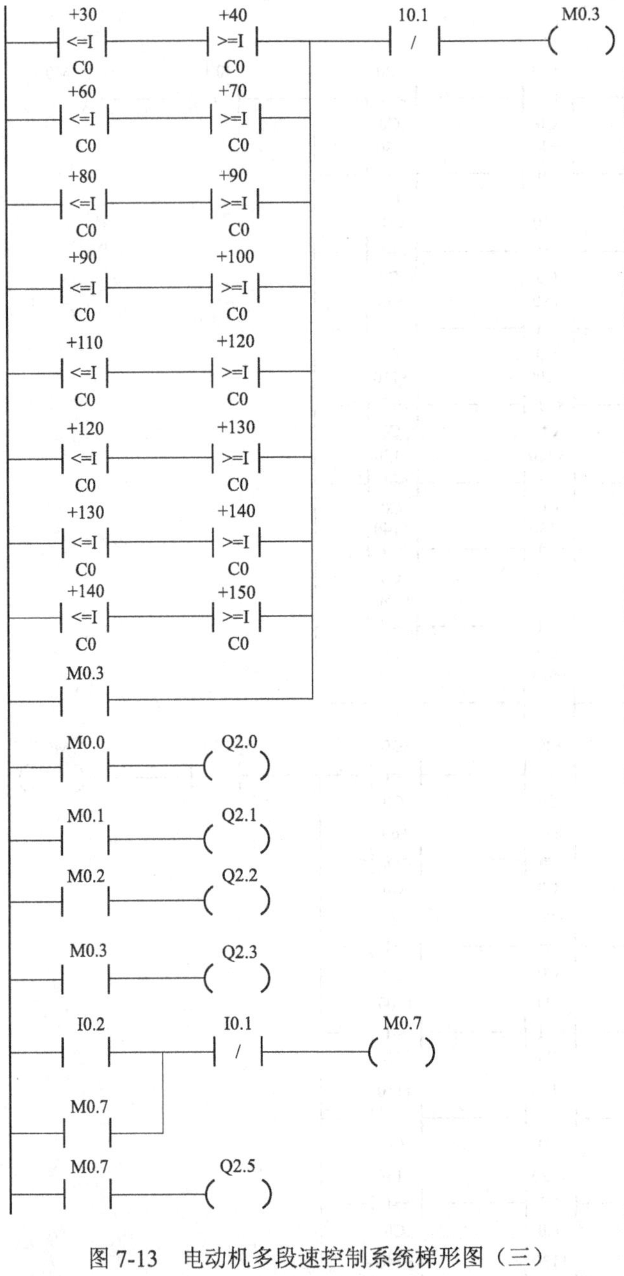

图 7-13　电动机多段速控制系统梯形图（三）

（2）组态王与 PLC 连接，前面已经讲过这里不再赘述。

（3）主画面和监控画面的制作。

7. 电动机多段速控制系统整体调试

首先对电动机多段速控制系统进行 PLC 部分的硬件调试，只有调试无误后，再通过组态软件进行软件调试，最后再进行软硬件部分的整体调试。

8. 电动机多段速控制系统任务单

本次技能训练在前两个训练项目的基础上，增加难度，可以尝试完成七段速控制系统的制作。按照表 7-13 所列的要求自行完成训练任务。

表 7-13　电动机七段速控制系统任务单

<table>
<tr><th>电动机七段速控制系统任务单</th><th>任务评价</th></tr>
<tr><td>1．本次任务主要用的设备及具体型号
<table><tr><th>设备名称</th><th>设备型号</th></tr><tr><td></td><td></td></tr></table></td><td>（1）是否写出 PLC 型号
（2）变频器的设备型号</td></tr>
<tr><td>2．本次任务变频器的参数设置</td><td>是否正确设置变频器参数</td></tr>
<tr><td>3．本次任务的外部接线图</td><td>（1）PLC 接线是否正确
（2）变频器是否接线正确</td></tr>
<tr><td>4．本次任务中 PLC 的 I/O 地址分配表
<table><tr><th>输入</th><th>地址</th><th>输出</th><th>地址</th></tr><tr><td></td><td></td><td></td><td></td></tr></table></td><td>（1）I/O 地址分配表是否正确
（2）是否多分了和少分了输入输出点</td></tr>
<tr><td>5．梯形图</td><td>（1）按照通用指令编写程序
（2）按照经验法编写程序</td></tr>
<tr><td>6．组态工程制作</td><td>（1）PLC 与组态通信参数是否设置正确
（2）PLC 与组态通信地址是否设置正确
（3）变量是否正确设置
（4）HMI 是否正确制作</td></tr>
<tr><td>7．系统整体调试</td><td>记录在调试中出现的问题</td></tr>
<tr><td>8．问题请回答
用通用指令编写程序和经验法编写程序在做组态工程有什么区别？</td><td></td></tr>
</table>

7.4　技能训练四　单容水箱液位控制系统的设计与调试

1．单容水箱液位控制系统及其应用背景

随着科学技术的发展，自动控制技术被广泛应用在钢铁、冶金、机械、能源、化工以及造纸、纺织、皮革、食品等工业生产上，其中液位控制是工业中常见的生产过程自动化控制，如工业锅炉液位和水箱液位的系统，一个系统地液位是否稳定直接影响到了工业生产的安全与否、生产效率的高低以及能源是否能得到合理的运用。现今对工业控制的要求越来越高，一般的自动化控制已经也不能满足工业生产控制的需求，所以引入了 PLC、变频器控制的方式，可更加集中、高效、及时地控制系统液位，满足工业生产的要求。

液位控制技术在现实生活、生产中发挥了重要作用，例如：

（1）民用水塔的供水问题，如果水位太低，则会影响到居民的生活用水。

（2）在工矿企业的排水与进水问题，如果排水与进水得不到良好的控制，则会影响到车间的生产状况。

（3）锅炉汽包液位的控制问题，如果锅炉内液位过低，会使锅炉过热，可能发生事故；精馏塔的液位控制的精度与工艺的高低会影响产品的质量与成本等。

在这些生产领域里，基本上都是劳动强度大或者操作有一定危险性的工作性质，极容易出现操作失误，引起事故，造成厂家的的损失。可见，在实际生产中，液位控制的准确程度和控制效果直接影响到工厂的生产成本、经济效益甚至设备的安全系数。所以，为了保证安全条件、方便操作，就必须研究开发先进的液位控制方法和策略。

2. 单容水箱控制系统框图和控制要求

（1）单容水箱控制系统框图如图 7-14 所示。

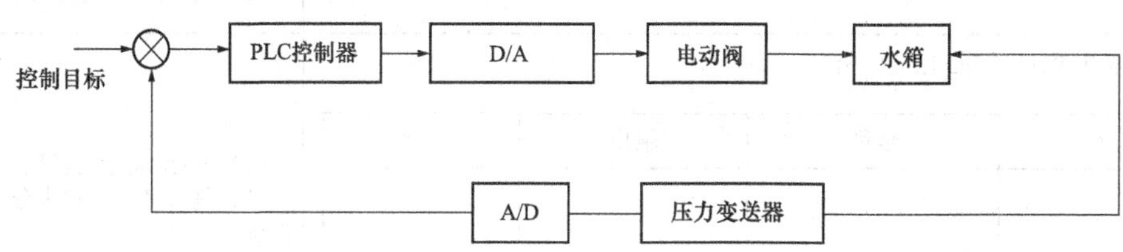

图 7-14　单容水箱控制系统框图

（2）单容水箱控制系统控制要求。

1）单容水箱控制系统硬件设计要求：

a）水箱的液位的控制目标为即给定值为 150mm，允许的最大静差不超过给定值的 2%；

b）单容水箱控制系统调节时间不超过 2min；

c）单容水箱控制系统的超调量不超过 30%。

根据以上控制要求设置合适的 PI 值。

2）单容水箱控制系统组态工程制作要求：

a）单容水箱控制系统主画面和监控画面制作如图 7-15（a）、（b）所示；

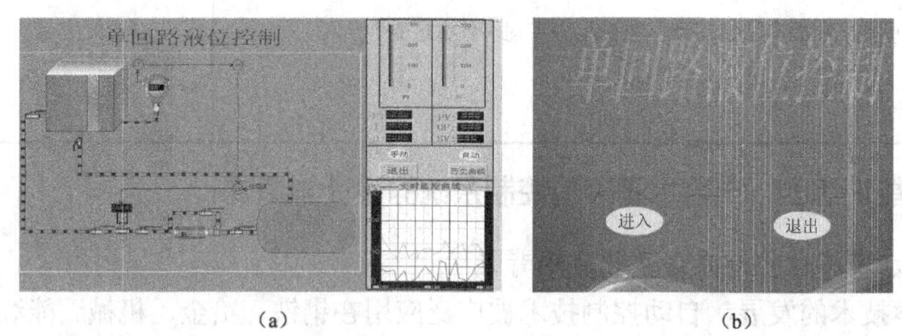

（a）　（b）

图 7-15　组态工程图

（a）单容水箱控制系统主画面；（b）单容水箱控制系统监控画面

b）主画面可以实现与监控画面切换和退出组态王工程的功能；

c）监控画面可以实现的功能：自动开阀和手动开阀上水，采集水箱的实时液位值，组态工程输入水箱液位控制值，输入比例和积分的值，采集水箱液位控制的历史曲线。

3. 单容水箱控制系统所用硬件

由控制框图 7-14 可以得到所需的硬件名称及含义见表 7-14。

表 7-14　单容水箱控制系统硬件清单

设备名称	设备型号	含　义
储水箱	—	储水装置
单容水箱	—	被控对象
磁力驱动循环泵	16CQ-8P	执行装置：n=2800r/m，功率=0.18kW 扬程=8，禁止空转
电动调节阀	ML7421A1032E	执行装置
压力变送器	KYB	检测装置：量程 0～200kPa，电源 24VDC，等级 0.5，输出 4～20mA
可编程控制器	S7-200 系列 PLC CPU224	控制器
PLC 输出模块	EM232	D/A 转换器
PLC 输入模块	EM231	A/D 转换器

4. PLC I/O 地址分配表

根据控制要求可以得到 I/O 地址分配表，见表 7-15。

表 7-15　单容水箱控制系统 I/O 地址分配表

输入	地址	输出	地址
液位变送器	AIWO	电动调节阀	AQWO

5. 变频器参数设置表

根据控制要求得到变频器参数设置表，见表 7-16。

表 7-16　单容水箱控制系统变频器参数设置表

序号	参数代号	初始值	设置值	功能说明
1	P1	120	50	上限频率（Hz）
2	P2	0	0	下限频率（Hz）
3	P3	50	50	基准频率（Hz）
4	P7	5	10	加速时间（s）
5	P8	5	10	减速时间（s）
6	P79	0	2	运行模式选择

6. 单容水箱控制系统 PLC 梯形图

（1）水箱液位采集。因为液位变送器电流的输出信号是 4～20mA，而 EM231 的电流输入信号是 0～20mA，EM231 输出数字量与输入信号的关系如图 7-16 所示，液位变送器输出信号与水箱液位的关系如图 7-17 所示。由此可知必须进行校正，否则采集的液位不准。

由图 7-16 和图 7-17 可以得到，液位和 EM231 输出关系

$$H=\frac{300-0}{32000-6400}\times(N-6400) \tag{7-1}$$

式中：H 为单位水箱液位高度，mm；N 为 EM232 转化的数字量，范围为 0～32000。

由式（7-1）可得到液位和 EM321 数字量转换的关系，如图 7-18 所示。

由式（7-1）可以得到 PLC 液位采集的梯形图，如图 7-19 所示。

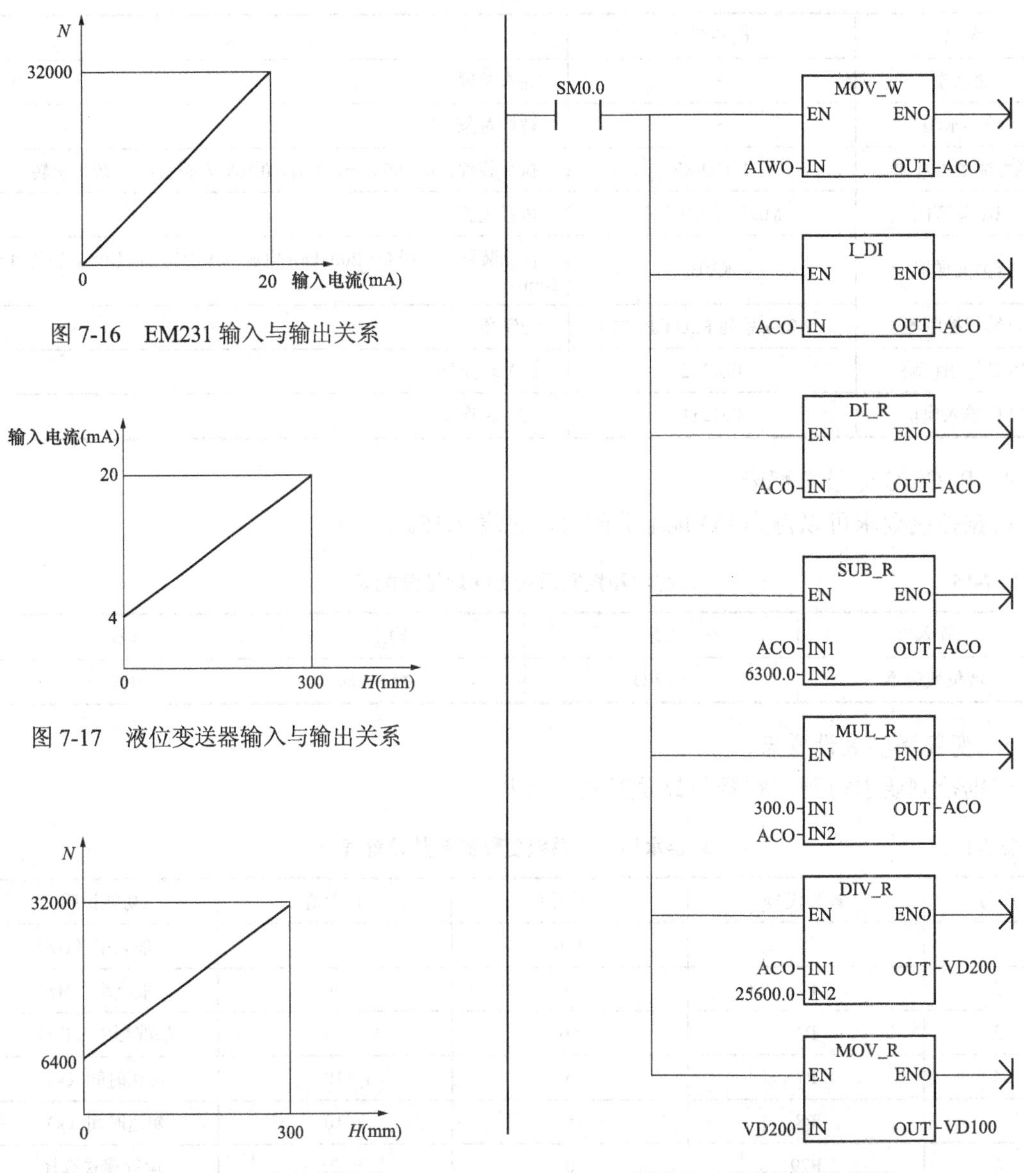

图 7-16 EM231 输入与输出关系

图 7-17 液位变送器输入与输出关系

图 7-18 PLC EM231 与液位关系

图 7-19 液位采集梯形图

PID
EN ENO
TBL
LOOP

图 7-20 PID 指令模块

（2）PLC PID 指令使用。S7-200 系列 PLC 中的 PID 指令模块如图 7-20 所示。其中，EN 为 PID 回路指令输入信号，TBL 为 PID 回路表的起始地址（有变量存储器 VB 指定），LOOP 为 PID 控制回路号（0～7）。

在输入有效时，PID 回路指令根据回路表（TBL）中的输入配置信息，对相应的 LOOP 回路执行 PID 回路计算，其结果经回路表指定的输出域输出。

在使用该指令前必须建立指令表，见表 7-17。

（3）PID 指令不检查回路表中的一些输入值，必须保持过程变量和设定值在 0.0～1.0。PID 指令模块的梯形图如图 7-21 所示。

表 7-17　　PID 指令表

地址	PID 参数（域）	数据格式	I/O 类型	描　述
表起始地址+0	过程变量（P_{Vn}）	实数	IN	0.0～1.0
表起始地址+4	设定值（S_{Pn}）	实数	IN	0.0～1.0
表起始地址+8	输出（Mn）	实数	IN/OUT	0.0～1.0
表起始地址+12	回路增益（K_c）	实数	IN	比例常数，可大于 0 或小于 1
表起始地址+16	采样时间（T_s）	实数	IN	单位为 s，正数
表起始地址+20	积分时间（T_i）	实数	IN	单位为 min，正数
表起始地址+24	微分时间（T_d）	实数	IN	单位为 min，正数
表起始地址+28	积分前项（MX）	实数	IN/OUT	0.0～1.0
表起始地址+32	过程变量前值（P_{Vn-1}）	实数	IN/OUT	上一次执行 PID 指令时的过程变量

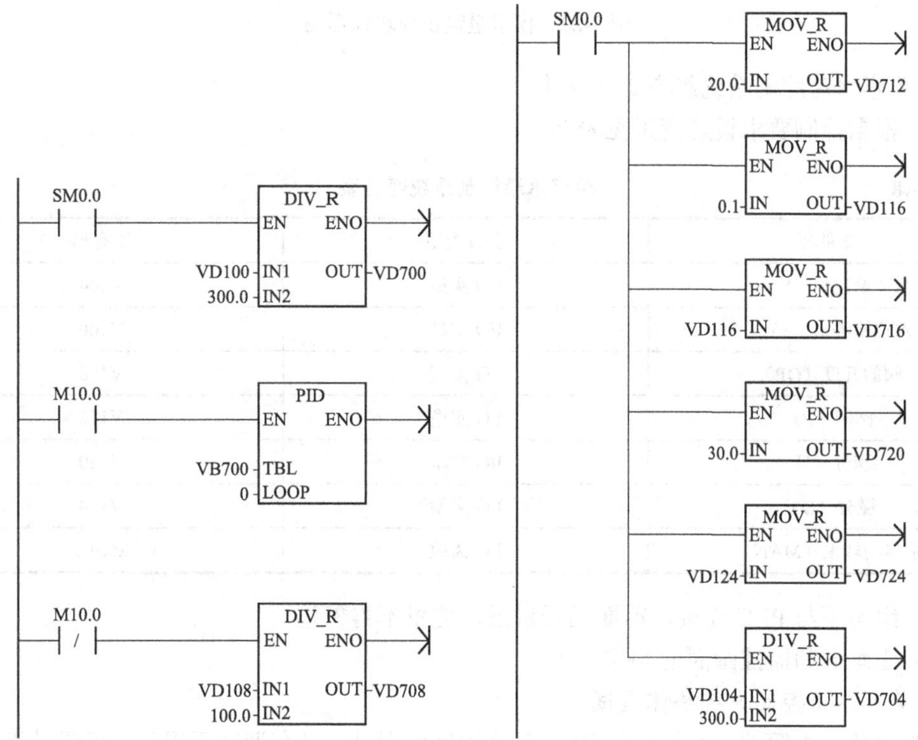

图 7-21　PID 指令模块梯形图

（4）输出模块使用。单容水箱控制系统的模拟量输出模块梯形图如图 7-22 所示。

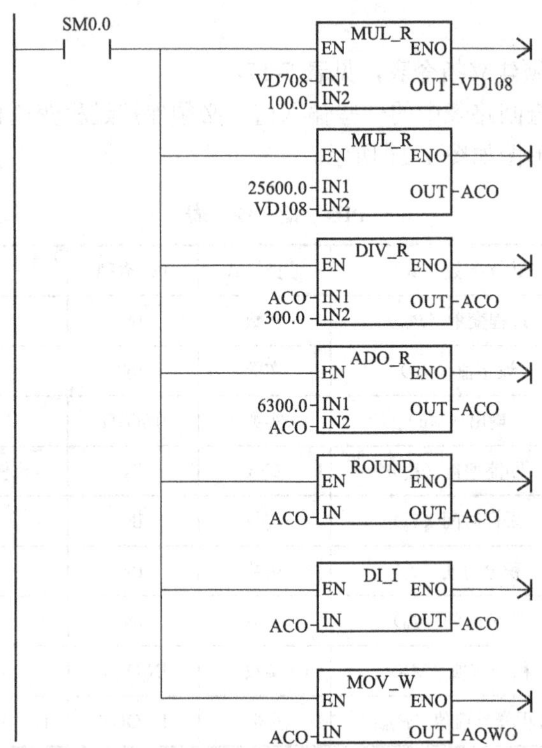

图 7-22 模拟量输出模块梯形图

7. 单容水箱控制系统组态工程制作

（1）根据控制要求设置变量见表 7-18。

表 7-18　　单容水箱控制系统变量表

变量名	变量类型	寄存器
水位给定值（SV）	I/O 实型	V104
水位检测值（PV）	I/O 实型	V100
阀的开度（OP）	I/O 实型	V108
比例（P）	I/O 实型	V112
积分（I）	I/O 实型	V120
微分（D）	I/O 实型	V124
手自动转换（MAN）	I/O 离散	M10.0

（2）组态王与 PLC 连接，前面已经讲过，这里不再赘述。

（3）主画面和监控画面的制作。

8. 单容水箱控制系统整体调试

首先对单容水箱控制系统进行 PLC 部分的硬件调试，只有调试无误后，再通过组态软件进行软件调试，最后再进行软硬件部分的整体调试。

9. 单容水箱控制系统任务单

在单容水箱液位控制系统中，在整个系统的调试过程的记录于表 7-19。

表 7-19　　单容水箱控制系统任务单

<table>
<tr><th>单容水箱控制系统任务单</th><th>任务评价</th></tr>
<tr><td>1. 本次任务主要用的设备及具体型号
<table><tr><th>设备名称</th><th>设备型号</th></tr><tr><td></td><td></td></tr></table></td><td>（1）是否写出 PLC 型号
（2）是否写出变频器的设备型号
（3）是否写出液位变送器型号
（4）是否写出电动调节阀的型号
（5）是否写出 D/A 模块的型号
（6）是否写出 A/D 模块的型号</td></tr>
<tr><td>2. 本次任务变频器的参数设置</td><td>是否正确设置变频器参数</td></tr>
<tr><td>3. 本次任务的外部接线图</td><td>（1）PLC 接线是否正确
（2）变频器是否接线正确</td></tr>
<tr><td>4. 本次任务中 PLC 的 I/O 地址分配表
<table><tr><th>输入</th><th>地址</th><th>输出</th><th>地址</th></tr><tr><td></td><td></td><td></td><td></td></tr></table></td><td>（1）I/O 地址分配表是否正确
（2）是否多分了和少分了输入输出点</td></tr>
<tr><td>5. 梯形图</td><td>（1）写出液位采集程序
（2）写出 PID 模块程序
（3）写出手自动上水程序
（4）写出输出模块程序</td></tr>
<tr><td>6. 组态工程制作</td><td>（1）PLC 与组态通信参数是否设置正确
（2）PLC 与组态通信地址是否设置正确
（3）变量是否正确设置
（4）HMI 是否正确制作</td></tr>
<tr><td>7. 系统整体调试</td><td>记录在调试中出现的问题</td></tr>
</table>

7.5　技能训练五　恒压供水控制系统的设计与调试

1. 恒压供水控制系统介绍和应用背景

所谓恒压供水是指通过闭环控制，使供水的压力自动地保持恒定，其主要意义是：

（1）提高供水的质量。用户用水的多少是经常变动的，因此供水不足或供水过剩的情况时有发生。而用水和供水之间的不平衡集中反映在供水压力上，即用水多而供水少则压力低；用水少而供水多则压力大。保持供水的压力恒定可使供水和用水之间保持平衡，即用水多时供水也多，用水少时供水也少，从而提高了供水质量。

（2）节约能源。用变频调速来实现恒压供水，与用调节阀门来实现恒压供水相比较，节能效果十分明显。

（3）起动平稳。起动电流可以限制在额定电流以内，从而避免起动时对电网的冲击，对于比较大的电机，可省去降压起动的装置。

（4）可以消除起动和停机时的水锤效应。电机在全压下起动时，在很短的起动时间里，管道内的流量从零增大到额定流量，液体流量十分急剧地变化将在管道内产生压强过高或过低的冲击力，压力冲击管壁将产生噪声，犹如锤子敲击管子一般，故称水锤效应。采用了变频调速后，可以根据需要，设定升速时间和降速时间，使管道系统内的流量变化率减小到允许范围内，从而达到完全彻底地消除水锤效应的目的。

2. 恒压供水系统介绍和控制要求

（1）恒压供水的主电路。通常在同一路供水系统中，设置两台常用泵，供水量大时开 2 台，供水量少时开 1 台。在采用变频调速进行恒压供水时，为节省设备投资，一般采用 1 台变频器控制 2 台电机。

（2）恒压供水系统控制要求。用水少时，由变频器控制电动机 M1 进行恒压供水控制，当用水量逐渐增加时，M1 的工作频率亦增加，当 M1 的工作频率达到最高工作频率 50Hz，而供水压力仍达不到要求时，将 M1 切换到工频电源供电。同时将变频器切换到电动机 M2 上，由 M2 进行补充供水。当用水量逐渐减小，即使 M2 的工作频率已降为 0Hz，而供水压力仍偏大时，则关掉由工频电源供电的 M1，同时迅速升高 M2 的工作频率，进行恒压控制。恒压控制在 0.3MPa。

3. 恒压供水系统制作说明

前面详细讲述了单容水箱控制系统的制作，其中用到了 PLC 模拟量输入/输出模块。在本次技能训练中，恒压控制与水箱恒液位很近似，这里不再一一详细叙述，自行完成恒压供水系统的任务单的填写。恒压供水系统的任务单见表 7-20。

表 7-20　单恒压供水系统任务单

<table>
<tr><th>恒压供水控制系统任务单</th><th>任务评价</th></tr>
<tr><td>1. 本次任务主要用的设备及具体型号<table><tr><th>设备名称</th><th>设备型号</th></tr><tr><td></td><td></td></tr></table></td><td>（1）是否写出 PLC 型号
（2）是否写出变频器的设备型号
（3）是否写出压力变送器型号
（4）是否写出电动调节阀的型号
（5）是否写出 D/A 模块的型号
（6）是否写出 A/D 模块的型号</td></tr>
<tr><td>2. 本次任务变频器的参数设置</td><td>是否正确设置变频器参数</td></tr>
<tr><td>3. 本次任务的外部接线图</td><td>（1）PLC 接线是否正确
（2）变频器是否接线正确</td></tr>
<tr><td>4. 本次任务中 PLC 的 I/O 地址分配表<table><tr><th>输入</th><th>地址</th><th>输出</th><th>地址</th></tr><tr><td></td><td></td><td></td><td></td></tr></table></td><td>（1）I/O 地址分配表是否正确
（2）是否多分了和少分了输入输出点</td></tr>
<tr><td>5. 梯形图</td><td>（1）写出压力采集程序
（2）写出 PID 模块程序
（3）写出输出模块程序</td></tr>
<tr><td>6. 系统整体调试</td><td>记录在调试中出现的问题</td></tr>
</table>

附录 三菱变频器主要参数一览表

功能	参数：主参数	参数：关联参数	名称	单位	初始值	范围	内容	参数复制	参数清除	参数全部清除
直流制动预备励磁	10	—	直流制动动作频率	0.01Hz	3Hz	0～120Hz	直流制动的动作频率	○	○	○
	11	—	直流制动动作时间	0.1s	0.5s	0	无直流制动	○	○	○
						0.1～10s	直流制动的动作时间			
	12	—	直流制动动作电压	0.1%	6/4[①]	0	无直流制动	○	○	○
						0.1%～30%	直流制动电压（转矩）[②] 根据容量不同而不同 （0.1kW、0.2 kW/0.4～0.75kW）			
起动频率	13	—	起动频率	0.01Hz	0.5Hz	0～60Hz	起动时频率	○	○	○
		571	起动时维持时间	0.1s	9999	0.0～10s	Pr.13 起动频率的维持时间			
						9999	起动时的维持功能无效			
适合用途的V/F 曲线	14	—	适用负载选择	1	0	0	用于恒转矩负载	○	○	○
						1	用于低转矩负载			
						2	恒转矩升降用：反转时提升 0%	○	○	○
						3	恒转矩升降用：反转时提升 0%			
点动运行	15	—	点动频率	0.01Hz	5 Hz	0～400Hz	点动运行时的频率	○	○	○
	16	—	点动加速时间	0.1s	0.5 s	0～3600s	点动运行时的加速减速时间 加、减速时间是指加、减速到 Pr.20 加、减速基准频率中设定的频率（初始值为 50Hz）的时间 加、减速时间不能分别设定	○	○	○

续表

功能	参数 主参数	参数 关联参数	名称	单位	初始值	范围	内容	参数复制	参数清除	参数全部清除
输出停止信号（MRS）的逻辑选择	17	—	MRS 输入选择	1	0	0	动合触点输入	○	○	○
						2	动断触点输入（b 触点输入规格）			
						4	外部端子：动断触点输入（b 触点输入规格） 通信：动合触点输入			
—	18	—	高速上限频率	0.01Hz	120Hz	120～400Hz	在 120Hz 以上运行时设定	○	○	○
	19	—	基准频率电压	0.1V	9999	0～1000V	基准电压	○	○	○
						8888	电源电压的 95%			
						9999	与电源电压一致			
	20	—	加速基准频率	0.01Hz	50Hz	1～400Hz	加、减速时间基准频率	○	○	○
失速防止动作	22	—	失速防止动作水平	0.1%	150%	0	失速防止动作无效	○	○	○
						0.1%～200%	失速防止动作开始的电流值			
	23	—	倍速时失速防止动作水平补偿系数	0.1%	9999	0～200%	可降低额定频率以上的高速运行时失速动作水平	○	○	○
						9999	一律 Pr.22			
		48	第 2 失速防止动作水平	0.1%	9999	0	第 2 失速防止无效	○	○	○
						0.1%～200%	第 2 失速防止动作水平			
						9999	与 Pr.22 同一水平			
		66	失速防止动作水平降低开始频率	0.01Hz	50Hz	0～400Hz	失速动作水平开始降低时的频率	○	○	○
		156	失速防止动作选择	1	0	0～31 100/101	根据加减速的状态选择是否防止失速	○	○	○
		157	OL 信号输出延时	0.1s	0s	0～25s	失速防止动作时输出的 OL 信号开始输出的时间	○	○	○
						9999	无 OL 信号输出			
PID 控制/浮动辊控制	131	—	PID 上限	0.1%	9999	0～100%	上限值 反馈量超过设定值的情况下输出 FITP 信号测量值（端子 4）的最大输入（20mA/5V/10V）相当于 100%	○	○	○
						9999	无功能			

续表

功能	参数：主参数	参数：关联参数	名称	单位	初始值	范围	内容	参数复制	参数清除	参数全部清除
PID 控制/浮动辊控制	132	—	PID 下限	0.1%	9999	0～100%	下限值 测定值低于设定值的情况下输出 FDN 信号测量值（端子 4）的最大输入（20mA/5V/10V）相当于 100%	○	○	○
						9999	无功能			
	133	—	PID 动作目标值	0.01%	9999	0～100%	PID 控制时的目标值	○	○	○
						9999	PID 控制：端子 2 输入电压为目标值 浮动辊控制：固定于 50%			
	134	—	PID 微分时间	0.01s	9999	0.01～10.00s	在偏差指示灯输入时，仅得到比例动作（P）的操作量所需要的时间（TD），随微分时间的增大，对偏差变化的反应也越大	○	○	○
						9999	无微分控制			
		44	第 2 加减速时间	0.1s	5/10s[①]	0～3600s	浮动辊控制时，变成主速度的加速时间，第 2 减速时间无效 [②]根据变频器容量不同而不同 （3.7kW 以下/5.5、7.5kW）	○	○	○
		45	第 2 减速时间	0.1s	9999	0～3600s	浮动辊控制时，变成主速度的加速时间，第 2 减速时间无效	○	○	○
						9999				
		575	输出中断检测时间	0.1s	1s	0～3600s	PID 计算后的输出频率不到 Pr.576 的状态下，在到 Pr.575 设定时间以上时停止变频器运行	○	○	○
						9999	无输出中断功能			
		576	输出中断检测水平	0.01Hz	0Hz	0～400Hz	设定处理输出中断的频率	○	○	○
		577	输出中断解除水平	0.1%	1000%	900%～1100%	设定 PID 输出中断功能的解除水平 （Pr.577——1000%）	○	○	○

续表

功能	参数		名称	单位	初始值	范围	内容		参数复制	参数清除	参数全部清除
	主参数	关联参数									
参数单元为显示语言选择	145	—	PU 显示语言切换	1	1		FR-PU07	FR-PU07-CH	○	×	×
						0	日语	英语			
						1	英语	中国语			
						2	德语	英语			
						3	法语				
						4	西班牙语				
						5	意大利语				
						6	瑞典语				
						7	芬兰语				
—	146	—	生产厂家设定用参数，请用户不要设定								
输出电流的检测（Y12 信号）	150	—	输出电流检测水平	0.1%	150%	0～200%	输出电流检测水平 变频器额定电流为 100%		○	○	○
	151	—	输出电流检测信号延迟时间	0.1s	0s	0～10s	输出电流检测时间 从输出电流超出设定值到输出电流检测信号（Y12）开始输出为止的时间		○	○	○
	152	—	零电流检测水平	0.1%	5%	0～200s	零电流检测水平变频器额定电流为 100%		○	○	○
	153	—	零电流检测时间	0.01s	0.5s	0～1s	从输出电流 Pr.152 降低到设定值以下到输出零电流检测信号（Y13）开始输出为止的时间		○	○	○
		166	输出电流检测信号保持时间	0.1s	0.1s	0～10s	设定值（Y12）信号置 ON 的保持时间		○	○	○
						9999	保持（Y12）信号置 ON 状态。下次起动时设置为 OFF				
零电流的检测（Y13 信号）	—	167	输出电流检测动作选择	1	0	0	（Y12）信号置 ON 时继续运行		○	○	○
						1	（Y12）信号置 ON 时停止报警（E.CDO）				

续表

功能	参数		名称	单位	初始值	范围	内容	参数复制	参数清除	参数全部清除
	主参数	关联参数								
—	156、157	—	请参照 Pr.22							
—	—	170	累计电能表清零	1	9999	0	累计电能表监视器清零时设定为“0”	○	×	○
						10	通信监视情况下的上限值在 0～9999kWh 范围内设定	×	×	×
						9999	通信监视情况下的上限值在 0～65535kWh 范围内设定	○	○	○
		171	实际运行时间清零	1	9999	0、9999	运行时监视器清零时设定为“0”，设定为 9999 时不会清零	×	×	×
—	—	268	监视器小数位选择	1	9999	0	用整数值显示	○	○	○
						1	显示到小数点下一位			
						9999	无功能			
—	—	563	累计通电时间次数	1	0	（0～65535）	通电时间监视器显示超过 65535h 后的次数（仅读取）	×	×	×
—	—	891	累计电量监视器位切换次数	1	9999	0～4	设定切换累计电量监视器位的次数。 监视值达到上限时固定	○	○	○
						9999	无切换，监视值达到上限时清零	○	○	○
从端子 AM 输出的监视基准	55	—	频率监视基准	0.01Hz	50Hz	0～400Hz	输出频率监视值输出到端子 AM 时的最大值	○	○	○
	56	—	电流监视基准	0.01A	变频器额定电流	0～500A 0	输出电流监视值输出到端子 AM 时的最大值	○	○	○
瞬时停电再起动动作/高速起步	57	—	再起动自由运行时间	0.1s	9999	0	1.5kA 以下........................1s 2.2～7.5kA........................2s 的自由运行时间	○	○	○
						0.1～5s	瞬时停电到复电后由变频器引导再起动得等待时间			
						9999	不进行再起动			

续表

功能	参数 主参数	参数 关联参数	名称	单位	初始值	范围	内容	参数复制	参数清除	参数全部清除
瞬时停电再起动动作/高速起步	58	—	再起动上升时间	0.1s	1s	0～60s	再起动时的电压上升时间	○	○	○
		30	再生制动功能选择	1	0	0、1	MRS（X10）-ON→OFF 时，由起动频率起动	○	○	○
						2	MRS（X10）-ON→OFF 时，再起动动作			
		162	瞬时停电再起动动作选择	1	1	0	有频率搜索	○	○	○
						1	无频率搜索（减电压方式）			
						10	每次起动时频率搜索	○	○	○
						11	每次起动时的减电压方式			
		165	再起动失速防止动作水平	0.1%	150%	0～200%	将变频器额定电流设为 100%，设定再起动动作时的失速防止动作水平	○	○	○
	—	298	频率搜索增益	1	9999	0～32767	通过 V/F 控制实施了离线自动调谐时，将设定电机常数（R1）以及瞬时停电再起动的频率搜索所必须的频率搜索增益	○	×	○
						9999	使用三菱电动机（SF-JR、SF-HRCA）常数			
	—	299	再起动的旋转方向检测选择	1	0	0	无旋转方向检测	○	○	○
						1	有旋转方向检测			
						9999	Pr.78= 0 时，有旋转方向检测 Pr.78=1、2 时，无旋转方向检测			
	—	611	再起动时的加速时间	0.1s	9999	0～3600s	再起动时达到加速时间基准频率的加速时间			
						9999	再起动时的加速时间为通常的加速时间			
报警发生时的再试功能	65	—	再试选择	1	0	0～5	再试报警的选择	○	○	○
		67	报警发生时的再试次数	1	0	0	无再试动作	○	○	○
						1～10	报警发生时的再试次数 再试动作中不进行异常输出			

续表

<table>
<tr><th rowspan="2">功能</th><th colspan="2">参数</th><th rowspan="2">名称</th><th rowspan="2">单位</th><th rowspan="2">初始值</th><th rowspan="2">范围</th><th rowspan="2" colspan="2">内容</th><th rowspan="2">参数复制</th><th rowspan="2">参数清除</th><th rowspan="2">参数全部清除</th></tr>
<tr><th>主参数</th><th>关联参数</th></tr>
<tr><td rowspan="3">报警发生时的再试功能</td><td rowspan="3">65</td><td>67</td><td>报警发生时的再试次数</td><td>1</td><td>0</td><td>101～110</td><td colspan="2">报警发生时的再试次数
（设定值—100 为再试次数）
再试动作中进行异常输出</td><td></td><td></td><td></td></tr>
<tr><td>68</td><td>再试等待时间</td><td>0.1s</td><td>1s</td><td>0.1～600s</td><td colspan="2">报警发生到再试之间的等待时间</td><td>○</td><td>○</td><td>○</td></tr>
<tr><td>69</td><td>再试次数显示和消除</td><td>1</td><td>0</td><td>0</td><td colspan="2">消除再试后再起动成功的次数</td><td>○</td><td>○</td><td>○</td></tr>
<tr><td rowspan="5">载波频率和soft-PWM选择</td><td rowspan="5">72</td><td>—</td><td>PWM 频率选择</td><td>1</td><td>1</td><td>0～15</td><td colspan="2">PWM 载波频率
设定值以[kHz]为单位。
但是，0 表示 0.7kHz，15 表示 14.5kHz</td><td>○</td><td>○</td><td>○</td></tr>
<tr><td rowspan="2">240</td><td rowspan="2">soft-PWM 动作选择</td><td rowspan="2">1</td><td rowspan="2">1</td><td>0</td><td colspan="2">soft-PWM 无效</td><td>○</td><td>○</td><td>○</td></tr>
<tr><td>1</td><td colspan="2">Pr.72=“0～5 时” soft-PWM 有效</td><td>○</td><td>○</td><td>○</td></tr>
<tr><td rowspan="2">260</td><td rowspan="2">PWM 频率自动切换</td><td rowspan="2">1</td><td rowspan="2">0</td><td>0</td><td colspan="2">PWM 载波频率不随负载变动，保持稳定。
设定载波频率为 3Hz 以上时（pr.72≥3），变频器额定电流不满 85%时请继续运行</td><td>○</td><td>○</td><td>○</td></tr>
<tr><td>1</td><td colspan="2">负载增加时自动把载波频率降低</td><td></td><td></td><td></td></tr>
<tr><td rowspan="5">模拟量输入选择</td><td rowspan="5">73</td><td rowspan="5">—</td><td rowspan="5">模拟量输入选择</td><td rowspan="5">1</td><td rowspan="5">1</td><td rowspan="2">0</td><td>端子 2 输入</td><td>极性可逆</td><td rowspan="5">○</td><td rowspan="5">×</td><td rowspan="5">○</td></tr>
<tr><td>0～10V</td><td rowspan="2">无</td></tr>
<tr><td>1</td><td>0～5V</td></tr>
<tr><td>10</td><td>0～10V</td><td rowspan="2">有</td></tr>
<tr><td>11</td><td>0～5V</td></tr>
</table>

续表

功能	参数		名称	单位	初始值	范围	内容	参数复制	参数清除	参数全部清除
	主参数	关联参数								
模拟量输入选择	—	267	端子4输入选择	1	0	0	端子4输入4～20mA	○	×	○
						1	端子4输入0～5V			
						2	端子4输入0～10V			
模拟量输入的响应性或噪声消除	74	—	输入滤波时间常数	1	1	0～8	对于模拟量输入的1次延迟滤波器时间常数设定值越大过滤效果越明显	○	○	○
复位选择、PU脱离检测	75	—	复位选择/PU脱离检测/PU停止选择	1	14	0～3、14～17	复位输入接纳选择、PU（FR-PU04-CH/FR-PU07）接头脱离检测功能选择、PU停止功能选择初始值为常时可复位、无PU脱离检测、有PU停止功能	○	×	×
防止参数值被意外改写	77	—	参数写入选择	1	0	0	仅限于停止时可以写入	○	○	○
						1	不可写入参数			
						2	可以在所有运行模式中不受运行状态限制地写入参数			
运行模式的选择	79	—	运行模式选择	1	0	0	外部/PU切换模式	○	○	○
						1	PU运行模式固定			
						2	外部运行模式固定			
						3	外部/PU组合运行模式1			
						4	外部/PU组合运行模式2			
						6	切换模式			
						7	外部运行模式（PU运行互锁）			
		340	通信起动模式选择	10.01kW	9999	0	根据pr.79的设定	○	○	○
						1	以网络运行模式起动			

续表

功能	参数		名称	单位	初始值	范围	内容	参数复制	参数清除	参数全部清除
	主参数	关联参数								
	—	340	通信起动模式选择	1	0	10	以网络运行模式起动 可通过操作面板切换 PU 运行模式与网络运行模式	○	○[②]	○[②]
运行模式的选择	80	—	电机容量	0.01kW	9999	0.1～7.5kW	可通过设定通用的电机容量来进行通用磁通矢量控制	○	○	○
						9999	V/F 控制			
	117	—	PU 通信站号	1	0	0～31 （0～247）	变频器站号指定 1 台个人电脑连接多台变频器时要设定变频器的站号 当 pr.549=“1”时（Modbus-RTU 协议）时设定范围为括号内的数值	○	○[②]	○[②]
	118	—	PU 通信速率	1	192	48、96、192、384	通信速率 通信速率为设定值×100（例如，如果设定值是 192，通信速率则为 19200bit/s）	○	○[②]	○[②]
	119	—	PU 通信停止位长	1	1	0	停止位长：1bit 数据长：8bit	○	○[②]	○[②]
						1	停止位长：2bit 数据长：8bit			
						10	停止位长：1bit 数据长：7bit			
						11	停止位长：2bit 数据长：7bit			
	120	—	PU 通信奇偶校验	1	2	0	无奇偶检验 （Modbus-RTU 时：停止位长：2bit）	○	○[②]	○[②]
						1	奇检验 （Modbus-RTU 时：停止位长：1bit）	○	○[②]	○[②]
						2	偶检验 （Modbus-RTU 时：停止位长：1bit）	○	○[②]	○[②]
	123	—	PU 通信等待时间设定	1	9999	0～150ms	设定向变频器发出数据后信息返回的等待时间	○	○[②]	○[②]
						9999	用通信数据进行设定	○	○[②]	○[②]
	124	—	PU 通信有无 CR/LF 选择	1	1	0	无 CR、LF	○	○[②]	○[②]

续表

功能	参数 主参数	参数 关联参数	名称	单位	初始值	范围	内容		参数复制	参数清除	参数全部清除
通讯参数初始设定	124	—	PU 通信有无 CR/LF 选择	1	1	1	有 CR		○	○[②]	○[②]
						2	有 CR、LF				
		342	通信 EEPROM 写入选择	1	0	0	通过通信写入参数时，写入到 EEPROM、RAM		○	○	○
						1	通过通信写入参数时，写入到 RAM				
		343	通信错误计数	1	0	—	显示 Modbus-RTU 通信时的通信错误次数（仅读取）只在选择 Modbus-RTU 协议时显示		×	×	×
		502	通信异常时停止模式选择	1	0	0	通信异常发生时的变频器动作选择	自由运行停止	○	○	○
						1、2		减速停止			
		549	协议选择	1	0	0	三菱变频器（计算机链接）协议	变更设定后请复位（切断电源后再供给电源），变更的设定在复位后起作用	○	○[②]	○[②]
						1	Modbus-RT 协议				
模拟量输入频率的变更电压、电流输入、频率的调整（校正）	125	—	端子 2 频率设定增益频率	0.01Hz	50Hz	0～400Hz	端子 2 输入增益（最大）的频率		○	×	○
	126	—	端子 4 频率设定增益频率	0.01Hz	50Hz	0～400Hz	端子 4 输入增益（最大）的频率		○	×	○
		241	模拟输入显示单位切换	1	0	0	%单位	模拟量输入显示单位的选择	○	○	○
						1	V/mA 单位				
		C2（902）[①]	端子 2 频率设定偏置频率	0.01Hz	0Hz	0～400Hz	端子 2 输入偏置侧的频率		○	×	○
		C3（902）[①]	端子 2 频率设定偏置	0.1%	0	0～300%	端子 2 输入偏置侧电压（电流）的%换算值		○	×	○
		C4（903）[①]	端子 2 频率设定增益	0.1%	100%	0～300%	端子 2 输入增益侧电压（电流）的%换算值		○	×	○
		C5（904）[①]	端子 4 频率设定偏置频率	0.01Hz	0Hz	0～400Hz	端子 4 输入偏置侧的频率		○	×	○
		C6（904）[①]	端子 4 频率设定偏置	0.1%	20%	0～300%	端子 4 偏置侧电流（电压）的%换算值		○	×	○
		C7（905）[①]	端子 4 频率设定增益	0.1%	100%	0～300%	端子 4 输入增益侧电流（电压）的换算值		○	×	○

续表

功能	参数		名称	单位	初始值	范围	内容	参数复制	参数清除	参数全部清除
	主参数	关联参数								
用户参数组功能	160	—	扩展功能显示选择	1	9999	0	显示所有参数	○	○	○
						9999	只显示简单模式的参数			
操作面板的动作选择	161	—	频率设定/键盘锁定操作选择	1	0	0	M 旋钮频率设定模式 / 键盘锁定模式无效	○	×	○
						1	M 旋钮电位器模式 / 键盘锁定模式无效			
						10	M 旋钮频率设定模式 / 键盘锁定模式有效			
						11	M 旋钮电位器模式 / 键盘锁定模式有效			
—	162、165	—	请参照 Pr.57							
	168、169	—	生产厂家设定用参数							
—	232～239	—	请参照 Pr.4～Pr.6 多段速频率设定							
—	241	—	请参照 Pr.125、Pr.126							
延长冷却风扇的寿命	244	—	冷却风扇的动作选择	1	1	0	在电源 ON 的状态下冷却风扇起动 冷却风扇 ON-OFF 控制无效（电源 ON 的状态下总是 ON）	○	○	○
						1	冷却风扇 ON-OFF 控制有效 变频器运行过程中始终为 ON，停止时监视变频器的状态，根据温度的高低为 ON 或 OFF			

注：表中○表示参数可以被操作（复制、清除）；表中×表示参数不可以被操作。

① 为使用 FR-E500 系列操作面板（FR-PA02-02）或参数单元［FR-P004（P007）-CH］时的参数编号。

② 在通过 RS-485 通信进行参数清除（全部清除）时不会被清除的通信参数。

参 考 文 献

[1] 廖常初．PLC 编程及应用．北京：机械工业出版社，2003．

[2] 韩安荣．通用变频器及其应用．北京：机械工业出版社，2000．

[3] 李华．变频调速技术在供水系统中的应用．电气传动自动化，1996．

[4] 龙章眷．PLC 与变频器在自动恒压供水设备中的应用．科技信息，2007（3）：179，202．

[5] 赵小惠，赵小娥．基于可编程控制器的恒压供水系统设计，2007（2）：18-20．

[6] 刘大铭，沈晖．基于 PLC 的变频调速恒压供水系统设计．宁夏工程技术，2006（3）：251-257．

[7] 严盈富．恒压供水系统的控制与仿真．南昌航空工业学院学报，2004（1）：90-93．

[8] 屈有安．变频器 PID 恒压供水系统．江苏电器，2002（3）：33-35．

[9] 王永华．现代电气控制及 PLC 应用技术．北京：北京航空航天大学出版社，2003．

[10] 张万忠．可编程控制器入门与应用实例．北京：中国电力出版社，2005．

[11] 周万珍，高鸿斌．PLC 分析与设计应用．北京：电子工业出版社，2004．

[12] 程周．可编程控制器原理与应用．北京：高等教育出版社，2003．

[13] Ostrirov, VN. Experience of design and application of the complete energy saving electric drives in systems of town' s water supply and feculence water pump. Elektrichestvo, 2003(4)：68-71．

[14] Lewis B W, candello M R. variable frequency drive (VFD) technology is here and it works: a comparison of prevailing control technologies. Journal of the New England water works Association, 1998, 112 (3): 227-240．

[15] 孟庆松，孟庆斌，孙国兵．监控组态软件及其应用．北京：中国电力出版社，2012．

[16] 袁秀英．组态控制技术．北京：电子工业出版社，2003．